工業排水・廃材からの資源回収技術

Resource Recovery Technology from Industrial Wastewater and Solid Wastes

《普及版／Popular Edition》

監修 伊藤秀章

シーエムシー出版

はじめに

　持続可能な資源循環型社会の創成は，温暖化ガスの排出抑制と並んで，今世紀最大の地球規模の課題であり，政治，経済，産業，学術の各分野で精力的な取り組みが行われている。とくに，地下資源に乏しく国土の狭いわが国において，資源の国内における循環利用は，各種製造業における資源の安定供給と製品の低コスト化に直結する緊急課題である。

　これらの課題解決のためには，廃棄物の発生抑制，減量化，再利用の三原則のもとに，安全，低コスト，かつ高効率な資源回収技術とその有効利用技術の開発が必須である。一般廃棄物の適正処理と再利用の促進はもちろん，各種製造業からの排水及び廃材を焼却処分や埋立処理に頼ることなく，個々の排出原位置で高効率な資源回収法を開発し有効利用を果たすことは，処理コストの低減化のみならず二次的環境負荷を出さないためにも必要な措置である。

　一方，海外では高度成長を目指す新興国において，希少金属をはじめとする資源の囲い込みと，中古品や廃棄物等からの不適切な資源回収処理が行われており，今日大きな国際問題となっている。わが国の産業界が，高度な排水・廃材のリサイクル技術を開発し，静脈系の低環境負荷処理技術を世界に先駆けて完成すれば，その国際競争力を向上させる絶好の機会と捉えることもできる。

　本書では，上述の背景のもとに各種産業の製造プロセスから排出する有害／有価な軽元素及び重金属を含有する無機系の工業排水及び廃材からの資源回収技術に焦点を絞り，当該分野の第一線でご活躍の専門家に執筆をお願いした。本書の構成は，総論，基礎技術編及び実用技術編からなる。総論では，枯渇性資源の現状を明らかにするとともに，産業廃棄物の資源循環に向けた技術開発の動向と，動脈系・静脈系産業構造の変革を目指す将来展望を示した。基礎技術編では，工業排水及び廃材からの湿式・乾式冶金法による排出原位置処理技術と電子材料，セラミックス，金属材料のリサイクルによる有効利用技術の開発状況を解説した。また，実用技術編では，ホウ素，フッ素，リン及び希少金属を含有する難処理排水及び廃材の無害化処理と資源回収及び有効利用の最新技術を紹介した。

　末筆ながらご快諾頂いた著者の方々に深謝するとともに，本書の監修にご協力を頂いた笹井亮氏（島根大学）にお礼を申し上げる。本書が産業廃棄物からの資源回収に従事する自動車，半導体，電池，表面処理，ガラス，触媒，セラミックス，家電リサイクル等の研究者・技術者の必携の書物となることを期待する。

2010 年 7 月

名古屋大学　伊藤秀章

普及版の刊行にあたって

　本書は2010年に『工業排水・廃材からの資源回収技術』として刊行されました。普及版の刊行にあたり，内容は当時のままであり加筆・訂正などの手は加えておりませんので，ご了承ください。

2016年10月

シーエムシー出版　編集部

執筆者一覧（執筆順）

伊藤 秀章	名古屋大学 エコトピア科学研究所 名誉教授・特任教授	
中村 崇	東北大学 多元物質科学研究所 教授	
前田 浩孝	東北大学 大学院環境科学研究科 助教	
石田 秀輝	東北大学 大学院環境科学研究科 教授	
安達 毅	東京大学 生産技術研究所・環境安全研究センター 准教授	
横山 徹	オルガノ㈱ 開発センター 第二開発部	
芝田 隼次	関西大学 環境都市工学部 エネルギー・環境工学科 教授	
板倉 剛	名古屋大学 エコトピア科学研究所 特任助教	
笹井 亮	島根大学 総合理工学部 物質科学科 准教授	
平沢 泉	早稲田大学 理工学術院 応用化学専攻 教授	
原 一広	九州大学 大学院工学研究院附属 循環型社会システム工学研究センター センター長・教授	
西田 哲明	近畿大学 産業理工学部 生物環境化学科 教授	
桑原 智之	島根大学 生物資源科学部 生態環境科学科 助教	
佐藤 利夫	島根大学 生物資源科学部 生態環境科学科 教授	
野瀬 勝弘	東京大学 生産技術研究所 特任助教	
岡部 徹	東京大学 生産技術研究所 教授	
町田 憲一	大阪大学 先端科学イノベーションセンター 教授	
佐野 浩行	名古屋大学 工学研究科 マテリアル理工学専攻 助教	
藤澤 敏治	名古屋大学 工学研究科 マテリアル理工学専攻 教授	
袋布 昌幹	富山高等専門学校 専攻科 准教授	
三宅 通博	岡山大学 大学院環境学研究科 教授	
石川 貴司	日本電工㈱ 環境システム事業部 郡山工場 技術課	
福田 正	㈱三進製作所 相談役	
小林 典昭	日本パーカライジング㈱ 中京事業部 浜松出張所 係長	
内田 正喜	日本フイルター㈱ 開発部 主任	
知福 博行	㈱神鋼環境ソリューション 水環境・冷却塔事業部 技術部 計画室	
前背戸 智晴	㈱神鋼環境ソリューション 商品市場・技術開発センター 課長	
太田 裕充	野村マイクロ・サイエンス㈱ 技術開発部	
米原 崇広	野村マイクロ・サイエンス㈱ 技術開発部	
板東 嘉文	三菱化学エンジニアリング㈱ ITファシリティ事業部 ITファシリティ部 技術開発グループ 部長代理	
松岡 庄五	中部リサイクル㈱ 製造・技術担当 取締役	
玉重 宇幹	太平洋セメント㈱ 藤原工場 工場長	
横山 昌夫	㈲ESアドバイザー 代表取締役；関東学院大学 非常勤講師	

執筆者の所属表記は，2010年当時のものを使用しております。

目　次

【総論編】

第1章　資源循環型社会における資源回収と廃棄物の有効利用
伊藤秀章

1　はじめに …………………………………… 1
2　持続可能な資源循環型社会の創成 …… 1
　2.1　資源問題をどうとらえるか ………… 1
　2.2　資源生産効率から資源循環効率へ… 2
　2.3　持続可能な資源循環経済 ………… 3
3　廃棄物処理と資源の循環利用 ………… 4
　3.1　廃棄物処理のレスキュー・ナンバー
　　　　による評価 ………………………… 4
　3.2　低環境負荷な廃棄物処理 ………… 6
　3.3　廃棄物のリサイクル・ルートの設計… 7
4　排水・廃材からの資源回収技術 ……… 8
　4.1　産業廃棄物の存在状態と処理方法… 8
　4.2　排水・廃材からの無機・金属資源
　　　　の回収 ……………………………… 8
　4.3　希少金属の資源回収と再利用 …… 9
5　まとめ ……………………………………… 11

第2章　金属資源のマテリアルフローとリサイクル技術
中村　崇

1　はじめに …………………………………… 13
2　金属のマテリアルフロー ………………… 14
　2.1　マテリアルフローの意味 …………… 14
　2.2　白金の需要と供給 ………………… 16
3　金属資源のリサイクル技術 ……………… 18
　3.1　リサイクル技術の考え方 …………… 18
　3.2　物理選別 …………………………… 19
　3.3　化学反応処理 ……………………… 20
4　まとめ ……………………………………… 21

第3章　環境にやさしいセラミックス系資源の循環利用
前田浩孝, 石田秀輝

1　はじめに …………………………………… 22
2　循環利用を考えた高機能性材料の合成… 23
3　低環境負荷プロセスによる資源を循環利
　　用した高機能性材料の合成 ……………… 23
4　おわりに …………………………………… 28

I

第4章　鉱物資源の消費と供給の現状　安達　毅

1 はじめに …………………………… 30
2 金属の大量消費と新興国の台頭 …… 31
3 鉱山からの供給と市場規模 ………… 33
4 埋蔵量と可採年数 …………………… 36
5 埋蔵量の偏在性 ……………………… 37
6 まとめ ………………………………… 38

第5章　製造プロセスにおける有価物の回収・再利用の現状と技術動向
横山　徹

1 概要 …………………………………… 40
2 電子産業・太陽電池産業における有価物回収 ………………………………… 40
 2.1 フッ素・リンの回収 …………… 40
 2.2 アンモニアの回収 ……………… 41
 2.3 シリコンの回収 ………………… 41
 2.4 水回収 …………………………… 42
3 化学・めっき産業 …………………… 43
 3.1 金属資源の耐用年数 …………… 43
 3.2 金属イオンの回収 ……………… 44
 3.3 ニッケルの回収 ………………… 44
4 塗装・印刷産業 ……………………… 45
 4.1 VOC回収 ……………………… 45
5 おわりに ……………………………… 45

【基礎技術編】

第6章　産業排水からの資源回収

1 希少金属イオンの湿式分離回収技術
 ……………………芝田隼次… 47
 1.1 はじめに ………………………… 47
 1.2 溶媒抽出法 ……………………… 47
 1.3 イオン交換樹脂法 ……………… 53
 1.4 沈殿分離法 ……………………… 56
 1.5 吸着法 …………………………… 58
2 水熱鉱化処理による有価・有害元素含有排水の無害化と再資源化
 ……板倉　剛, 笹井　亮, 伊藤秀章… 60
 2.1 はじめに ………………………… 60
 2.2 水熱鉱化法による排水処理 …… 61
 2.3 種々のオキソアニオン含有溶液への水熱鉱化法の適用 ……………… 62
 2.4 おわりに ………………………… 66
3 排水中の陰イオンの回収と資源化
 ……………………平沢　泉… 68
 3.1 なぜ晶析工学か―その特徴と原理― ……………………………… 68
 3.2 晶析の基礎現象と品質 ………… 70

3.3 排水中の陰イオンの晶析化するための戦略 ………………………… 70
3.4 排水中の陰イオンの回収・資源化プロセス ……………………………… 74
3.5 今後の展開 ……………………… 77
4 重金属吸着ゲルによる廃液からの資源回収 ……… **原　一広，西田哲明**… 79
　4.1 重金属と環境問題 ……………… 79
　4.2 重金属に関わる環境問題と資源枯渇の問題 ……………………………… 80
　4.3 ゲルについて …………………… 80
　4.4 ゲルを用いた重金属回収 ……… 81
　4.5 高分子ゲルの重金属吸着について… 83
　4.6 高分子ゲルの重金属吸脱着特性 … 84
　4.7 高分子ゲルを用いた吸脱着サイクルによる重金属リサイクル ………… 86
5 機能性無機材料による排水からの有害元素の除去と再資源化技術
　……………… **桑原智之，佐藤利夫**… 89
　5.1 無機材料を用いた吸着剤の開発 … 89
　5.2 機能性無機材料による有害イオンの吸着除去 ………………………… 90
　5.3 機能性無機材料を用いた有害元素の再資源化 ………………………… 100

第7章　工業廃材からの資源回収

1 冶金学的手法による貴金属の回収
　……………… **野瀬勝弘，岡部　徹**… 102
　1.1 はじめに ……………………… 102
　1.2 貴金属の用途 ………………… 102
　1.3 貴金属のリサイクル ………… 103
　1.4 おわりに ……………………… 109
2 セラミックス廃材からの高効率・低環境負荷型の資源回収技術 …… **笹井　亮**… 111
　2.1 はじめに ……………………… 111
　2.2 セラミックス廃材リサイクルの現状 ……………………………… 111
　2.3 構造セラミックス …………… 112
　2.4 電子セラミックス …………… 114
　2.5 機能性ガラス ………………… 116
　2.6 おわりに ……………………… 118
3 希土類廃材のリユース／リサイクル技術
　…………………………… **町田憲一**… 120
　3.1 はじめに ……………………… 120
　3.2 リサイクルの現状 …………… 121
　3.3 鉄成分の有効利用 …………… 124
　3.4 新規リユース／リサイクルの試み
　……………………………………… 126
　3.5 おわりに ……………………… 127

第8章 固体廃棄物のリサイクルと有効利用

1 無機系固体廃棄物の再利用と有害物質の安定化技術 ……佐野浩行, 藤澤敏治… 129
 1.1 はじめに ………………………………… 129
 1.2 都市ごみ焼却飛灰の成分 ……………… 129
 1.3 塩化揮発法の原理 ……………………… 130
 1.4 塩化揮発法による飛灰中重金属の分離・除去 ………………………………… 132
 1.5 安定鉱物化によるクロムの安定化原理 ……………………………………… 133
 1.6 安定鉱物化の評価 ……………………… 135
 1.7 おわりに ………………………………… 136
2 廃石こうボードなどの建設廃棄物のリサイクルと有効利用 …………袋布昌幹… 138
 2.1 はじめに ………………………………… 138
 2.2 廃石こうボードの現状 ………………… 138
 2.3 廃石こうボードのリサイクル技術 …… 139
 2.4 おわりに ………………………………… 144
3 セラミックス廃材の有効利用技術 …………………………………三宅通博… 145
 3.1 はじめに ………………………………… 145
 3.2 ごみ焼却灰 ……………………………… 145
 3.3 石炭灰 …………………………………… 148
 3.4 鋳造廃棄物 ……………………………… 151
 3.5 おわりに ………………………………… 153

【実用技術編】

第9章 ホウ素，フッ素およびリンの無害化処理と資源回収技術

1 排水中のホウ素回収リサイクルシステム ………………………………石川貴司… 154
 1.1 はじめに ………………………………… 154
 1.2 当社ホウ素回収リサイクルシステム …………………………………………… 154
 1.3 ホウ素処理に使用するイオン交換樹脂・ホウ素キレート樹脂 …………… 155
 1.4 ホウ素排水の処理方法 ………………… 156
 1.5 樹脂塔の方式とサイズ ………………… 157
 1.6 ホウ素排水の処理事例 ………………… 159
 1.7 ホウ素分析計 …………………………… 162
 1.8 おわりに ………………………………… 162
2 めっき廃液中のホウ素及びフッ素の処理と回収 ……………………福田 正… 163
 2.1 はじめに ………………………………… 163
 2.2 ホウ素，フッ素の排出源と濃度 ……… 163
 2.3 ホウ素及びフッ素処理 ………………… 164
 2.4 ホウ素，フッ素化合物の回収 ………… 170
 2.5 おわりに ………………………………… 172
3 工業排水からのフッ素・リンの回収技術 ………………………………横山 徹… 173
 3.1 はじめに ………………………………… 173

3.2　工業排水の水処理システム……… 173
　3.3　フッ素の処理・回収技術………… 174
　3.4　リン回収技術……………………… 178
　3.5　おわりに…………………………… 180
4　表面処理分野のりん酸塩処理と有効利用
　……………………………小林典昭… 181
　4.1　はじめに…………………………… 181
　4.2　従来の塗装前処理工程…………… 181
　4.3　塗装前処理工程から発生する廃棄物
　………………………………………… 182
　4.4　Reduce 技術（発生源の観点から）
　………………………………………… 183
　4.5　Recycle, Re-use 技術（発生した廃棄物に着目して）………………… 184
　4.6　ジルコニウム化成処理…………… 186
　4.7　今後の展開について……………… 186

第10章　難処理排水からの資源回収

1　イオン交換樹脂を用いた節水型めっきプロセス…………………内田正喜… 187
　1.1　はじめに…………………………… 187
　1.2　イオン交換樹脂法によるめっき水洗排水系処理の特徴………………… 187
　1.3　イオン交換装置…………………… 189
　1.4　水洗排水リサイクルイオン交換装置による処理事例…………………… 194
　1.5　まとめ……………………………… 194
2　工業排水等の水処理と資源回収
　………………知福博行，前背戸智晴… 196
　2.1　はじめに…………………………… 196
　2.2　処理技術概要……………………… 196
　2.3　処理装置概要……………………… 198
　2.4　処理結果概要……………………… 199
　2.5　おわりに…………………………… 205
3　液晶・半導体工場廃液からのレジスト剥離剤回収……………………太田裕充… 206
　3.1　はじめに…………………………… 206
　3.2　従来のレジスト剥離技術………… 206
　3.3　アミン系レジスト剥離の特長とリサイクル技術…………………………… 206
　3.4　新しいレジスト剥離「炭酸エチレン」の技術………………………… 207
　3.5　新しいレジスト剥離剤「EC」のリサイクル技術……………………… 210
　3.6　EC のリサイクル技術を用いたレジスト剥離システム………………… 213
　3.7　おわりに…………………………… 214
4　シリコンの回収・再資源化…米原崇広… 216
　4.1　はじめに…………………………… 216
　4.2　排水中からのシリコンスラッジの分離………………………………… 216
　4.3　回収したシリコンスラッジの問題点
　………………………………………… 220
　4.4　再資源化に向けた課題と対策（水およびシリコンスラッジの再資源化）
　………………………………………… 222
　4.5　おわりに…………………………… 224
5　液晶パネル工場向け現像液リサイクルシ

ステム ………………**板東嘉文**… 226
　5.1　はじめに ………………………… 226
　5.2　液晶ディスプレイ ……………… 226
　5.3　液晶ディスプレイ生産工程 ……… 228
　5.4　現像液リサイクル ………………… 229
　5.5　おわりに …………………………… 232

第11章　廃棄物処理と有効利用技術

1　焼却灰からの資源回収と有効利用
　…………………………**松岡庄五**… 233
　1.1　はじめに …………………………… 233
　1.2　処理フロー ………………………… 233
　1.3　電気抵抗炉（サブマージドアーク炉）
　　　の特徴 ……………………………… 234
　1.4　貴金属を含む金属回収実績 ……… 234
　1.5　「ごみ焼却灰に含まれるその他の希
　　　少金属（レアメタル）の回収」の共
　　　同スタディ ………………………… 235
　1.6　まとめ ……………………………… 237
2　焼却灰のセメント化による廃棄物の再資
　　源化技術 ……………**玉重宇幹**… 240
　2.1　都市ごみ処理の現状 ……………… 240
　2.2　都市ごみ焼却残さのセメント資源化
　　　への取り組み ……………………… 241
　2.3　AKシステム（都市ごみそのもののセ
　　　メント資源化） …………………… 247
　2.4　環境を守るセメント産業 ………… 248
3　工業無機廃液処理とリサイクル技術
　…………………………**横山昌夫**… 249
　3.1　中間処理業者としての廃液処理 … 249
　3.2　リサイクルに視点を置いた廃水処理
　　　技術 ………………………………… 250
　3.3　SSプロセス技術導入による金属回
　　　収 …………………………………… 251
　3.4　プリント基板エッチング廃液から金
　　　属銅の回収 ………………………… 255
　3.5　金属水酸化物汚泥の活用 ………… 256
　3.6　電子部品からの貴金属・レアメタル
　　　の回収 ……………………………… 257
　3.7　今後の課題 ………………………… 257

〈総論編〉

第1章 資源循環型社会における資源回収と廃棄物の有効利用

伊藤秀章*

1 はじめに

　わが国の化学, 金属, 機械, 電気, 電子工業に代表される製造業は, 20世紀後半の高度成長期において著しい技術的・経済的発展をとげたが, 一方では大量生産, 大量消費, 大量廃棄に起因する各種公害・環境汚染・廃棄物問題が生じ, 大きな社会問題として顕在化するに至った。その後, これらの諸問題を解決するために新しいコンセプトとして「資源循環型社会」というキーワードが広く用いられるようになり, この考え方は環境省をはじめとして21世紀においてわが国が目指す社会目標のひとつとして認識されている[1,2]。

　資源循環型社会の創成には, ふたつの側面からのアプローチが必要である。ひとつは生産系における製造工程の高効率化（省資源・省エネ）と製造工程から排出する産業廃棄物の減量化, 再使用, 再資源化である。もうひとつは, 流通・消費を終えた廃棄物（一般廃棄物, 事業系廃棄物, 等）のリサイクルと有効利用である。一般には後者に属する都市ごみ・資源ごみへの対策が注目されがちであるが, 生産工程から排出する廃棄物（排水・廃材）の総量は多く, その種類も千差万別である。現実には各企業において個別の処理対策を講じることが必要である。しかし, 見方を変えるとこのような産業界からの廃棄物は, どの工程から, どのような組成のスクラップや廃液が排出されたかという情報が比較的明確であり,「排出原位置処理」が功を奏する典型例であろう。

　本章では, このような産業廃棄物からの資源回収と有効利用を目的とする事業について, その基本的な考え方を資源循環型社会創成の枠組みのなかで解説するとともに, 廃棄物による環境リスクの回避とリサイクル・ルートの設計, さらに排水・廃材からの無機・金属資源の回収技術に関する現状と展望を述べる。

2 持続可能な資源循環型社会の創成

2.1 資源問題をどうとらえるか

　「資源」とは狭義には物質資源を指す場合が多いが, 環境に関わる多くの問題が持ち上がるな

---

* Hideaki Itoh　名古屋大学　エコトピア科学研究所　名誉教授・特任教授

図1　資源マネジメントの協奏効果

かで，今日では「資源（Resources）」を広義にとらえて議論を展開する試みが始まっている[3,4]。図1は，資源マネジメントにおける「広義の資源」の各構成要素の関係を示している。自然由来の資源であるマテリアル（材料），エネルギー及びバイオマスは相互に密接に依存しながらも，資源調達や再利用という観点からは競合関係が発生する。今日，グローバルな環境問題として，①地球温暖化・気候変動，②地下資源の枯渇，③生物多様性の喪失・食糧危機が挙げられている[1]。これらの課題解決のために各資源をいかに配分し運用するかという資源マネジメントが重要性を帯びてくる。この際，もう一方の資源要素，すなわち人為的な経済資源，労働資源，情報資源の社会由来資源を自然由来資源と同じ枠組みのなかで議論し，適正な資源マネジメントをはかることが肝要である。このようにして，各種資源要素の組合せが資源マネジメントの協奏効果を産み出し，それぞれの国や地域の資源分布の特徴を活かした高効率な資源循環をはかることが期待できる。

2.2　資源生産効率から資源循環効率へ

　資源からのマテリアル（材料），エネルギーまたはバイオマスの生産効率を「資源生産効率」と呼ぶと，この効率は投入した経済資源，労働資源，情報資源に対するエネルギー，物質やバイオマスの生産量の比によって表すことができる。この「資源生産効率」は従来型の生産量増大を是とする指標として用いられ，これが企業利潤や労働者の余暇や再就職を産み出すものと考えられてきた。しかし，世界的な景気の低迷が続くなかで，大量生産が商品の低価格化，利潤の低減化，失業者の増加といった悪循環を引き起こしつつある今日では，新しい考え方による評価指標の提示が必要である。それは「資源循環効率」とよばれる概念であり，投入した社会由来資源に

第1章　資源循環型社会における資源回収と廃棄物の有効利用

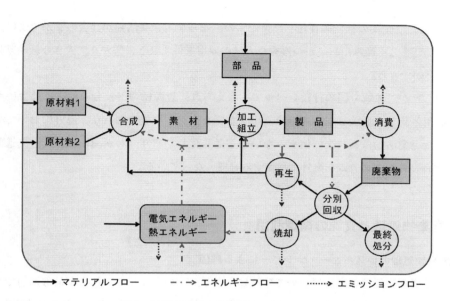

図2　材料のライフサイクルにおけるフロー

対する持続可能な資源循環の達成度によって評価される。

「資源循環効率」は社会由来資源を分母とする点は「資源生産効率」と同じである。しかし，評価対象となる分子については，「資源生産効率」が単位時間における生産量，すなわち微分値であるのに対して，「資源循環効率」は，長期間にわたる持続可能性を前提として評価される。「持続可能性（Sustainability）」という概念は，世代間にわたる長時間軸を意識した安定な資源供給を表現するために用いられる。これは自然由来資源の循環利用の達成度を評価することを目的としており，省資源・省エネの実行と，再利用による物質やエネルギーの無駄のない利用による資源マネジメントを評価対象とする。したがって，資源循環の持続可能性は長期にわたる物質，エネルギー及びバイオマスのフローとストックの積分値によって評価される。図2は材料の生産工程及び廃棄物の分別・収集と再生利用，焼却処理及び最終処分等を含めたマテリアル，エネルギー及びエミッションのフローを示している。資源循環効率の評価は，生産活動に関わる部分のみならず，廃棄系も含めた動脈・静脈系のライフサイクルアセスメント（LCA）を適用することによって行われる。

2.3　持続可能な資源循環経済

持続可能な資源循環は企業の経済活動にとっても重要な位置を占める。前述の三大環境問題が企業活動の将来性に大きな影響を及ぼすとともに，資源の安定確保と廃棄資源の再利用は企業の経済的基盤をゆるがすほどの大きな問題ともなりうる。したがって，資源循環効率を向上させる

ための努力は,「企業の社会的責任」を果たすのみならず,企業活動が社会のなかで受け入れられ活発なビジネスを産み出し,かつ優秀な人材の雇用を促すことに繋がり,大きな経済効果を期待することができる。

同様のことが,地域や国の行政レベルでも考えられ,資源循環型社会の創成は社会における新たな雇用と新しい環境ビジネスを産み出す重要な契機となるであろう。海外においても環境を意識した企業活動はこれまで例をみないほど活発化しており,わが国においても先進的な環境技術[5,6]及び技術システムを海外に移転する好機となっている。

3 廃棄物処理と資源の循環利用

3.1 廃棄物処理のレスキュー・ナンバーによる評価

今日では廃棄物処理の方法は極めて多岐にわたり,どのような処理技術が最も適切であるかは,廃棄物の種類,状態及び処理方法によって大きく異なる。とくに処理の困難な産業廃棄物(難処理人工物)の処理に関しては,筆者が所属していた名古屋大学の旧難処理人工物研究センター(1997.4〜2004.3)において長く議論されてきた[7〜9]。ここで,その基本的な考え方を紹介したい。

難処理人工物とは,厳密には処理優先度(Figure of Treatment Priority:FTPと略記)が大きく,かつ難処理性(Figure of Unprocessibility for Waste:FUWと略記)が高い廃棄物を指す。この両者を関数とするレスキュー・ナンバー(Rescue Number:RNと略記)を定義する。すなわち,

$$(RN) = f[(FTP), (FUW)] \tag{1}$$

と表し,当面 $(RN)=(FTP)\times(FUW)$ と記すと,RN が大きい物質が難処理人工物ということになり,廃棄物処理の目的は RN の値を小さくすることである。

ところで,FTP は廃棄物によるリスクに対応し,次のようなパラメーター群からなる。

A:化学物質の人体・生物に対する有害性・毒性・危険性からなるリスク因子群
B:汚染物質(CO_2,SO_x,NO_x,フロン等)の地球環境に対する負荷によるリスク因子群
C:廃棄物の賦存状態と社会的な処理必要性に関わる重み付け因子群

ここで,A は化学物質の人体や生物への短範囲における有害性・毒性・危険性に対するリスクを表すのに対して,B は時間的にも空間的にも長範囲における地球環境のリスク総体(地球温暖化,環境汚染等)を表している。また,C はそれぞれ A と B に属する化学物質 i 及び環境負荷物質 j が廃棄物として存在する場合,処理優先度に影響を及ぼす重み付け因子群である。たと

第1章 資源循環型社会における資源回収と廃棄物の有効利用

えば，処分場枯渇，資源枯渇，地域汚染，住民要求度，法的規制等の廃棄物に特有な問題がこの因子群に含められる。したがって，廃棄物中に含まれる i と j によるそれぞれのリスク A_i 及び B_j に C の k という項目に対する重み付け因子 C_{Ak} 及び C_{Bk} を乗じた値の線形結合が，廃棄物全体の FTP を表すと考えられる。

$$(FTP) = \Sigma (A_i C_{Ak}) + \Sigma (B_j C_{Bk}) \tag{2}$$

一方，FUW は被処理物の化学的・物理的処理の困難性，すなわち処理プロセスに依存し，次のようなパラメーター群からなる。

L：処理の熱力学的困難性及び速度論的困難性
M：物理的・力学的（機械的）処理の困難性，収集・分別・分離の困難性

ここで，L は被処理物の化学・生物学的処理の困難性を表し，熱力学的な処理困難性及び速度論的処理困難性に関わる因子群である。他方，M は廃棄物処理に特有の因子を多く含んでおり，多成分からなる大型かつ大量の被処理物を扱う場合の減容化，運搬，分別，回収の困難性に関係した因子群である。

FUW もこれらの因子群の線形結合で表現され，それぞれの重みを，難処理係数 λ，μ とすると，次のように定式化される。

$$(FUW) = \lambda L + \mu M \tag{3}$$

難処理係数 λ，μ は，たとえば処理に伴うエネルギー収支や排出物の有害性や副生物（環境浄化材，コンポスト等）の有用性に関する重み付け因子を表している。したがって，これらは再資

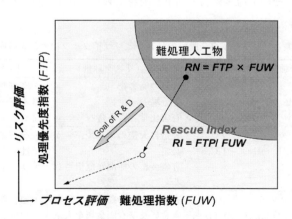

図3　難処理人工物のリスク評価とプロセス評価

源化・無害化処理そのものに対しては周辺的ではあるが,処理の入力側と出力側に対する技術的・社会的評価に関する因子群である。

以上のように定義された FTP と FUW を図3のように二次元表示すると,廃棄物処理では難処理人工物のリスク低減をはかるために,可能な限り低環境負荷プロセスのもとで処理することが求められ,その効率をレスキュー・インデックス $RI=(FTP)/(FUW)$ によって評価することができる。すなわち,図3の直線の傾きが急峻な,よって RI の値が大きい処理が優れた処理法であり開発目標となる。

3.2 低環境負荷な廃棄物処理

廃棄物処理では,廃棄物よる FTP の低減を目指しているが,処理自身による二次的な環境リスク(CO_2 の排出,汚染物の放出,等)を産み出さないようすることが肝要である。そのために,FUW の値を低くすることが必要であり,廃棄物処理に対してどの程度のエネルギー投入が許されるかという問題がある。一般に廃棄状態はエントロピーの高い状態に置かれており,廃棄物から原材料の純度と同等品の物質を分離・回収しようとすると,そのエネルギーは無視できないほど高くなる。したがって,焼却や溶融処理が行われる場合には,その環境負荷を考慮する必要があり,RN による評価が重要な役割を果たすことになる。

筆者らは熱力学的に安定なセラミックス系廃棄物の処理に対する FTP と FUW を定性的に表1のようにまとめ,それぞれの難処理廃棄物の処理技術開発の指針としてきた。表から明らかなように,伝統的セラミックスにおいては,大量の廃棄物を処理してもリサイクル品の品質が悪く用途が限られるのに対して,先端構造材料セラミックスでは,極めて安定な材料のリサイクルに高エネルギー付加が必要であるという問題がある。また,電磁機能材料セラミックスは有害・有価金属を含有しており,その分離・分別・抽出が困難であるという問題がある。このような点を考

表1 セラミックス廃材のリスクとリサイクルプロセスの評価

廃棄物の種類	FTP（リスク評価）	FUW（プロセス評価）
①伝統的セラミックス 陶磁器・ガラス・セメント・コンクリート・アスベスト・スラッジ,etc.	・大量の廃棄物 ・処分場の不足 ・有害化学物質を含む	・廃棄物処理に大量の高エネルギーが必要 ・リサイクル品が低品質
②先端構造材料セラミックス ZrO_2-Y_2O_3, SiC, Si_3N_4, Al_2O_3, TiC, WC-Co, 複合材料	・製造に大量のエネルギーが必要 ・有価金属の枯渇が危惧される	・機械的・熱的・化学的安定性が高い ・リサイクル品が低品質 ・分離・分別が困難
③電磁機能材料セラミックス $YBa_2Cu_3O_x$, $LiNbO_3$, (Pb,La)(Zr,Ti)O_3, $Nd_2Fe_{14}B$, rare earth oxide, etc.	・有害重金属を高濃度に含有 ・貴金属及び有価金属を大量に含む	・他種類の有害・有価・希少金属を含む ・金属の分離・抽出が困難

第1章　資源循環型社会における資源回収と廃棄物の有効利用

慮して，廃棄物の種類・成分と排出量により最適なリサイクル方法を見出すことが重要である。

3.3　廃棄物のリサイクル・ルートの設計

　資源循環効率を向上させ，回収資源の持続可能な有効利用方法を見出するためには，製品の製造工程や消費後に排出する廃棄物の資源回収法と再利用法を設計することが必要である。図4にマテリアル（材料）の生産とリサイクルに関する資源循環ループを示す[10]。天然資源からの製造工程では，環境負荷を抑制したグリーン生産が重要であり，過剰な廃棄物の発生抑制，再使用，再利用の促進が望まれる。一般には，混合ごみとすることによって廃棄物のエントロピーは増加し，分別・分離が一層困難となりエネルギー・コストも高くなるので，排出原位置処理における個別のリサイクル法の確立が望まれる。しかし，少量の廃棄物を処理すると逆に環境負荷を増大し，コスト的にも高価になる場合があるので適正な規模の処理施設（後述の資源再生コンビナート）が必要となる。

　図に示すように，廃棄物のリサイクルには，さまざまなルートが考えられる。「クローズド・リサイクル」は，典型例として古紙，ガラス瓶，アルミ缶，スチール缶，ペットボトルの再利用に見られるが，厳密には再生品の品質はカスケード的に劣化する。同様な品質低下の問題が工業廃材のリサイクルにおいても現れるので注意が必要である。「グレードアップ・リサイクル」や「カスケード・リサイクル」は，有機・無機系廃棄物からの多孔質環境浄化材料の製造，廃プラスチックと古紙からのリサイクル・ボードの製造，焼却飛灰のゼオライト化，スラグのセメント化・路盤材の製造，廃プラの高炉還元剤への利用，等多岐にわたる。今日では，焼却・溶融処理に先立つ重要なリサイクル手法として認識され，多くの研究開発が進められている。

　上記の廃棄物の再生利用や有効利用が困難な場合には，わが国ではこれをサーマル・リサイク

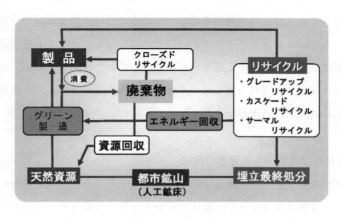

図4　難処理人工物のリスク評価とプロセス評価

ルすることになっている。これは，焼却による廃棄物の減量化（とくに，生ごみ・プラスチックごみ等の減量）が達成されるので，最終埋立処分量が削減でき，廃棄物管理を容易にすることができる。さらに，焼却工程のなかで徹底した熱回収及び発電を行うことにより廃棄物のエネルギー資源への転換（エネルギー回収）をはかることができる。焼却後の焼却灰，スラグ，メタル等は，それぞれのカスケード・リサイクル法が開発されているとともに，メタル成分については都市鉱山（または人工鉱床）としての位置付けがなされ，レアメタル等の回収・再利用が期待されている。

4 排水・廃材からの資源回収技術

4.1 産業廃棄物の存在状態と処理方法

　製造業から排出される廃棄物は，その状態により排気ガス，排水，固体廃棄物に大別されるが，排気ガス及び排水については，従来各企業の公害対策として，これらの無害化処理の技術開発が強く進められてきた。したがって，環境基準や排水基準以下に有害化学物質の排出を抑えるという対策的なイメージが強く，これらの廃棄物成分から資源を回収し再利用・有効利用するという積極的な観点からの技術開発は立ち後れてきた。とくに，排水には有価な希少元素・金属を含む場合が多いにもかかわらず，排水浄化のために有害物質を吸着や凝集で捕集した固体物質は二次廃棄物として大量に最終処分される場合が多く，そのコストも高かった。さらに，自社内で無害化や再利用が困難な固体廃材やスクラップは外注方式で委託処理に廻され，高価な処理費の支払いを余儀なくされてきた。しかも，その最終処理方法は，焼却処分であったり，埋立処分であったりで，有価物の再資源化や有効利用が達成されることは少なかった。

　このように，排水・廃材処理を従来型の廃棄物無害化対策のみとして考えるのではなく，有価成分を分離・抽出して積極的に有効利用をはかるということは，資源循環の立場から極めて重要な意味をもっている。図4で示したように，焼却や溶融を経ることなく直接製造原料に戻す「資源回収法」は，製造工程から排出する産業廃棄物に対してとくに有効である。金属資源及び希少元素を含有する廃棄物では，回収物質の純度がその用途を決定づけるので，鉱物資源からの精錬工程と同等レベルの資源回収技術が望まれる。

4.2 排水・廃材からの無機・金属資源の回収

　バイオ資源やプラスチックの有機成分を除くと，製造工程からの排水や廃材には，多くの場合金属，金属イオン，金属オキソイオン，金属酸化物というような金属種が多く含まれている。また，非金属元素として有価なホウ素，フッ素，リン等の無機系元素及びそのイオンや化合物も含

第1章　資源循環型社会における資源回収と廃棄物の有効利用

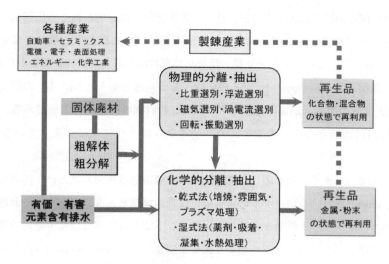

図5　排水・廃材からの資源回収プロセスと再利用

まれている。本書では，廃棄物中の無機・金属系有価成分の回収と再利用の可能性が高い排水と廃材に注目して，その回収・抽出技術を紹介している。

図5は各種の製造産業からの固体廃材や有価・有害元素を含有する排水の資源回収プロセスを模式的に示している。固体廃材については，とくに，自動車，大型家電，小型家電では，粗解体と粗分解により特定の再利用可能な部品を抽出することが重要である。その後，破砕・粉砕して得られた混合チップは，まず比重選別・浮遊選別，磁気選別，渦電流選別，回転・振動選別，等の方法で物理的分別・分離を行い，この段階で再生利用可能なものを除去する。さらに，この段階では再利用が困難なものについては，化学的分離・抽出を行う。化学的方法には，酸化培焼や雰囲気処理，あるいはプラズマ処理等の高温処理（乾式法）と薬剤処理，吸着処理，凝集処理，水熱処理等の低温処理（湿式法）が知られている。高エネルギーを必要とする乾式法は環境負荷低減の観点からあまり望ましくない。また，有害薬品を大量に使用し，廃液処理等の困難な湿式法にも問題がある。このような点に留意して最適な処理法を開発することによって，安全かつ低コストの処理法の確立が必要である。

4.3　希少金属の資源回収と再利用

金属資源には，構造材料の主要部分を占めるベースメタル（Fe，Al，Zn，Cu，等）や有価な貴金属（Au，Ag，Pt，Pd，等）以外に，少量ながら材料の機能維持または向上に必須の希少金属（レアメタル）があり，これらは様々な電子・電気・磁気・光学・機械材料に添加されている。わが国の希少金属の埋蔵量は極めて少なく，そのほとんどを海外からの輸入に依存している。ま

た，昨今の新興国における鉱工業の発展に伴い，希少金属の慢性的高騰と輸出制限によりその安定供給が危惧されている。そこで，国内の使用済み電子機器に存在する希少金属を未利用資源（都市鉱山）とみなし，これを回収・分離・精製して再利用するための技術開発が行われている。具体的には，透明導電性膜からの In, Sn の回収，希土類磁石からの Nd, Dy の回収，リチウム電池からの Li, Co の回収，超硬合金からの W, Co の回収技術等が代表例である。しかし，まだ技術的・経済的課題が多く，希少金属のリサイクルはまだ実現には至っていないものが多い[11,12]。

以上の希少金属のリサイクルをめぐる諸問題は，資源循環型社会形成という枠組みのなかで解決されるべき課題であり，レアメタルの再資源化技術の開発とともに，産業界における動脈産業及び静脈産業のネットワーク構築が重要なキーポイントである。図6は希少金属の資源循環を念頭においた概念図を示している。前述のように産業廃棄物や使用済み機器からの各種元素・金属の回収は，各個企業の取扱量が少量の場合は採算がとれないことが多い。したがって，類似の産業廃棄物を収集して再資源化をはかる資源循環効率の高い処理プラントの稼働が必要であり，筆者はこれを「資源再生コンビナート」と呼んでいる。今後，このような静脈系における安全・安心かつ高効率なコンビナート施設の設置が望まれる。

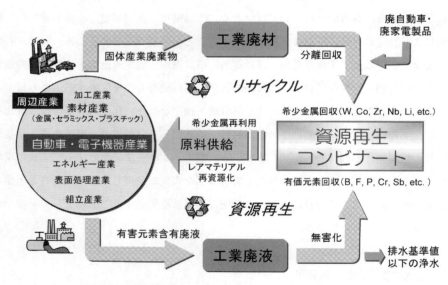

図6　資源循環型社会における資源再生コンビナートの役割

第1章　資源循環型社会における資源回収と廃棄物の有効利用

5　まとめ

本章では，まず資源循環型社会創成の必要性と課題について述べ，新しい「資源」の考え方を導入し，高効率な資源循環について考察した．つづいて，広範な廃棄物，とくに処理の困難な産業廃棄物の無害化と同時に再資源化を進める場合の指針として，レスキュー・ナンバーによる評価システムを紹介した．さらに，この指標に基づくリサイクル・ルートの設計指針を明らかにした．製造工程の排水・廃材からの資源回収については，主として無機・金属系，とくにレアメタル系の資源回収の技術と循環システム構築について述べた．

本書では，工業排水・廃材からの資源回収技術の詳細と有効利用法の実際について詳述されている．なお，筆者らの研究グループによる排水[13～17]及び廃材[18～20]からの資源回収法に関する技術解説に関しては章末の文献を参照されたい．本章で述べた総論が現場における研究者，技術者，実務者の廃液・廃材からの資源回収と有効利用に関する開発指針の一助となれば幸いである．

文　　献

1) 環境省，循環型社会白書（平成13年版以降の白書シリーズを参照）
2) 田中　勝，田中信壽，循環型社会構築への戦略，p. 1, 中央法規（2002）
3) 武田信生，廃棄物学会誌，**10**, 306（1999）
4) L. M. Hilty, H. Itoh, K. Hayashi, X. Edelmann, "R' 09 Twin World Congress and World Resources Forum", (ISBN 978-3-905594-54-6), EMPA (2009)
5) G. Tchobanoglous, H. Theisen, S. Vigil, "Integrated Solid Waste Management", p. 1, McGraw-Hill (1993)
6) H. Itoh, "Waste Management in Japan", pp. 1, 31, 41, WIT Press (2004)
7) 山内睦文，伊藤秀章，藤澤敏治ほか，廃棄物学会誌，**12**, 183（2001）
8) 化学工学会，環境パートナーシップCLUB共編，廃棄物の処理―循環型社会に向けて―，p. 25, 槇書店（2001）
9) D. Almoza. C. A. Brebbia, D. Sale and V. Popov, "Waste Management and the Environment", p. 1, WIT Press (2002)
10) 伊藤秀章，笹井　亮，張　付申，未来材料，**6**, 44（2006）
11) 原田幸明，中村　崇，レアメタルの代替材料とリサイクル，pp. 51, 237, 282, シーエムシー出版（2008）
12) レアメタル問題対策の技術動向，p. 1, 東レリサーチセンター（2009）
13) 笹井　亮，板倉　剛，伊藤秀章，排水・汚水処理技術集成，p. 616, エヌ・ティー・エス（2007）
14) 笹井　亮，板倉　剛，伊藤秀章，工業と製品，**35**, 100（2007）

15) 笹井 亮, 板倉 剛, 伊藤秀章, ホウ素・ホウ化物の基礎と応用, p. 357, シーエムシー出版 (2008)
16) 板倉 剛, 笹井 亮, 伊藤秀章, 化学工業, **59**, 533 (2008)
17) 伊藤秀章, 笹井 亮, 板倉 剛, 配管技術, **51**, 1 (2009)
18) 笹井 亮, 伊藤秀章, 材料, **55**, 1146 (2006)
19) 笹井 亮, 伊藤秀章, 環境対応型セラミックスの技術と応用, p. 263, シーエムシー出版 (2007)
20) 笹井 亮, 伊藤秀章, セラミックス, **44**, 397 (2009)

第2章　金属資源のマテリアルフローと
　　　　リサイクル技術

中村　崇*

1　はじめに

　わが国の金属資源の確保を考える場合，一義的にはやはり天然資源の確保が必要である。しかしながら，長い時間軸を考慮するとリサイクルの比重が増す。天然資源による金属供給と人工資源からの資源回収の違いを概略的な流れで示すと図1のようになる。天然資源と人工資源は，資源として本質的に異なるためにプロセスも多少異なるが，特に大きいのは資源探査の部分である。天然資源の探査は，衛星などのリモートセンシングより始まり，各種物理探査を行い。最終的には，ボーリング試料の分析からその資源量を把握する。人工資源の場合，最初の物理探査に代わるものが，マテリアルフロー分析である。人間社会の中で人工物としてどのように元素が動くかを定量的に把握することが始めである。つまり，各種金属をどのように収集するかは，その元素のマテリアルフロー調査を行い，どこに大量に俯存し，どこから回収するのが，効率的であるかを知る必要がある。マテリアルフローの役割は，単に人工資源の把握のみではないが，調査の大きな目的の一つである。

　ところでリサイクルは目的ではなく人類の持続可能性を担保するための手段である。本来，古くから行われてきたリサイクルは経済合理性があるものを指していた。現在は環境問題の解決を総合的に行う必要性から必ずしも経済合理性のみでは行われない。わが国にある個別リサイクル法で取り扱われている"廃棄物"は，その典型的な例である。また3Rと表現され，リサイクルの位置づけは比較的下位の概念である。したがって，社会システムを考える場合，リユースならびにリディースを始めに持ってくる必要があるが，ここでは狭義のリサイクルのみを考える。リサイクルには，アップグレード型，クローズドループ型（水平型 Can to Can），オープン型（カ

　　　天然資源からの金属素材製造：　資源探査⇒収集⇒選別⇒洗浄（精製）⇒成形
　　　人工資源からの金属素材製造：　資源探査⇒採取⇒選別⇒洗浄（精製）⇒成形

　　　　　　　　　図1　天然資源と人工資源を用いた金属製造過程

---

*　Takashi Nakamura　東北大学　多元物質科学研究所　教授

スケード）リサイクルなどそのあり方によって種々定義されている。もちろんアップグレード型が望ましいが、よほど条件がよくないと実現しない。多くはカスケード型のリサイクルが行われている。それぞれバランスをとりながら全体としてもっとも資源生産性を高めるシステムと技術を構築するのが重要である。このような状況の下においてできるだけ素材のリサイクルは、その製造工程を理解できる素材メーカーに戻して行うことを実現するのが合理的である[1]。素材のあり方を知っている素材メーカーに戻せば、戻ってきたスクラップや廃棄物の汚染度毎に合理的な再生法を採用し、コストやエネルギー消費の面から有利に働くことが予想される。

2 金属のマテリアルフロー

ここでは、資源回収から見たマテリアルフローの意味と具体例として白金の需要と供給について述べる。

2.1 マテリアルフローの意味

金属に関するマテリアルフローの研究は、大変盛んに行われるようなった[2]。かなりの元素について詳細の検討がなされ、一部はストック量も推計されている[3]。また、概略ではあるが、ほとんどの金属の国内におけるマテリアルフローが、石油天然ガス・鉱物資源機構のHPに記載されている[4]。ここで、その詳細を取り扱うのは紙面の都合上無理であるので、基本的な金属素材の大きな流れを一部の金属を例に示す。

まず、ベースメタルの鉄とアルミニウムであるが、図2のように従来からの収集システムがあ

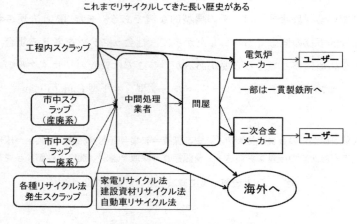

図2　鉄、アルミニウムリサイクルの流れ

第2章　金属資源のマテリアルフローとリサイクル技術

り，ほぼ機能している。もちろん種々の製造工程で発生する工程内スクラップを使用するのが最も効率的なリサイクルができ，それらは100%回収されている。市場からの回収ではかなりの部分が，自動車解体との結びつきが強い。自動車の場合，一度に発生する量は他の産業機器と比べて必ずしも多くないが，確実に一定期間で排出されるので，業として成り立ち易い。自動車解体からは，鉄ならびにアルミニウムも同時に回収され，両方を取り扱うことが一般的であり，最近は価格上昇により銅なども回収されている。

　その他の非鉄系の流れを図3に示す。この場合は，量が鉄やアルミニウムと比較して少なく，かつ発生箇所も多いので流れも複雑である。もちろん最大の供給は工程内スクラップであるが，当然回収されている。現在話題になっているのが，各種廃電子機器から発生するレアメタルを含有する基板である。基板の収集は，産業廃棄物系の電子機器が中心であるが，現在は家電リサイクル法で回収する基板ならびにこれまであまり手が付けられていなかった個人使用の小型電子機器からの回収である。最も有名なのが携帯電話であり，本来モバイルネットワークの名称で情報通信業者が中心とした回収システムがある。ただ，それを通しても十分な回収率が得られていないのが現状である。他にPCについても公式なリサイクルルートが確立しているが，これも回収率については十分でない。

　特に数年前に発生した金属価格の高騰を受け，都市鉱山[5]の概念が復活した。我々は，その提唱から20年経過した今，都市鉱山の重要性を再確認しながらRtoS（Reserve to Stock，「人工

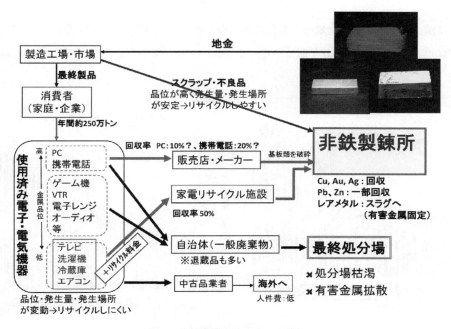

図3　非鉄金属リサイクルの流れ

鉱床構想」)を提唱し，新たなリサイクルの構築について検討している[6]。今までのリサイクルは，基本的に廃棄物の削減を目的とし，有価金属を回収しその処理費用を少しでも削減しようという思考の中から行われてきた。これに対し，「人工鉱床構想」は，金属資源の循環をより全面に押し出し，より多くの金属資源を回収する考え方を推進してみようとする試みである。

レアメタル類のリサイクルを考える場合には社会の変化を十分に考えておく必要がある。すなわち，鉄や銅，亜鉛やアルミニウムといったベースメタルは電力や構造物などの都市インフラを構築するものとして利用されてきており，比較的一定品質のものが大量に集めることも可能で，現在のリサイクルのシステムが構築されてきた。一方，レアメタル類は最近のハイテク製品の中に使用されることが多く，個人消費財として広く薄く社会に拡散している事実がある。現状，金属中でも比較的集めやすいもの，かつ，既存の回収システムで回収が可能な金・銀・銅程度が行われているが，レアメタルのリサイクルには経済的に無理があり，従来の回収システムからはずれたものは廃棄物となるか，あるいは，環境規制が厳しくない近隣国に流れる結果になっている。

2.2　白金の需要と供給[7]

白金族金属は生産量に制限があることに加え，ごく限られた地域に鉱山が偏在しているなど供給面にも不安が残されている。白金族金属の主要な使用先は，装飾から自動車の排ガス触媒に移行している。環境問題を資源の面から見ても白金族の需要と供給を把握することは大きな意義がある。

図4に示すように白金族金属のうち生産量が最も多いPtの世界生産量は近年200トンを超える水準に達しており，過去20年間で倍増してきた。しかしながら，その生産量の多くは南アフ

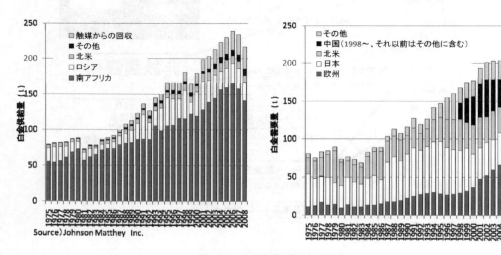

図4　Ptの世界供給量と需要量

第2章　金属資源のマテリアルフローとリサイクル技術

リカの鉱山からの採取であり，今後の安定供給には不安要素も残る。実際に，2006年以降，南アフリカの生産量は低下している。南アフリカの供給量低下の背景として，電力不足や労使関係の問題による生産障害があげられる。

　南アフリカの鉱山では，2007年前半に12人の死者が出た事故を契機に，鉱業界と政府が一体となり，鉱山の安全対策の徹底が図られるようになった。死亡事故を起こした鉱山は生産を中止し，すべてのシャフトの安全調査が行われた。安全対策徹底の努力の一方で，生命リスクが高いことから労使交渉が頻発している。さらに，鉱山業界に対する電力の供給が5日間停止されるなど，大規模な停電発生なども生産障害となった。その後，90～95％の電力供給が再開されているものの，継続的に電力不足が解消されるか否かは不透明な状況である。南アフリカにおける直接的な生産障害に加え，設備投資の減少も，今後の供給力を占ううえで不安材料となっている。南アフリカでは，設備投資に多額の資金を要する地下約3,000メートルで操業をしている一方で，近年の金融危機の影響から，世界最大の白金生産業者（アングロプラッツ社，南アフリカ）は，2008年の設備投資額を9億1,600万ドルに縮小させ（前年度は13億ドル），2009年白金供給量を30万オンス減少させるとしている。このように，今後の供給量の増加を見込み難い状況にある一方で，Pt需要の高まりが懸念される。

　図4[8]にも示されるように，Pt生産増加分の多くは欧州と中国で消費されている。90年代以降から中国のPt需要が高まった。欧州では，1992年に導入されたEURO1以降，EURO3やEURO4へと段階的に強化された排ガス規制を背景として，自動車触媒，特にディーゼルエンジン車へのPt需要が高まっている。2000年以降，欧州Pt需要が急騰している様子が図4からも窺える。今後は，欧州の排ガス規制がEURO5へとさらに強化されることで，より一層Pt需要が増加することも懸念される。

　欧州の需要が増加する一方で，日本の需要は低下している。日本のPt需要の低下には，図5

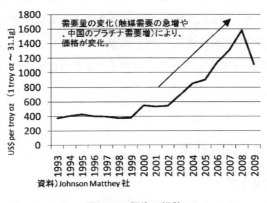

図5　Pt価格の推移

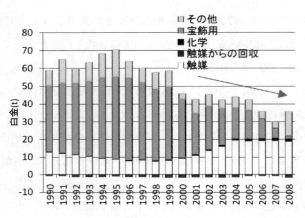

図6 日本の用途別プラチナ需要

に示すPt価格の高騰が背景にある。2000年以降の欧州のPt需要増などを背景に，Pt価格が上昇した。Pt価格の高騰により，図6に示すように日本では宝飾需要が大幅に減少した。自動車触媒向けのPt需要は2000年半ば以降から，それ以前と比べて高い水準を維持している。図6に示しているように，Pt価格が高騰してもなお自動車触媒へのPt需要は堅調である。こうした傾向は，欧州においても窺える。2000年の欧州Pt総消費量のうち自動車排ガス触媒のPt消費量は全体の6割程度を占めるにとどまっていたものの，Pt価格が高騰してからは触媒向け以外の用途向けPt需要は減退し，2005年以降には欧州の自動車触媒向けPt需要は，全用途向け需要のうちの9割程度まで上昇した。中国においても，2000年以降の自動車触媒の需要は他国と同様に増加傾向にある。

以上ことから，自動車向けのPtの重要性の高まりが窺える。今後も安定的にPtが供給されることは重要な課題となっている。しかしながら，南アフリカの供給力は不透明であり，価格の動向に応じて需要量が変化するPt需要（宝飾向けPtなど）は既に縮小されていることから，今後は，Ptの回収・リサイクルにも注目する必要がある。Ptの採掘や製錬には膨大なエネルギーを消費することからも，Ptを効率的に回収・リサイクルすることは社会的にも意義がある。ただし，日本における現在の自動車触媒からのPt回収量は，図6にも示されているように限定的な量にとどまっている。今後の更なるPt回収・リサイクルを目指すためにも，Ptのマテリアルフローを概観することは重要である。

3 金属資源のリサイクル技術

3.1 リサイクル技術の考え方

何が一体リサイクル技術であろうか？　その本質は？　その回答を出すためにリサイクルがど

第 2 章　金属資源のマテリアルフローとリサイクル技術

のように行われるか整理してみる必要がある。天然資源からの金属生産過程とリサイクル工程は，具体的な内容についてはかなり異なるが，形式的には図 1 に示したようにほぼ同じである。要は，量の把握と収集と採取の違いのみである。基本として個々の素材製造の要素技術は，リサイクル技術に使用可能であることを十分に認識しておかなくてはならない。両者の間が，大きく異なるのは収集に関する技術である。この分野では製紙業のような森林の伐採，輸送，金属産業のような採掘，輸送とはかなり異なる技術が必要となる。特にスクラップや廃棄物の資源化を目指す場合収集個所が分散し，資源としてもっとも効率が悪い形で出てくることを考えると収集技術が重要となる。この場合当然であるがシステムと対応していなくてはまったく意味がなく，いわゆるリサイクルが戦略としてのシステム技術優先といわれるのはこのためである。以下非常に簡単に個別技術の現在の新しいトピックスについて記述する。

3.2　物理選別

　収集された廃棄物を如何に省エネルギー的・省資源的に処理するかは，リサイクルにおける重要課題であり，できれば廃棄物をありのままの状態で再生利用することが望ましい。固体を固体のままの状態で成分分離する物理選別はその点で意義が高い。ただこうした技術は天然資源開発では長年の実績があるが，廃棄物処理においては中間処理などで細々と利用されているにすぎず，本格的な技術開発はまだその緒についたばかりである。各種特性（特に形状）が不規則である廃棄物の処理においては，物理選別はその信頼性が低く，近年この点を改良する技術開発・数種技術の効果的組み合わせ等が検討されている。ここではその一例として，廃家電品の処理に触れる。

　現状での家電品のリサイクル対象は，テレビ・冷蔵庫・洗濯機・エアコンの 4 種類であるが，今後，その対象は拡大される可能性が高い。図 7 に，その処理の基本的フローを示した[9]。まず，上記 4 種類に分別された各家電品から，モーター・コンプレッサー・熱交換器・鉛ガラス類等が解体・回収されたのち，残渣は破砕され，風力選別でウレタン等が軽産物中に，その後の磁力選別にて鉄が磁着産物として回収される。非磁着産物中の銅・アルミ等の金属類は渦電流選別にて導電産物として回収され，非導電産物中に残留する細かい金属類がエアテーブル等の比重選別にて重産物中に回収される。渦電流選別に加えて，この段階でサイズの小さいものに効果的な静電選別を適用する例もある。比重選別後の軽産物中には主にプラスチック類が濃縮されるが，これらをさらにジグ選別等にて重・軽産物に分離することも検討されている。

　固体同士の分離である物理選別では，分離すべきもの（成分）同士を如何に省エネルギー的に引き離す（単体分離させる）かが高効率化のポイントであり，その困難さの情報を製品設計段階にフィードバックする必要がある。家電リサイクル法では生産者責任を明確にしたために，廃棄

工業排水・廃材からの資源回収技術

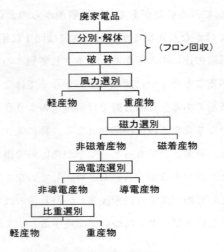

図7　廃家電品の基本的処理フロー

物処理の実態を各家電メーカーの設計担当者が目の当たりにするところとなり，その後の製品の様々な易解体・易リサイクル設計（DfE，エコデザイン）の改善に繋がっている。

3.3　化学反応処理

　ここで言う化学反応処理は，昔の金属製錬プロセスを中心とした再生プロセスならびに廃棄物の無害化プロセスである。非鉄製錬プロセスが銅，亜鉛などを含む廃棄物，副産物のリサイクルに有効であることから多いに喧伝され，今でもシュレッダーダストや都市ゴミの飛灰は，銅製錬や亜鉛製錬の一部を使って，資源化が行われている。例として小名浜製錬において行われているシュレッダーダスト処理プロセスを図8に示す[10]。このプロセスは，現在約年間10万トンのシュレッダーダストを処理し，銅などの非鉄金属とエネルギー回収を行っている。このプロセスでは，排ガス系に銅原料の燃焼で生じるSO_2ガスを処理するために石膏製造が行われており，シュレッダーダストの燃焼処理で問題となるダイオキシン類の発生が抑制されるなどのメリットもある。

　最近の課題としては，臭素系難燃剤入りのプラスチックや重金属含有のスラッジの資源化があ

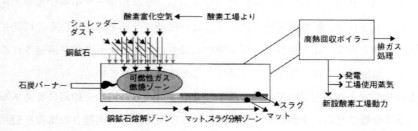

図8　小名浜製錬株式会社における反射炉におけるシュレッダーダスト処理プロセス概要[9]

第2章 金属資源のマテリアルフローとリサイクル技術

る。臭素系難燃剤入りプラスチックは，完全燃焼が難しく，臭素系ダイオキシン類の発生も予想され，一部優良な廃プラスチックはマテリアルリサイクルされているが，上手いリサイクル法が確立されておらず，有効な資源化プロセスの開発が望まれている。また，重金属入りのスラッジも埋め立てしかもって行き場がなく，今や産業廃棄物の最大の重量となっている。これらを同時に資源化できれば，非常に有効で効率よいことになる。現在，そのための基本的なプロセスの提案を行っており，できれば開発プロジェクトに繋げたい。

いずれにしてもこれまで以上に物理選別と化学処理プロセスの一体化を進め，できるだけ環境負荷を出さないで低コストに再生資源化するシステムとプロセスの開発が重要となる。

4 まとめ

個々の金属について具体的に記述すると膨大な量になるので，非常に簡単に金属資源再生に関する現状の"もの"の流れとその技術開発の方向性を示した。資源価格の高騰は，金融崩壊後の不況によって治まったが，まだ実体経済が回復しない状態で徐々に価格が高くなる傾向を見せている。各国の財政出動による金余りが株や土地でなく現物の資源に向かっている状況が起こっていると考えられる。当然だが，全体的に価格が低下しても中国のような特定の国に集中している金属は，常に供給不安があるわけで，本質的に資源のないわが国は，せめてリサイクルで対抗せざるを得ない。その場合も常にスクラップや廃棄物には資源性と汚染性の両面があることを認識し，両者を満足するような社会システムと技術の確立が望まれている。

文献

1) 中村崇，原田幸明：まてりあ，41, 744 (2002)
2) 中島謙一，大菅広岳，横山一代，長坂徹也：日本金属学会誌 72, 1, 1 (2008)
3) 巽研二朗　その他：日本金属学会誌　72, 8, 617 (2008)
4) 石油天然ガス・鉱物資源機構　HP：http://www.jogmec.go.jp/mric_web/jouhou/material_flow_frame.html
5) 南条道夫：東北大学選鉱製錬研究所彙報　43, 239 (1987)
6) 白鳥寿一，中村崇：資源と素材，122, 325 (2006)
7) 板明果，柴田悦郎，中村崇，JSIJ CAMP 22, 1, 225 (2009)
8) Johnson Matthey：Platinum 2009 Interim Review (2009)
9) 大和田秀二氏より提供
10) 小名浜製錬㈱より提供

第3章 環境にやさしいセラミックス系資源の循環利用

前田浩孝[*1], 石田秀輝[*2]

1 はじめに

　環境にやさしいとはどういうことであろうか。ものづくりにおいては，出発原料，製造プロセス，使用時，廃棄時，つまり，材料のライフサイクルを通して，環境に対して負荷をかけないことが環境にやさしいことである。現在，多くの努力にもかかわらず地球環境劣化は加速しており，今後の厳しい環境制約の下で，何度も再生利用を繰り返すことができる，新しいライフサイクルの概念を創出することが強く望まれている。少なくとも，現在の材料のライフサイクルを考えると，使用後の廃棄量を低減し，出発原料となる資源の使用量を低下することができれば，環境に対する負荷は低減される。そのため，廃材の再利用によるライフサイクルの延命は極めて重要である。

　セラミックス系資源は，ケイ素やアルミニウムのようにクラーク数が高い元素の酸化物が主成分となることや，種々の元素の組み合わせにより高機能性材料を合成できることから，材料として高い価値を有する。ものづくりにおいて，循環利用されているセラミックス資源はすでに多数存在する。セラミックス系廃材の一つであるビール瓶のような規格化された廃棄ガラスは，リターナル瓶としてリユースプロセスが確立されている。一方，着色ガラスの循環利用については現在研究が進められており，相分離による重金属イオンの除去[1]や，アルカリ融解によりガラスの主成分である二酸化ケイ素を回収する方法[2]が検討されている。耐火性・安全性の観点から，建材として幅広く使用されているケイ石，セメント，生石灰からなる ALC：Autoclaved Lightweight aerated Concrete（軽量気泡コンクリート）は，建設現場においては端材が廃材として発生している。これらは ALC 原料としての循環利用や，栽培に必要とされるケイ酸分の供給と土壌の pH 調整の役割を持つケイ酸肥料としても再利用されている。火力発電所で石炭の燃焼の副産物であるフライアッシュや都市ごみのような廃棄物焼却灰は，セメントやコンクリートのような建築資材として循環利用されている。

[*1] Hirotaka Maeda　東北大学　大学院環境科学研究科　助教
[*2] Emile Hideki Ishida　東北大学　大学院環境科学研究科　教授

第3章　環境にやさしいセラミックス系資源の循環利用

2　循環利用を考えた高機能性材料の合成

　廃材を出発原料として循環利用するとともに、高機能性材料を合成することができれば、ライフサイクルの延命とともに、高機能化に伴う使用時のエネルギー効率を向上させることができ、環境に対して親和性の高い材料となる。セラミックス処理においては、減量化のために加熱処理(ex. スラグ化)されることが多く、スラグのような廃材を循環資源として出発原料に用いた高機能性材料の開発が活発に研究されている。

　鉄鋼製造プロセスにおいて、副産物として発生する高炉スラグを用いた硬化体が合成され、保水性舗装材としての応用が検討されている[3]。これは、多孔構造を有することにより雨天時に雨水を吸収し、晴天時には気化熱による冷却効果によりヒートアイランド現象を緩和させるものである。製紙プロセスにおいて、製紙スラッジの焼却による焼却灰のアルカリ水熱反応によるゼオライトの合成が報告されている[4]。ゼオライトは、高いイオン交換・吸着能を示すために、水質浄化材料への循環利用が考えられている。食に目を向けると、日本の主食である米の副産物である米ぬかを搾油後に発生する脱脂ぬかを循環利用した機能性材料(RB[Rice Bran]セラミックス)の研究が行われている[5]。脱脂ぬかにフェノール樹脂を含浸させ、窒素雰囲気下で炭化焼成によりRBセラミックスは合成される。RBセラミックスは炭化時に生成する微細な細孔により低密度ながら、フェノール樹脂の炭化物である高質ガラス状炭素が、脱脂ぬかの炭化物である軟質無定形炭素を覆うことにより高強度を示す材料である。RBセラミックスは低摩擦・耐磨耗材料として優れた機能を発揮しており、無潤滑直動滑り軸受等に応用されており、廃材を循環利用し高機能性材料として実用化に至った事例である。

3　低環境負荷プロセスによる資源を循環利用した高機能性材料の合成

　製造プロセスにおいても環境への負荷を低減することは重要である。一般的なセラミックスの製造プロセスである焼結反応は高温プロセスである。一方で、ALC製造に代表される水熱反応は高温での焼結反応とは異なり、200℃以下の水、もしくは、水蒸気との反応であるため、焼結反応に比べ1/6程度のエネルギーでセラミックスを合成できる[6]。つまり、製造プロセスに水熱反応を用いることで二酸化炭素排出量を大きく削減することが可能となる。廃材を出発原料とした高機能性材料の合成に水熱反応を導入することができれば、近い将来構築される持続可能な社会における環境にやさしいものづくり指針のひとつになると思われる。

　例えば、結晶性ケイ酸カルシウム水和物であるトバモライト($Ca_5Si_6H_2O_{18} \cdot 4H_2O$)は、高い陽イオン交換特性を持つ[7]ために、廃水・廃棄物処理材料としての応用が検討されている[8,9]。ト

バモライトは，CaO-SiO$_2$-H$_2$O系の水熱反応において合成する[10,11]ことができ，豊富に存在するケイ素とカルシウムが構成物であるために，合成の際に環境に対する負荷が小さく，近年取り上げられているレアメタルのような資源枯渇の恐れは少ないものといえる。トバモライトを骨格に持つ多孔質材料を合成することができれば，低環境負荷高機能廃水処理材料として応用することが期待できる。都市ごみの焼却灰はシリカが主成分であることから，これに消石灰を添加した成型体にアルカリ溶液を加え，水熱反応を施すことによりトバモライトが合成される[12]。成型体のマトリックスである焼却灰と消石灰が，分散したアルカリ溶液表面で反応することによりトバモライトが析出し，アルカリ溶液が乾燥することにより，トバモライトが骨格表面を覆った多孔体（比表面積：60 m^2/g）となる。都市ごみ焼却灰のリーチングテストの結果，重金属の溶出が認められるが，合成された多孔体は重金属の溶出はほぼ見られないため，長期使用においても安全な水質浄化材料としての応用が期待される。

十和田石は主に，石英，緑泥石を主鉱物にし，長石やゼオライトを随伴する岩石で，緑と青の色合いを持つ審美性を備えた建築素材として広く利用されているが，採掘時に多くの切屑が発生し，埋立処理されており運搬エネルギーや埋立地不足が問題となっている。切屑の再利用方法として，養鶏場の脱臭剤への循環利用が試みられている[13]。十和田石切屑もまた，緑色を呈し審美性を備えていることから，切屑を循環資源として固化することができれば，天然の十和田石と同等の建築材として再生利用できると考えられる。一方，家庭のエネルギー消費は，その消費量全体の25％がエアコンによるものであり，この消費を抑えることが極めて重要な課題とされている。そのため，自律型の調湿材料を導入することで，室内エネルギー消費量が5～30％削減できることが報告されている[15]。このことからも，廃十和田石を用いた室内壁材としての応用を考える上で調湿性能を付与することは，環境問題を解決し持続可能な社会をつくるために最適な機能といえる。調湿材料はその中に存在する細孔による毛細管凝縮により水蒸気を吸放出することで

図1　都市ごみ焼却灰を循環利用したトバモライトを骨格表面に有する多孔体

第3章　環境にやさしいセラミックス系資源の循環利用

湿度を制御する。住空間において人間は，湿度が40〜70％であると快適に過ごせるといわれている[16]。毛細管凝縮の起こる湿度と細孔の関係はKelvin式から明らかにすることができ，40〜70％の快適な湿度域に調整するためには，4〜7nmのメソ領域の細孔を材料に導入することが必要である。シリカが主成分である廃十和田石に消石灰を添加し，一軸加圧成型により作製した成型体を，飽和水蒸気圧下で水熱反応を施すことにより，10 MPa以上の曲げ強度を持つ固化体が合成される[17]。廃十和田石に含まれる石英と消石灰が反応し，トバモライトが成型体中の粒子間

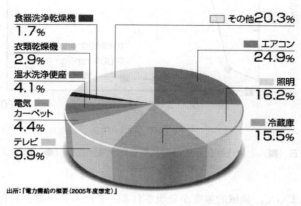

図2　家庭におけるエネルギー機器による消費電力量の内訳[14]

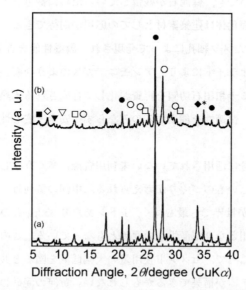

図3　廃十和田石／消石灰成型体の水熱固化前(a)，水熱固化10時間後(b)のXRDパターン
○：アルバイト，●：石英，□：緑泥石，▽：スティルバイト，▼：ローモンタイト，
■：フォージャサイト，◆：消石灰，◇：トバモライト，＊：アルミナ（内部標準物質）

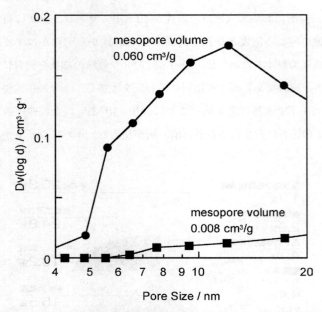

図4 廃十和田石（■）と廃十和田石を循環利用した水熱固化体（●）のメソ細孔径分布曲線

隙に生成することによって，機械的強度が発現される。また，トバモライト粒子同士が絡み合い構造を形成することで，メソ細孔が生成されると同時に，十和田石と比較し約6倍比表面積が増加する。水熱反応後においても，緑泥石が残留しているために緑色を示し，審美性も兼ね備えているため，作製した水熱固化体は建築素材としての応用が期待できる。また，湿度変動時に水蒸気を吸着 — 脱着が生成したメソ細孔によって発現され，調湿性能を有する材料となる。さらに，廃十和田石に含まれるゼオライトにより，アンモニアガスのような有害ガス吸着特性も有することから，廃材となっている十和田石切屑を再資源化して合成される水熱固化体を，例えば，内装壁材として用いることで，快適性を創出するのみならず，安全・安心性も創出できることが期待される。

自然の中にも，まだ十分に活用されていない未利用資源が多く存在しており，これを循環利用することで，環境にやさしいものづくりが考えられる。中国の黄河は，中国全土を横断する河川であり，沈積泥砂含有量が世界でも最も多く，1トンあたり35 kgもの泥砂が含まれており，河口地域においては，天井川となり氾濫洪水の原因ともなっている。この泥砂をブロック体とし，黄河の防波堤へ応用することで，セメント使用量の大幅低減を図ると共に，黄河流域における環境問題を改善できるシステムが構築できるかもしれない。黄河の泥砂の化学組成は，泥砂表面層から1 mの深さまではシリカ成分が多く含まれており採取場所による影響が少ないこと，また，環境省が定めるリーチングテストにおいても重金属の溶出が認められない[18]ことから，汎用性の

第 3 章　環境にやさしいセラミックス系資源の循環利用

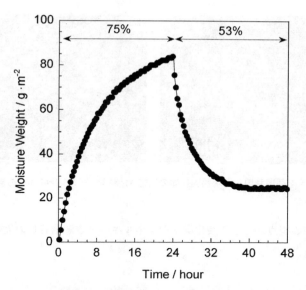

図 5　廃十和田石を循環利用した水熱固化体の調湿性能評価

図 6　黄河沈積泥砂の循環利用システム

高い新規循環材料として高い可能性を有する。消石灰と泥砂を混合した成型体を作製し，飽和水蒸気圧下の水熱反応により，20 MPa 以上の曲げ強度を持ち，かつ，サブミクロンオーダーの細孔が多数存在する固化体が得られる[19]。水熱反応時間により，生成されるトバモライトの形態が異なることで，固化体中の微細構造も制御される。これを黄河の防波堤として応用することで，黄河の氾濫を低減するとともに水質浄化も同時に期待できる新規材料となる可能性も期待できる。

　このように，廃材のような組成にばらつきがある材料を循環利用により出発原料として用いて，水熱反応を製造プロセスに利用することで，安定に高機能性材料を合成することができ，さ

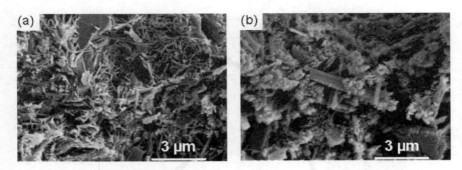

図7　黄河沈積泥砂を循環利用した水熱固化体の反応12時間(a), 24時間(b)後の破断面のSEM写真

らに，地球環境問題の視点からも二酸化炭素やエネルギー・資源消費量の大幅削減にも効果的な多くの可能性がある。

4　おわりに

様々な環境問題が発生する中で，ものづくりにおいては，インプット，アウトプット両方を低減することが求められており，廃材を循環利用した環境にやさしいものづくりは，近い将来のものづくりの基盤となるものと思われる。同時に，ライフサイクルの中に再生利用をあらかじめ想定した材料設計も，今後重要な指針とすべきであろう。廃材の循環利用により合成した材料に，水質の改善，あるいは，室内空気質の制御のような機能性を付与することにより，使用時にも環境負荷を低減できる材料が合成可能であることも注力すべきことである。一方で，廃材は化学組成のばらつきが存在するが，例えば，低環境負荷プロセスである水熱反応は，そのばらつきをかなりの割合で吸収でき，機能性材料を安定に合成することができ，廃棄物の循環利用に適したプロセスといえる。

文　献

1) D. Chen, et al., Waste Manag., 26, 1017 (2006)
2) H. Mori, J. Mater. Sci., 38, 3461 (2003)
3) 長谷川和広ほか, J. Soc. Inorgnic Mater. Japan, 13, 491 (2006)
4) S. P. Mun, et al., J. Ind. Eng. Chem., 7, 292 (2001)
5) 堀切川一男, 機能材料, 17, 24 (1997)

第3章　環境にやさしいセラミックス系資源の循環利用

6) H. Shin, *et al.*, *Bull. Ceram. Soc. Japan*, **32**, 981 (1997)
7) S. Komarneni, *Nucl. Chem. Waste Manag.*, **5**, 247 (1985)
8) S. Komarneni, *et al.*, *Science*, **221**, 647 (1983)
9) S. Kaneco, *et al.*, *Environ. Sci. Technol.*, **37**, 1448 (2003)
10) M. Sakiyama, *et al.*, *Cem. Concr. Res.*, **7**, 681 (1977)
11) C. P. Udawatte, *et al.*, *Res. Innovat.*, **3**, 297 (2000)
12) Z. Jing, *et al.*, *Ind. Eng. Chem. Res.*, **46**, 2657 (2007)
13) 菅井裕一ほか，骨材資源，**147**, 153 (2005)
14) 全国地球温暖化防止活動推進センターウェブサイト（http://www.jccca.org/)，省エネルギー家電ファクトリーシート：電力需要の概要
15) O. F. Osanyintola, *et al.*, *Energy Buildings*, **38**, 1270 (2006)
16) 石田秀輝，資源と素材，**114**, 491 (1998)
17) M. Takagi, *et al.*, *J. Ceram. Soc. Japan*, **117**, 1221 (2009)
18) Z. Jing, *et al.*, *AIP Conf. Proc.*, in press
19) Z. Jing, *et al.*, *J. Environ. Manag.*, **90**, 1744 (2009)

第4章　鉱物資源の消費と供給の現状

安達　毅*

1　はじめに

　2003年の後半から原油をはじめとするエネルギーだけでなく，多くの金属の価格高騰が始まった。これによって多大な混乱を社会経済におよぼしたことは，資源の安定供給確保がわが国や世界の産業・経済にとって極めて重要であることが改めて認識された。この間短期的にではあるが，一部の金属について必要量が確保できない供給不足に陥ったと言われている。価格の上昇と高止まりは，2008年秋の世界金融不安までの約5年間にわたり持続した（図1）。その後一時は，資源価格は以前のレベルまで低下し，資源危機は去ったように思えたものの，2009年後半以降は再度高価格帯に入ってきた金属が多い。このようなかつての4〜5倍にもなる高価格の継続と供給不足に対する不安の増大が最近の資源問題の特徴である。

　先進国において資源価格が直接的に経済全体へ与える影響は，この30年間で徐々に限定的になってきている。それは産業や製品における省エネルギー化の進展と費用全体に占める原材料費の比率が下がってきたことによるものである[1]。しかしながら，資源の供給が不足すればそれを

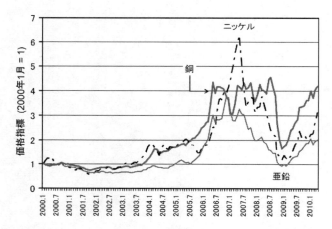

図1　銅，亜鉛，ニッケルの月平均価格推移（2000年1月を1とした）
（出典：LME（ロンドン金属取引所）価格）

＊　Tsuyoshi Adachi　東京大学　生産技術研究所・環境安全研究センター　准教授

第4章　鉱物資源の消費と供給の現状

原材料とする製品の製造が続かず，経済全体に占める付加価値の割合以上に不安定な資源供給の影響が大きいことが露呈した形となった。

2　金属の大量消費と新興国の台頭

21世紀に入ってから資源を巡る状況のなかで特徴的なのが，中国による消費量の劇的な増加である。新興国全体で消費量が伸びているなかでも，特に中国の消費量の成長は著しい。図2には，中国との比較で，日本，アメリカ，ヨーロッパの銅地金の消費量推移を示している。1995年以降5年間平均の成長率で，世界合計がそれぞれ4.5％，2.0％，3.3％であるのに対して，中国の成長率は，10.1％，9.6％，9.9％と，この18年間10％成長が続いている。それにともなって世界全体に占める消費量のシェアは，2000年で12.7％であったのが，2005年で21.8％，2008年で28.4％と今や3割の銅が中国で消費されるようになってきた。直近の2007年では日本の地金消費分に相当する量が中国の消費量に新たに加算された計算となる。

中国が世界の資源消費を牽引して，幾何級数的な伸びを示していることは確かだが，長期にわたって統計をとると，この傾向は中国だけではなく世界全体の傾向として続いてきている。実際に前世紀に起こった資源消費の急増はどれほどであったのか，図3に1900年から100年間の世界の金属消費量（地金消費量）と対比のため人口の推移を示す。20世紀中の100年間で人口が約4倍の65億人に達している。金属の消費量はそれを遙かにしのぐ勢いで10倍以上増加していることがわかる。特に第二次世界大戦後の1950年代からと2000年以降の増加は著しい。アルミニウムは新しく利用され始め近年用途が拡大した金属であるので，鉄や銅と比べて増加率が高く

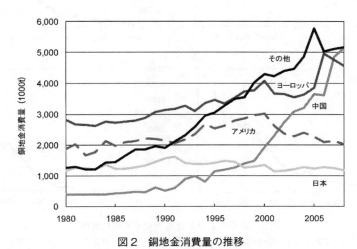

図2　銅地金消費量の推移
（出典：World Bureau of Metal Statistics（1985-2010）"World Metal Statistics"）

なっている。鉄は1980年代に成長率が鈍化した時期もあるが，それでも一方的に消費量が増加する傾向を示している。

このことは，今後たとえ中国の消費の伸びが鈍ったとしても，中国に代わる国が登場することで，世界全体ではこれまでと同様の幾何級数的な成長傾向になる可能性が高いことを示す。この傾向を抑制する世界的な方策やシステムがなければ，いずれ鉱物資源を持続的に供給することが困難になることは明らかである。枯渇などの資源制約による資源供給の急激な落ち込みを避け，成長率の緩やかな低減とリサイクルを含む省資源化を目指した現時点からのシステム作りが重要である。

次に，現在の日本の製造業を支えるレアメタルについて，データの入手が可能で世界に占める日本の消費シェアが大きい金属を図4に取り上げた。シェア上位3カ国までを抜き出している。これらのレアメタルは，代表的な用途では，希土類は磁石に，コバルトは二次電池や特殊鋼，プラチナは排ガス浄化触媒，モリブデンとニッケルは特殊鋼，ガリウムは電子材料に用いられている。これらはいずれも，電子・電気産業や自動車産業になくてはならない金属であることがわかる。

図からは例えば，希土類消費の23.8％，コバルトの26％，モリブデンの28％が日本での消費

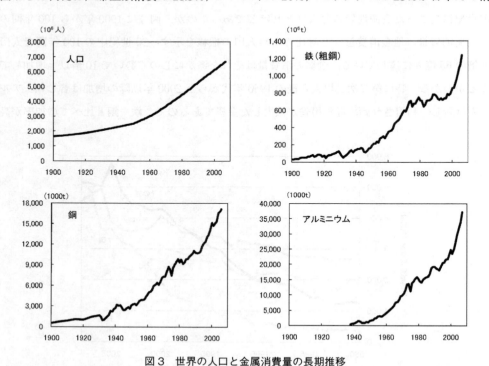

図3　世界の人口と金属消費量の長期推移
（出典：資源・素材学会ほか（2006）世界鉱物資源データブック第2版[2]，United Nations "World Population Prospects"，International Iron and Steel Institute "Steel Statistical Yearbook"）

第4章　鉱物資源の消費と供給の現状

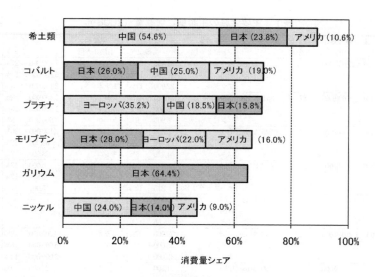

図4　レアメタル消費量の国別シェア（2009年）
（出典：工業レアメタル（2009）アルム出版社，World Bureau of Metal Statistics（2009）"World Metal Statistics"，石油天然ガス・金属鉱物資源機構（2009）メタルマイニング・データブック2009）

である。消費量が多いことは，これらの金属から作られる材料・部品が日本の技術的優位によるものだと考えられ，これらの金属の国内供給を安定的に行うことが，我が国の資源セキュリティにとって重要であることが示唆される。このように資源消費を切り口にすることで，中国経済の進展や日本の製造業の動向を垣間見ることができる。

3　鉱山からの供給と市場規模

　主要な金属17種を選択し，2008年の生産量と埋蔵量，価格を一覧できるようまとめたのが表1である。生産量と埋蔵量については，シェア上位3カ国を抽出して併記している。ここで鉱山生産量とは鉱山で採掘され前処理された鉱石に含まれる金属量を示すものである。したがってリサイクルによる2次資源は含まれておらず，それと在庫による調整分が消費量との差になっている。

　多種の金属を比較する場合，それぞれの生産規模が大きく異なるため，単位に注意して参照されたい。極端な例を挙げれば，鉄鉱石は22億トンの生産量で価格は0.07$/kg，対照的に金は2,260トンの生産量で価格は24.7万$/kgであり，生産量の比較では約100万倍の開きがある。多くの金属はこの両者の間に位置している。

　図5には，単純にこの生産量に価格を掛け合わせることで，各金属の簡易的な市場規模を表現

工業排水・廃材からの資源回収技術

表1 主要金属の生産量と埋蔵量（2008年）

元素	単位	鉱山生産量 (P)	埋蔵量 (R)	可採年数 (R/P)	価格	生産量 上位3カ国		シェア	埋蔵量 上位3カ国		シェア	付記
Al	1000t	205,000	27,000,000	132	26.0 $/ton	オーストラリア	61,400	30%	ギニア	7,400,000	27%	ボーキサイト
						中国	35,000	17%	オーストラリア	6,200,000	23%	
						ブラジル	22,000	11%	ベトナム	2,100,000	8%	
Co	t	75,900	6,600,000	87	86.0 $/kg	コンゴ	31,000	41%	コンゴ	3,400,000	52%	
						カナダ	8,600	11%	オーストラリア	1,500,000	23%	
						ザンビア	6,900	9%	キューバ	500,000	8%	
Cu	1000t	15,400	540,000	35	6,945 $/ton	チリ	5,330	35%	チリ	160,000	30%	
						アメリカ	1,310	9%	ペルー	63,000	12%	
						ペルー	1,270	8%	メキシコ	38,000	7%	
Au	t	2,260	47,000	21	24.7 $/g	中国	285	13%	南アフリカ	6,000	13%	
						アメリカ	233	10%	オーストラリア	5,800	12%	
						オーストラリア	215	10%	ロシア	5,000	11%	
In	t	570	−		519 $/kg	中国	310	54%	−	−	−	
						韓国	75	13%				
						日本	65	11%				
Fe	1000t	2,220,000	160,000,000	72	70.43 $/ton	中国	824,000	37%	ウクライナ	30,000,000	19%	鉄鉱石
						ブラジル	355,000	16%	ロシア	25,000,000	16%	
						オーストラリア	342,000	15%	中国	22,000,000	14%	
Pb	1000t	3,840	79,000	21	2,090 $/ton	中国	1,500	39%	オーストラリア	23,000	29%	
						オーストラリア	645	17%	中国	12,000	15%	
						アメリカ	410	11%	アメリカ	7,700	10%	
Li	t	25,400	9,900,000	390	−	チリ	10,600	42%	チリ	7,500,000	76%	
						オーストラリア	6,280	25%	アルゼンチン	800,000	8%	
						中国	3,290	13%	オーストラリア	580,000	6%	
Mo	t	218,000	8,700,000	40	63.0 $/kg	中国	81,000	37%	中国	3,300,000	38%	
						アメリカ	55,900	26%	アメリカ	2,700,000	31%	
						チリ	33,700	15%	チリ	1,100,000	13%	
Ni	t	1,570,000	71,000,000	45	21,104 $/ton	ロシア	277,000	18%	オーストラリア	26,000,000	37%	
						カナダ	260,000	17%	ニューカレドニア	7,100,000	10%	
						アメリカ	200,000	13%	ロシア	6,600,000	9%	
Pt	kg	189,000	71,000,000	376	50.7 $/g	南アフリカ	146,000	77%	南アフリカ	63,000,000	89%	埋蔵量はPGM
						ロシア	23,000	12%	ロシア	6,200,000	9%	
						カナダ	7,000	4%	アメリカ	900,000	1%	
REE	t	124,000	99,000,000	798	8.8 $/kg	中国	120,000	97%	中国	36,000,000	36%	REO量
						インド	2,700	2%	CIS諸国	19,000,000		
						ブラジル	650	1%	アメリカ	13,000,000	13%	
Ag	t	21,300	400,000	19	0.48 $/g	ペルー	3,690	17%	チリ	70,000	18%	
						メキシコ	3,240	15%	ペルー	59,000	15%	
						中国	2,800	13%	ポーランド	55,000	14%	
Ta	t	1,170	110,000	94	86.0 $/kg	オーストラリア	557	48%	ブラジル	65,000	59%	
						ブラジル	180	15%	オーストラリア	40,000	36%	
						コンゴ	100	9%				
Ti	1000t	5,800	680,000	117	111.0 $/ton	オーストラリア	1,320	23%	中国	200,000	29%	イルメナイト量・価格
						南アフリカ	1,050	18%	オーストラリア	130,000	19%	
						カナダ	850	15%	インド	85,000	13%	
W	t	55,900	2,800,000	50	184.0 $/ton	中国	43,500	78%	中国	1,800,000	64%	WO_3価格
						ロシア	3,000	5%	ロシア	250,000	9%	
						カナダ	2,300	4%	アメリカ	140,000	5%	
Zn	1000t	11,600	200,000	17	1,873.9 $/ton	中国	3,200	28%	中国	33,000	17%	
						ペルー	1,600	14%	オーストラリア	21,000	11%	
						オーストラリア	1,480	13%	ペルー	19,000	10%	

出典：US Geological Survey (2010) "Mineral Commodity Summaries"

した．横軸が対数軸になっていることに注意すると，1,000億ドル以上の規模を持つ金属は鉄，銅で，最も取引されていることがわかる．これに金，ニッケル，亜鉛が100億ドル規模で続いている．これらの金属は過去より大規模に開発され生産量も多く（金を除き），市場の重要な担い

第4章　鉱物資源の消費と供給の現状

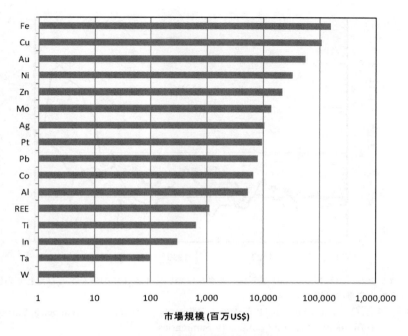

図5　金属の市場規模の比較

手となっている金属である。それに対して，レアアース（REE）以下のレアメタルの市場は，平均すると約100分の1の規模になる。レアメタルは供給者や鉱床が限られているだけでなく，市場の規模が小さいことは，需要などの突発的な変動に対して脆弱であることと結びつく。これまでにない新たな用途が開発されることで急激に市場が変化すると，価格の高騰や物理的に量が不足することが起きやすい。例えば，個々のレアメタルについては，1978年にザイール（現コンゴ民主共和国）の内戦によってコバルト供給が滞り価格が高騰したことや，2000年にはタンタル，近年ではインジウムの急激な需要の増加によって価格の乱高下が起こったことをあげることができる。

　このことは生産量の変化にも現れており，図6にいくつかのレアメタルについて，1970年からの世界生産量の推移を示す。レアメタルについての統計は，データが得られる金属種が少なく，国別の消費量もほとんど整っていないため，詳細な検討を行うにはまず公的機関によるデータの蓄積と公表が必要である。図より，安定した成長を示すチタンやモリブデンと比較して，タンタルやコバルトの生産量は大きく変動していることが分かる。どの金属も2000年以降の増加が大きく，2007年の生産量では2.5倍程度の増加となっている。増加率よりも，タンタルにみられるように生産量の変動がベースメタルに比べて激しいことが特徴である。このように，レアメタルと一概に言っても金属によって供給の安定性が異なることに注意が必要である。詳細に検討する

35

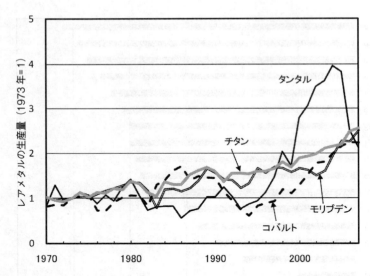

図6 タンタル，コバルト，モリブデン，チタンについて1973年の値を1としたときの世界合計生産量の推移
（出典：U.S. Geological Survey（1975-2009）"Minerals yearbook", U.S. Geological Survey（1975-2009）"Mineral Commodity Summaries"）

ためには，個々のレアメタルの生産と市場の情勢を分析することが欠かせない。

4 埋蔵量と可採年数

鉱山における金属の埋蔵量とは，「現在の経済と技術水準で採掘価値がある鉱体の鉱石賦存量」と一般的に定義されている。つまり，地質的な鉱床の状況の把握だけでなく，技術と金属の経済的価値が入っているため，技術開発や経済情勢によって変化する量である。鉱山ではこの確認された埋蔵量から鉱石が生産される。

鉱物資源の埋蔵量は，ときには人類が手に入れることができる資源の全量だととらえられることがある。そのため，オイルショックの当時，石油はあと30年でなくなるとの報道のあまりに少ない残余年数に驚かされた。それから37年が経過したが，今でも石油は生産量を増やしながら供給され続けている。

この現象は金属にも見られるものであり，図7に銅，鉛，亜鉛について，世界全体での可採年数の変動を表した。可採年数とは，各年の埋蔵量をその時点の生産量で割った年数を指す。前出の表1には各金属の可採年数も併記している。

銅の可採年数は90年代に徐々に低下し，その後30年前後で落ち着いている。亜鉛と鉛はおよそ20～25年で一定した推移を示していることがわかる。他の鉱物資源についても多くは20～60

第4章　鉱物資源の消費と供給の現状

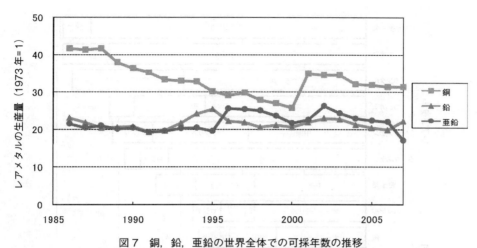

図7　銅，鉛，亜鉛の世界全体での可採年数の推移
（出典：U.S. Geological Survey（1986-2009）"Mineral Commodity Summaries"）

年の可採年数が維持されてきている。

　いずれにしても，毎年の生産量が増加し続けているにもかかわらず，可採年数は生産量に合わせて減少していない。このような現象が起きるのは，可採年数は埋蔵量も生産量も変化しないとしたときの生産寿命を表しているにすぎず，生産量が伸び続けるなか，企業や国の探査活動によって埋蔵量は新規に発見され，増加してきているからである。しかしながら，金属ごとにこの可採年数を比較することでおおよそ豊富に存在するか希少であるかの判断材料の一つとなる。

5　埋蔵量の偏在性

　鉱物資源は地理的に分布が大きく偏っているものが存在し，この傾向を偏在性と呼んでいる。図8は表1からベースメタルと代表的なレアメタルについて，埋蔵量の多い上位3カ国を抽出し，その全体に占める割合を表したものである。同図から，多くのレアメタルの偏在性が高いことがわかる。特に，白金族金属やニオブ，タンタルは90％以上の量が1～2国に集中している。国別では，オーストラリア，アメリカ，ロシアといった先進国よりも，南アフリカ，中国，チリなどの新興国に世界の資源は大きく依存している。また，コバルトで見られるようにアフリカ地域などの政情が不安定な国にレアメタルが偏在することが，供給の不安定性を増す要因となっている。さらに最近では，資源ナショナリズムの再燃から，外国企業の参入制限や鉱業に対する課税強化，鉱物の輸出に対する関税率を高めるなど自国の資源を囲い込み，国内への利益還元や内需を優先する政策を取る資源国が増加してきていることも，供給不安を一層増大させている。一方でベースメタルは，レアメタルに比べると多くの国に分散し，政治的に安定した国もなかに含

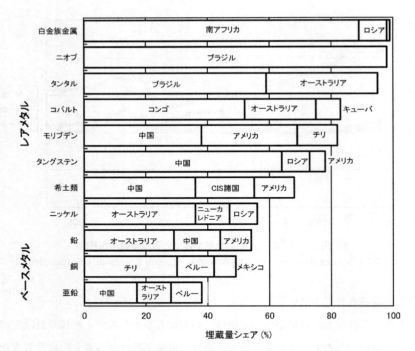

図8 各金属の埋蔵量上位3カ国のシェア
（出典：西山（2005）[3]，西山，安達（2006）[4]を元に対象金属を選択。U.S. Geological Survey（2010）"Mineral Commodity Summaries"）

まれていることから，供給リスクが低くなるといった違いがある。

6 まとめ

　BRICs諸国が変貌を遂げてきたように，これまで発展途上であった国々の急激な経済発展が始まり，それらの国々がけん引役となって資源消費が将来にわたり増加し続けることは十分に予想される。そのなかで，2003年以前の安価な資源は復活することなく，高価格かつ乱高下が続くようなリスクの高い市場になる可能性が高い。我が国の産業としてはこのような状況下で，製造業の需要に応じた資源確保が求められることになる。一方で，新しい材料開発によって今まで使われてこなかったレアメタルが利用されるようになったり，高価格が続けば金属材料間での代替の可能性も出てくる。資源制約を回避するには，このような新材料の動向や産業構造の将来的な変化を踏まえたうえで，どの資源がどれだけ供給可能であり，または供給不足の危険性が高いかを見積ることが求められる。そのような資源制約の情報を川下の製造業へ的確にフィードバックすることで，資源リスクを考慮した製品開発・設計が期待でき，またリサイクル・再利用と

第4章　鉱物資源の消費と供給の現状

いった静脈産業の方向性に定めることが期待できるようになる。資源の安定供給とセキュリティを高めるには，確かな中長期的なビジョンに基づく戦略にのっとり，短期的な資源の市況に左右されない方針と施策が求められる。

文　　献

1) デビット・シンプソン，マイケル・トーマン，ロバート・エイヤーズ編著，植田和弘監訳，安達毅ら訳，資源環境経済学のフロンティア―新しい希少性と経済成長―，日本評論社 (2009)
2) 資源・素材学会資源経済部門委員会，東京大学生産技術研究所，"世界鉱物資源データブック第2版"，オーム社 (2006)
3) 西山　孝，持続可能な社会における資源供給―多様な資源をとりまく複雑な動き，資源と素材，121, pp.474-483 (2005)
4) 西山　孝，安達　毅，持続可能な社会における資源枯渇―アジアの経済発展と資源の枯渇，資源と素材，122 (2), pp.47-55 (2006)

第5章 製造プロセスにおける有価物の回収・再利用の現状と技術動向

横山　徹*

1 概要

近年，資源の確保及び環境浄化の観点から，有価物の回収・再利用の必要性が論じられているのは周知の通りである。有価物の回収・再利用というと，使用済み携帯電話からのレアメタル回収等，最終製品や一般廃棄物からの有価物回収が話題にされることが多いが，製造プロセスにおける有価物の回収・再利用も重要であり，また回収・再利用を行うことでコストメリットが大きく出てくる場合も数多くある。

表1に，各製造プロセスにおける有価物回収の一覧を示す。もちろんこの他にも，例えば鉄鋼所における鉄くずの回収再利用等，従来からなされているものは多数ある。ここでは，そのような歩留まり向上だけでなく，従来の製造プロセスでは廃棄物となってしまうものを，何かしらの技術を用いたり工程を加えたりすることでそれを回収再利用する技術を取り上げている。それぞれの詳細については，次項より説明していく。

表1　各製造プロセスにおける有価物回収

産業	回収対象	技術
電子産業 太陽電池	フッ素・リン	晶析・沈殿
	シリコン	膜ろ過・脱水
	アンモニア	蒸留・吸収
	水	膜ろ過・MBR
化学	金属（ニッケル・銅）	抽出・晶析・吸着等
めっき	アンモニア	蒸留・吸収
印刷・塗装	VOC（酢酸ブチル等）	吸着・吸収

2 電子産業・太陽電池産業における有価物回収

2.1 フッ素・リンの回収

半導体ウエハや太陽電池用セルの製造におけるエッチングプロセスにてフッ酸やPFCガスが

---

*　Toru Yokoyama　オルガノ㈱　開発センター　第二開発部

第5章　製造プロセスにおける有価物の回収・再利用の現状と技術動向

使われることから，フッ素含有排水が多量に排出される。フッ素含有排水は，一般的には凝集沈殿法にて処理され，沈殿物の汚泥は産業廃棄物となることから，その廃棄物の削減が大きな課題となっている。一方で，資源としてのフッ素は蛍石（フッ化カルシウム）を主に中国からの輸入に頼っており，近年蛍石の価格が高騰していることから，資源の回収が求められてきている。そこで，晶析技術を用いることで，フッ化カルシウム（蛍石）の形で回収する方法が実用化されている。

液晶パネルの製造においては，エッチング剤としてリン酸が用いられることから，リン含有排水が排出される。リン含有排水も凝集沈殿法で処理されるのが一般的であり，また枯渇が懸念される資源であることから，産業廃棄物の低減及び資源の回収が必要となってきている。リンの回収には，晶析技術を用いてリン酸カルシウムなどの形で回収する技術がよく知られているが，沈殿技術を応用した方法も最近開発された。

詳細については，第9章「3 工業排水からのフッ素・リンの回収技術」にて述べる。

2.2　アンモニアの回収

半導体ウエハや太陽電池用セルの製造工程において，フッ酸とフッ化アンモニウムを混合したバッファードフッ酸やアンモニア系のガスが用いられることがあり，その排水にはフッ素だけでなくアンモニアも含まれる。そのような排水には，ストリッピング法を用いてアンモニアを回収する方法がある。これは，まず排水にアルカリを加えることでアンモニウムイオン（NH_4^+）を遊離アンモニア（NH_3）とし，そこに蒸気を吹き込むことで遊離アンモニアをガス化させ，排出された蒸気よりアンモニアを回収するという方法である。

この方法はアンモニアを回収できるというメリットがあるが，反面多量のアルカリを添加することや，多量の蒸気を用いることでエネルギーを必要とすることなどのデメリットもある。このストリッピング法が有利となるのは，高濃度アンモニア排水の場合である。それは，排水のアンモニア濃度が高ければ，水量の割に多くのアンモニアを回収することができるので，多量の薬品やエネルギーのコストを回収できるメリットが出てくるからである。高濃度アンモニア排水の例としては，上記のバッファードフッ酸や，消化汚泥の脱離液などがある。低濃度の場合は，リサイクルをせずに，生物処理法などでアンモニアを除去する方が好ましい。

2.3　シリコンの回収

シリコンは，半導体ウエハや太陽電池用セルの原料として用いられる。求められる純度としては，半導体グレードは11N（イレブンナイン）の単結晶である必要があるが，太陽電池用では6～7Nで良いとされ，また多結晶でも良い。このため，太陽電池の原料として半導体工場の規格

外品や端材が利用されていた。しかし，ここ数年の太陽電池の需要増大から，太陽電池用シリコンの需給が逼迫し，多結晶シリコンの価格は2005年からの4年間で2倍近くに上昇した[1]。このような状況の下，製造プロセスにおけるシリコンの回収が更に求められてきている。

製造プロセスにおけるシリコンの排出源及び排水の特徴としては，大まかに2種類に分けられる。一つ目は，上記ウエハやセルの製造工程において，シリコンの裏面を研磨するバックグラインド工程やチップ単位に削るダイシング工程から排出され，シリコンの粒子を含む排水である。二つ目は，シリコンの表面を研磨するCMP（化学的機械的研磨）工程において，シリコン粒子が薬液と共に排出され，その粒子はコロイド状であることが特徴である。

上記排水において前者は，高純度かつ固液分離が容易なシリコン排水であるため，膜ろ過技術を用い，濃縮水や逆洗排水をろ過してシリコンスラッジを得ることで，広く回収が実施されている。膜の材料としてはアルミナ等のセラミック膜もしくはポリスルフォン等の有機膜が用いられる。ろ過方式としては，内圧クロスフローにより濃縮水を得る方法が多いが，外圧全量ろ過型も用いられてきている。一方，CMP排水についてはシリコンがゲル化することから回収は難しいとされているが，実用化に成功している例もある[2]。具体的には，浸漬型平膜を用い，クロスフローにてろ過を行う。CMP排水を通水させると，まず膜の表面でシリカコロイドがゲル化し，その生成したゲル層で更にコロイドをろ過する。ろ過流束が低下したら，膜内に処理水を注入させることで逆洗し，ゲルを剥離させて回収するという方法である。

以上のようにシリコンの回収が進められているが，回収したシリコンの再利用法としては，回収した工場内で再利用する方法と，回収した工場から別の場所に移し再利用する方法の2種類がある。前者は，回収したシリコンの量と質が，同じ工場内で用いるのに適切かを検討する必要がある。また後者は，回収したシリコンは時間をおくと容易に酸化されてしまうため，回収する場所と再利用する場所の距離が近いことがポイントとなる。

2.4 水回収

排水における溶媒である水自体も，重要な資源の一つである。日本の様々な産業では，工場内での水の循環再利用に関する努力がなされており，水回収率は例えば鉄鋼業では約90％，化学工業では約85％，産業平均でも75～80％となっている[3]。回収・再利用するための推進力はやはりコストということになるが，基本的には水量規模が大きくなれば，水の再利用におけるコストも低くなる。建築物における水回収率は，建築物の構造や水処理方式により異なるが，概ね100～200m^3/日より多い場合ならば水回収するメリットが出てくると言われている。

半導体工場は大量の水を使用するため，水回収が盛んに行われている。半導体工場での排水処理の一例を図1に示す。図1に示すように，高濃度の排水や低濃度の排水が排出されるため，高

第5章 製造プロセスにおける有価物の回収・再利用の現状と技術動向

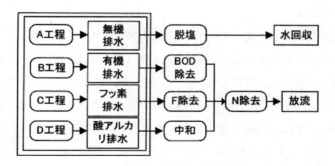

図1 半導体工場における排水処理フロー

濃度の排水はそれぞれ処理を行い，低濃度の排水は水回収するというのが，効率の良い方法である。高濃度の排水は，2.1〜2.3で述べたような方法で物質を回収するとなお良い。そのためには排水を分別する必要があり，エンドオブパイプでの処理から，排水の種類別にローカルでの処理に移行するのが近年の排水処理の特徴である。

排水回収の技術的としては，排水の性質にもよるが，有機物を処理したのち，MFなどの膜でろ過する方法がよく用いられる。また，MBR（膜分離活性汚泥法）は，有機物除去とろ過を同時に行うことができるため，水回収に有用な技術である。

3 化学・めっき産業

3.1 金属資源の耐用年数

携帯電話や電子機器，液晶パネル等に様々な金属が含まれており，またその金属資源を日本は多くを輸入に頼っていることから，その回収再利用が必要であることは，周知の通りである。また，金属によっては耐用年数（埋蔵量÷年間生産量）が数10年と試算されており，その回収再利用が急務と言われている[4]（表2）。金属の回収再利用の現状について，以下に記す。

表2 金属資源の耐用年数

元素名	耐用年数	元素名	耐用年数	元素名	耐用年数
アルミニウム	192	鉄	67	銀	19
ヒ素	18	鉛	21	タンタル	58
ビスマス	32	水銀	25	スズ	20
カドミウム	26	モリブデン	50	チタン	27
クロム	116	ニッケル	56	タングステン	59
コバルト	76	ニオブ	258	バナジウム	129
銅	39	白金属	195	亜鉛	20
金	23	希土類	818	ジルコニウム	36
イリジウム	230	セレン	44	ウラン	44

3.2 金属イオンの回収

金属イオンの処理技術としては,アルカリを添加して水酸化物を生成させ,難溶性塩として固形物化する方法が最も一般的である。得られた固形物(汚泥)は脱水ケーキとして金属精錬の原料とすることも可能であるが,脱水ケーキ中に不純物が含まれる場合も多いため,回収資源としての価値は下がることが多い。そこで,凝集沈殿法に代わる方法として,晶析法,抽出法,イオン交換法,膜分離法,Biosorption(微生物に金属イオンを取り込ませる方法)など,様々な技術が適用されている[5]。これらの方法は,処理の特徴から,濃縮技術と固定化技術に分けられる。抽出法,イオン交換,吸着法,膜分離法は,排水を対象となる金属イオンと溶媒その他に分離する方法であるから,濃縮技術であると言える。濃縮物が液体の状態で利用できる場合は,これらの濃縮技術のみで対応が可能である。ただし,安定的な長期保存やハンドリングの観点からは,固定化技術である晶析法や沈殿法を,濃縮技術と組み合わせて用いることが望ましい。特に対象物質のみを固定化できる晶析法は,高純度化の観点からも,有用な技術と言える。

3.3 ニッケルの回収

濃縮技術の代表例としては,抽出法によるめっき廃液からのニッケル回収がある[6]。具体的には,まず不純物として含まれる鉄や亜鉛を酸性リン化合物の抽出剤で選択的に抽出する。次に,抽出後の水溶液相のpHを6以上とし,抽出剤を用いてニッケルを抽出する。抽出されたニッケルは硫酸で逆抽出する。この液は,高濃度の硫酸ニッケル液になり,再利用が可能となり,一方で逆抽出後の有機相も,抽出剤として再生される。

固定化技術である晶析法としては,ニッケルイオン(Ni^{2+})を還元し,ニッケル(Ni)の状態に還元させる方法があり,めっき廃液中のニッケルの回収に成功している。具体的には,ニッケル粉を種結晶として添加し,種結晶の表面上で,図2及び式(1,2)に示す反応を効率的に行わせるというものである。pH制御を適切に行うことで,式(2)の反応で還元剤である次亜リン酸を消費させずに,式(1)の反応を支配的に進行させることがポイントである。

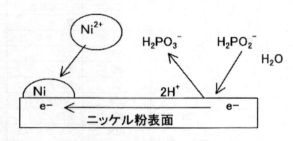

図2 ニッケルの還元晶析概念図

第5章　製造プロセスにおける有価物の回収・再利用の現状と技術動向

$$Ni^{2+} + H_2PO_2^- + H_2O \rightarrow Ni + H_2PO_3^- + 2H^+ \qquad (1)$$
$$H_2PO_2^- + H_2O \rightarrow H_2PO_3^- + H_2 \uparrow \qquad (2)$$

4　塗装・印刷産業

4.1　VOC回収

　VOC（揮発性有機化合物）は大気汚染の原因の一つであり，平成16年5月に大気汚染防止法が改正され排出抑制が促進されている。VOC排出量の約70％は溶剤と言われ，溶剤の用途としては，塗料や接着剤等の溶解，希釈や，金属・半導体の洗浄等がある。その年間使用量は約230万トンと推定されており，このうち約120万トンがVOCとして大気に放散されている。そこで，この放散されているVOCに対し，最近では，排出抑制だけでなく，回収に関する研究開発や，実施例が報告されている[7]。

　回収技術としては，まず排ガスに含まれるVOCを吸着材にて吸着させ，次に脱着させることで高濃度のガスを得て，その後コンデンサーなどで凝縮し，回収する方法が多く用いられる。そのフローを図3に示す。吸着材としては，粒状・繊維状・セラミックハニカム・球状など様々な形状の活性炭が用いられる。また，ガスを液体に吸収させ，吸収させた液を蒸発させて回収する方法もある。

　実施例としては，活性炭をドライラミネータから酢酸エチルを回収した例や，印刷所にて酢酸エチル・酢酸ブチルを回収した例などがある。

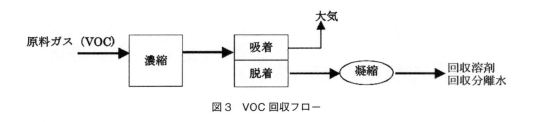

図3　VOC回収フロー

5　おわりに

　以上の通り，製造プロセスにおける有価物の再利用の現状と技術動向について述べてきたが，その再利用を推し進めるポイントをまとめると，以下の二つが重要と言える。まずは，回収・再利用することでコストメリットが出てくることである。そのためには，対象となる排水や排ガス

の量や濃度から，適切な処理方法を検討することが重要である。また，例えばフッ素における蛍石の輸入価格のように，その資源がもつ価値が刻一刻と変わることから，そのコストメリットが外的要因によって変化することを認識しておくことも必要である。もう一つは，エンドオブパイプからローカルでの処理に変えていくことが重要である。半導体工場での排水処理を例にとったように，排水を分別して処理することで，各資源を効率的に回収することができる。これらのポイントを整理することで，製造プロセスにおける有価物の再利用が推進されていくことを望む。

文　　献

1) 日本政策投資銀行トピックス，No.122-3（2008）
2) 梅沢浩之ほか，浸漬型平膜ろ過による半導体CMP排水処理システム，SANYO TECHNICAL REVIEW VOL.35 NO.2 DEC，p.22-30（2003）
3) 国土交通省水資源部，日本の水資源，国土交通省HPhttp://www.mlit.go.jp/tochimizushigen/mizsei/hakusyo/index5.html（2007）
4) 社会地球科学，岩波講座地球惑星科学 14（1998）
5) 財団法人造水促進センター，河川，沿岸，生活廃水等に含まれる微量有害金属の除去技術に関する技術調査報告書，p.62-70（2006）
6) 日本パーカライジング技法，No19，p.14-20（2007）
7) 財団法人機械システム振興協会，VOC リサイクル技術に関する調査研究，p.1-38（2008）

〈基礎技術編〉

第6章　産業排水からの資源回収

1　希少金属イオンの湿式分離回収技術

芝田隼次[*]

1.1　はじめに

　希少金属イオンには多くの金属イオンが含まれる。それらには存在量が決して希少ではない金属も含まれる。希少金属イオンとは，存在量がまさに希少な金属，資源的に豊富でも鉱石中の含有量が低い金属，資源的に豊富でも分離回収が難しい金属であると考えるのが普通である。このように，希少金属は広い範囲におよぶので，それらを湿式分離・回収する技術はどれも同じというわけにはゆかない。Ni，Co，希土類元素などは同じような分離技術が適用できるが，貴金属やMo，Vなどは異なった分離技術を必要とする。

　ここでは，希少金属イオンを湿式分離・回収する技術の中で共通に使える技術や方法，すなわち溶媒抽出法，イオン交換樹脂法，沈殿分離法，吸着法などについて述べる。

1.2　溶媒抽出法[1〜17]

　溶媒抽出法とは，互いに混じり合わない2液相間（水溶液相と有機相）での物質の分配を利用した分離・濃縮技術である。分離の対象となるのは，水溶液中の金属イオンである。金属イオンは電荷をもち，水溶液中で水和水を保持しているので，このままでは極性の小さい有機溶媒中に移すことはできない。金属イオンを有機相中に取り込むにはつぎの2つの条件が必要である。条件1：金属イオンの電荷を中和し無電荷の化学種とすること，条件2：金属イオンに配位している水和水をできるだけ除去すること。この2つの条件が満たされると，金属イオンは有機相中に移れるようになる。金属イオンに結合して疎水性を与え，上記の2つの条件を付与するのが抽出剤の役割である。

　溶媒抽出法は歴史的には，分析化学の前処理法として発展したもので，その後アメリカのマンハッタンプロジェクトとして工業的にウランを分離するために利用された。その後，希土類元素の分離精製技術として国内で利用され，中国から輸入された複合粗塩化希土からそれぞれの希土類元素を分離するために20年以上にわたって溶媒抽出法が使われた。現在では，分離された希土類元素が中国から輸入されているので，希土類の分離工業は廃業となった。ここにきて，レア

---

[*]　Junji Shibata　関西大学　環境都市工学部　エネルギー・環境工学科　教授

工業排水・廃材からの資源回収技術

メタルのリサイクルということで，製造工程から出る希土類磁石廃棄物または使用済み希土類磁石からの希土類の回収のために，再び分離のための溶媒抽出プラントが作られている例がある。世界で最も多い溶媒抽出法の工業利用は，湿式銅製錬である。その後，硫化物精鉱からのNiとCoの分離技術として利用されたり，NbとTaの分離技術として用いられたりしている。

1.2.1 溶媒抽出のプロセス

溶媒抽出のプロセスは，図1に示されるように抽出，洗浄，剥離（逆抽出）の3つの工程から成り立っている。抽出工程の目的は分離である。不純物との分離は，どのような抽出剤を使うか，溶液pH，濃度，温度などのどのような条件を設定するかによって可能になる。しかし，目的成分と不純物との化学的性質が似ている場合には，どのような抽出剤や抽出条件を選んでもうまく分離できないことがある。このような場合には，多段向流抽出法が採用され，抽出装置という装置的な面で目的の分離が達成される。

洗浄工程の役割は，抽出工程で有機相中に混入した不純物を水相中に戻して，有機相中の不純物を除去することである。工程の目的は不純物の分離である。洗浄に用いられる水溶液は抽出剤の種類や金属成分の種類によって異なるので一通りには言えないが，不純物成分が剥離されるような水溶液である。洗浄工程から出る水溶液には，目的の金属イオンが含まれることが多いので，この液は原料水溶液とともに抽出工程に加えられる。目的成分の分離が容易な系では，洗浄工程は設けないことが多い。洗浄工程を設けるときには，水バランスをよく考えることが必要である。

剥離工程は有機相中に含まれている目的の金属成分を再び水溶液中にもどすための工程で，このときに目的成分の濃縮が行われる。たとえば，10体積の有機相から1体積の水相に目的金属成分を剥離すると，10倍に濃縮されるのは明らかである。抽出および洗浄工程を経てきた有機相中には目的の金属イオンだけが含まれているので，剥離工程ではもっぱら目的成分の濃縮がな

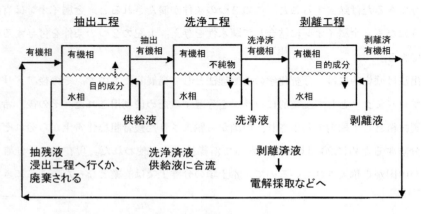

図1　溶媒抽出法の一般的プロセス

第6章　産業排水からの資源回収

される。剥離反応は抽出反応の逆反応であって，目的成分の抽出が起こりにくい条件を設定すれば，目的の剥離は達成される。剥離によって得られた目的物質を高濃度で含む水溶液は，電気分解や化学薬品による還元や晶析を経て，高純度金属または金属塩に変えられる。電解採取によって金属が取り出される場合には，電解尾液が剥離液として使われ，電解尾液は剥離工程と電解工程とを循環する。

分配比と分離係数はどのような分離技術にも必要な考え方である。分配比は次式により定義される。

$$D = C_{MO}/C_{MA} \tag{1}$$

ここで，C_{MO}，C_{MA} は平衡時の有機相および水相中の金属濃度である。分離係数は，2つの金属イオンの分配比の比として定義されるもので，分離を行うときの分離性の目安となる。

$$\beta = D_1/D_2 \tag{2}$$

ここで，D_1，D_2 は分離したい2つの金属イオンの分配比である。β が 10^4 以上であれば，その2成分は1回の抽出操作で分離できる。β が100程度の場合には3～4段の向流抽出により分離できる。β が10以下であっても，抽出段数の増加および洗浄工程を設けることにより分離が可能である。

代表的な抽出剤である PC-88A による金属イオンの抽出特性が図2に示されている。これらの抽出曲線は抽出剤濃度や金属イオン濃度によっていくらか変動するので，実際に適用するときには目的の金属イオンおよび抽出剤濃度で抽出試験をするべきである。

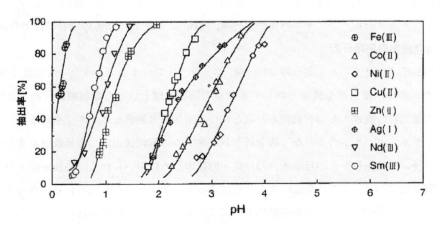

図2　抽出剤 PC-88A による金属イオンの抽出曲線

抽出や剥離の工程は，1段の回分操作で行われることもあるが，多くの場合には多段向流抽出操作が適用される。溶媒抽出の目的は金属やその他の物質の相互分離と濃縮であるから，回分操作が使われるか，多段向流抽出操作が適用されるかは，水溶液中の目的物質と不純物との分離の難易度に依存する。希土類元素の分離のように，分離不可能と思えるような 1.2〜1.5 の分離係数を持つ場合でも，多段向流抽出操作を適用して分離がなしとげられる。

溶媒抽出法の優れた点は，有機相は抽出と剥離工程をリサイクルし，剥離と電解工程では剥離液が再循環している。さらに，浸出工程と抽出工程の間を抽残液がリサイクルするという3つのクローズドサーキットが存在する。L-SX-EW（浸出，溶媒抽出，電解採取）プロセスと呼ばれ，これが環境調和型のプロセスであるゆえんである。

1.2.2　有機相を構成するもの

有機相は多くの場合つぎの物質，抽出剤／希釈剤／調節剤，で構成される。抽出剤は金属イオンなどの目的物と安定な錯体，化合物，付加物を形成する有機物で，酸性抽出剤，塩基性抽出剤，中性抽出剤などに分類され，40種以上の工業的抽出剤が知られている。抽出剤の一部は表1にまとめられている。

希釈剤は粘度，比重などの有機相の物理的性質を改善すると同時に，適切な抽出剤濃度に希釈するために用いられる炭化水素溶剤である。芳香族炭化水素，脂肪族炭化水素および脂環式炭化水素の単一成分からなるもの，またはこれらの混合物が用いられる。芳香族成分，脂肪族成分および脂環式炭化水素成分の含有率組成は抽出平衡や抽出速度に影響を与える。Isopar M や Solvesso 150 のような溶剤がよく用いられる。

調節剤は第3相の生成，エマルジョンの生成を抑制するために用いられる添加物である。有機相と水相とを機械的に混合撹拌すると，条件によって乳化を起こしたり，どちらの相にも十分に溶解しない第3番目の相ができたりすることがある。この目的のために，経験的に p-ノニルフェノール，イソデカノール，2-エチルヘキサノール，TBP などが 10〜15％ の割合で添加される。

1.2.3　溶媒抽出の応用分野

溶媒抽出が応用されている工業分野には，銅，ニッケル，コバルトのような一般金属やウラン，ニオブ，タンタル，希土類金属などのレアメタルの精製濃縮といった金属製錬，めっき廃水やレーヨン製造工程の廃水からの有価物の回収といった工業廃水処理などがあげられる。

銅，ニッケル，コバルトのような一般金属やレアメタルの溶媒抽出は，金属成分を含む固体資源の浸出の後に，浸出液からの目的成分の分離・回収のために用いられる。浄液を終えた水溶液は電解採取や化学的還元または薬品による沈殿によって固体として取り出される。めっき廃水の処理では，リンス液や廃めっき液が溶媒抽出法によって濃縮および精製される。

1つの例として，無電解ニッケルめっき廃液からの Ni^{2+} の分離・回収について紹介する[17]。無

第6章 産業排水からの資源回収

表 1 工業抽出剤の種類

分類	化学名	商品名	構造式	製造会社	用途
酸性抽出剤					
a) 酸性リン酸エステル	Di-2-ethyl hexyl phosphoric acid (D2EHPA)	DP-8R	$CH_3(CH_2)_3CHCH_2O\!-\!\overset{\displaystyle C_2H_5}{\underset{\displaystyle \underset{CH_3(CH_2)_3CHCH_2O}{\displaystyle C_2H_5}}{\overset{\displaystyle O}{\underset{\displaystyle }{\overset{\displaystyle \|}{P}}}}}\!-\!OH$	大八化学工業(株)	Co/Niの分離、希土類元素の分離、Zn, Cu, In, Ga, Vなどの抽出
b) フォスホン酸	2-Ethyl hexyl phosphonic acid mono-2-ethyl hexyl ester	PC-88A	$CH_3(CH_2)_3CHCH_2\!-\!\overset{\displaystyle C_2H_5}{\underset{\displaystyle \underset{CH_3(CH_2)_3CHCH_2O}{\displaystyle C_2H_5}}{\overset{\displaystyle O}{\underset{\displaystyle }{\overset{\displaystyle \|}{P}}}}}\!-\!OH$	大八化学工業(株)	Co/Niの分離、希土類元素の分離、Zn, Fe, Ag, Mo, Nbなどの抽出
c) フォスフィン酸	Di-2,4,4-trimethyl pentyl phosphinic acid	Cyanex 272	$CH_3C(CH_3)_2CH_2CH(CH_3)CH_2\backslash\overset{O}{\underset{/}{P}}/OH$ ($CH_3C(CH_3)_2CH_2CH(CH_3)CH_2$)	Cytec Industries	Co/Niの分離、希土類元素の分離
	Bis (2,3,3-trimethylpentyl) dithio phosphinic acid	Cyanex 301	$(CH_3)_3C(CH_3)CH(CH_3)CH_2\backslash\overset{S}{\underset{/}{P}}/SH$ ($(CH_3)_3C(CH_3)CH(CH_3)CH_2$)	Cytec Industries	Cu, Co, Ni, Fe, Znなどの抽出
d) カルボン酸	Alkyl monocarboxylic acid	Versatic Acid 10	$R_1\!-\!\underset{R_2}{\overset{CH_3}{\underset{\|}{\overset{\|}{C}}}}\!-\!COOH$ $R_1+R_2=C_7$	Hexion Specialty Chemicals	Cu, Co, Ni, Fe, Znなどの抽出
塩基性抽出剤					
a) 第1級アミン	Highly branched alkyl primary amine	PRIMENE TOA	C_8 tertiary primary amine	Rohm and Haas	Th, Uなどの抽出
b) 第3級アミン	Highly branched alkyl primary amine	PRIMENE 81-R	$C_{12}\!-\!C_{14}$ tertiary primary amine	Rohm and Haas	Co/Niの分離(塩化物溶液) Cu, Co, Ni, Fe, Znなどの抽出(塩化物溶液) U, V, W, Moの抽出(硫酸塩溶液)
	Tri-n-dodecyl amine	Alamine 310	$\underset{CH_3(CH_2)_{11}}{\underset{CH_3(CH_2)_{11}}{CH_3(CH_2)_{11}}}\!\!\!\!\succ\!N$	Cognis	
c) 第4級アンモニウム塩	Tri-octyl methyl ammonium chloride	Aliquat 336	$(CH_3(CH_2)_7)_3N^+CH_3Cl^-$	Cognis	U, V, W, Moの抽出 希土類元素の分離

表 1 工業抽出剤の種類（つづき）

分類	化学名	商品名	構造式	製造会社	用途
中性抽出剤					
a) リン酸エステル	Tri-n-butyl phosphate	TBP	$CH_3(CH_2)_3O$ $CH_3(CH_2)_3O \!\!>\!\! P=O$ $CH_3(CH_2)_3O$	大八化学工業㈱	U, Puの抽出(硝酸溶液) Fe, 希土類元素の抽出 Zr/Hfの分離
	Tri-n-octyl phosphate	TOP	$CH_3(CH_2)_7O$ $CH_3(CH_2)_7O \!\!>\!\! P=O$ $CH_3(CH_2)_7O$	市販	
b) フォスフィンオキサイド	Tri-octyl phosphine oxide	TOPO	$CH_3(CH_2)_7$ $CH_3(CH_2)_7 \!\!>\!\! P=O$ $CH_3(CH_2)_7$	Cytec Industries	U(リン酸溶液の抽出 協同効果剤
c) エーテル類	2,2'-dibutoxy diethyl ether	Dibutyl carbitol	$(CH_3(CH_2)_3OCH_2CH_2)_2O$	市販	Auの抽出
d) スルフィド	Di-n-hexyl sulfide		$C_6H_{13}-S-C_6H_{13}$	大八化学工業㈱	Pdの抽出
キレート抽出剤	2-hydroxy-5-nonyl acetophenonoxime + 5-dodecyl salicylaldoxime の炭化水素希釈物	LIX 84 (旧SME529+LIX 860)	C_9H_{19} ○ $C-CH_3$ HO NOH + $C_{12}H_{25}$ ○ $C-H$ HO NOH	Cognis	Cu, Niの抽出
	2-hydroxy-5-nonyl acetophenonoxime の炭化水素希釈物	LIX 84-I (旧SME529)	C_9H_{19} ○ $C-CH_3$ HO NOH	Cognis	
	5-dodecylsalicylaldoxime + tridecanol の炭化水素希釈物	LIX 622 (旧LIX 860)	$C_{12}H_{25}$ ○ $C-H$ HO NOH	Cognis	
	5-nonyl-2-hydroxy benzaldoxime 30–60% +石油蒸留物 10–30%	ACORGA M5640	C_9H_{19} ○ $C-H$ HO NOH	Cytec Industries	Cuの抽出

第6章 産業排水からの資源回収

電解ニッケルめっき液中には次亜リン酸や乳酸，プロピオン酸などの有機酸が含まれているので，分離技術は適用しにくい。筆者と大谷化学工業㈱は共同研究を行って，1回の回分抽出操作で98％以上のNi^{2+}を抽出し，これを1回の回分剥離操作でNi^{2+}の90％以上を剥離する技術を開発した。抽残液は肥料製造に使えるように検討している。抽出剤としてD2EHPAまたはPC-88A（表1参照）にイソニコチン酸ドデシルを添加したものを使っており，協同効果によってNi^{2+}を1回の回分操作でpH調整なしで抽出することを可能にした。無電解ニッケルめっき廃液からのNi^{2+}の分離・回収プロセスは図3に示されている。

代表的な溶媒抽出装置はミキサー・セトラー型であって，撹拌室と静置室の2つの部分から成っている。ミキサー・セトラー抽出装置は図4に示されている。撹拌室では撹拌翼により有機溶液と水溶液の混合が行われ，静置室では2種の溶液の静置分離が行われる。上相液，下相液がそれぞれ後段，前段の撹拌室に送られる。他の装置に比較して機構がやや複雑で，エマルジョンが生じ易い欠点があるが，理論段数に近い動きをするので，スケールアップの設計が容易である。処理液量が小さいものから極めて大容量のものにまで適することができる。

1.3 イオン交換樹脂法[8,19]

イオン交換樹脂法は，1944年頃にポリスチレンが開発されたことからポリスチレンを樹脂母体とするイオン交換樹脂が作られ，樹脂の利用が急激に増加した。イオン交換樹脂の第一歩は1935年のフェノール―ホルマリン樹脂にスルホン酸基を導入したもので，HolmesとAdamsによって合成樹脂の吸着特性と題する論文として公表された。

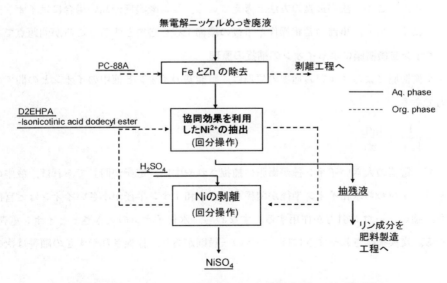

図3 無電解ニッケルめっき廃液からのNi^{2+}の分離・回収プロセス

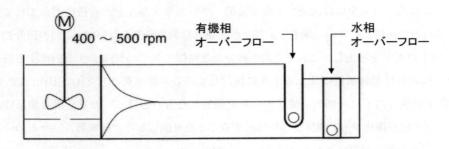

撹拌槽：8cm×8cm×8cm (512cm³)
静置槽：8cm×16cm×11cm (1408cm³)
撹拌槽内の滞留時間：2-3min
静置槽の滞留時間：6-9min

図4　ミキサーセトラー抽出装置

　金属イオンを希薄な濃度（50～500ppm）で含んでいる水溶液には，その処理法としてイオン交換樹脂法が用いられる。湿式製錬の分野ではウラン製錬，希土類元素の分離，廃触媒からのMo, Vの分離などに用いられている。イオン交換樹脂の応用例として，液晶製造工程から排出されるMoとAlを含むリン酸を主成分とする混酸廃液の処理技術について紹介する[18]。筆者が住友精密㈱との共同研究で開発したもので，陽イオン交換樹脂によるリン酸溶液からのAlの除去と陰イオン交換樹脂によるMo種の除去から成り立つプロセスを提案している。AlとMoの除去率の目標を90％に設定している。筆者はリン酸廃液からのAlとMoの除去について多くの研究を行ったが，この方法が最良の方法と考えている。リン酸濃度が高い場合にはイオン交換反応が起こりにくいので，事前の希釈操作と事後の濃縮工程を必要とするところが問題点である。

1.3.1　イオン交換樹脂によるイオンの捕捉の原理

　イオン交換樹脂によるイオンの捕捉の原理は，官能基のイオンと液中のイオンとの間でのクーロン引力である。

$$F(r) = \frac{1}{4\pi\varepsilon} \cdot \frac{q_1 q_2}{r^2} \tag{3}$$

したがって，電荷の大きいイオン種が樹脂に捕捉されやすい。電荷が同じであれば，液中のイオンの大きさ，すなわち水和イオン半径が関係する。水和イオン半径が小さいイオンほど官能基に接近でき，強いクーロン引力が作用する。すなわち，水和イオンの大きさrとイオン電荷q_1により決まる。交換捕捉されやすさには，つぎの一般則があり，捕捉されやすさの順番は次の通りである。

　① 希薄溶液ではイオン価の大きいイオンの選択性が大きい。

$Th^{4+} > Ce^{3+} > Ca^{2+} > Na^+$, $SO_4^{2-} > Cl^-$

② イオン価が同じなら水和イオンの半径が小さい程，選択性は大きい。

$Ag^+ > Cs^+ > Rb^+ > K^+ > Na^+ > H^+ > Li^+$

$Ra^{2+} > Ba^{2+} > Pb^{2+} > Sr^{2+} > Ca^{2+} > (Mg^{2+}, Zn^{2+}, Cu^{2+}, Ni^{2+}, Co^{2+}, Mn^{2+}, UO_2^{2+}, Cd^{2+}) > Be^{2+}$

$I^- > NO_3^- > Br^- > Cl^- > OH^- > F^-$

陽イオン，陰イオン交換樹脂に選択分離性はない。それ故に，水道水を陽イオンと陰イオン交換樹脂の樹脂塔に通すことによって脱イオン水が得られるのである。イオン交換樹脂の使い方，すなわち陽イオン交換，陰イオン交換，キレート樹脂を目的の分離を達成するのにどのように使い分けるかは，水溶液中での目的イオンの溶存状態から決定される。たとえば，$2mol/dm^3$ HCl 中の Fe^{3+} は $FeCl_4^-$ として存在するので，陽イオン交換樹脂では捕捉されにくく，陰イオン交換樹脂により捕捉される。

1.3.2 イオン交換樹脂の種類

イオン交換樹脂はつぎのような種類に分類される。

① 陽イオン交換樹脂：強酸性樹脂（$-SO_3H$），弱酸性樹脂（$-COOH$）

　キレート樹脂：イミノジ酢酸型（$-N(CH_2COOH)_2$），チオ尿素型（$-NC(NH_2)S$）

② 陰イオン交換樹脂：強塩基性樹脂（$-R_4NOH$），弱塩基性樹脂（$-R_3N$，$-R_2NH$）

③ 両性イオン交換樹脂（$-COOH$ と $-NH_2$）

④ 多孔性樹脂（NIP 樹脂）：官能基を持たない多孔性樹脂であり，有機物の吸着やガスの吸着に利用される。樹脂の細孔内に抽出剤を含浸（物理吸着）させてイオン交換体として用いることができる。

⑤ 天然および合成無機イオン交換体：アルミノケイ酸塩（ゼオライト，モンモリロナイト），カオリン，アパタイト

1.3.3 イオン交換法の装置と操作

イオン交換法の操作は，樹脂によるイオン捕捉—溶離—樹脂再生の繰り返しにより行われる。陽イオン交換樹脂，キレート樹脂の場合には溶離操作に無機酸が用いられ，陰イオン交換樹脂の場合には溶離操作に NaOH 溶液が用いられる。

操作方法には，回分式と連続式の操作方式がある。

　回分式操作方式：固定床法（イオン交換樹脂塔として利用），流動層法

　連続式操作方式：移動床法（イオン交換樹脂塔として利用），向流イオン交換法，RIP 法

固定床法（イオン交換樹脂塔）では連続通液ができるように 2 塔以上の並列で用いられる。

1.4 沈殿分離法[20]

1.4.1 水酸化物の沈殿生成

多くの金属イオンは OH^- と反応して水酸化物として沈殿するが、一定の pH に調整した場合に残留する金属イオン濃度は金属水酸化物の溶解度積により推定できる。

$M(OH)_2$ を金属水酸化物, M^{2+} を金属イオン, K_{SO} を水酸化物の溶解度積とすれば,

$$M(OH)_2 \leftrightarrows M^{2+} + 2OH^- \tag{4}$$

$$K_{SO} = [M^{2+}][OH^-]^2 \tag{5}$$

$$[M^{2+}] = K_{SO}/[OH^-]^2 \tag{6}$$

式(6)から任意の pH での生成する水酸化物の量や残留金属イオン濃度が計算できる。対数表示すると、次式となる。

$$\begin{aligned} \log[M^{2+}] &= \log K_{SO} - 2\log[OH^-] \\ &= \log K_{SO} - 2\log K_w - 2pH \end{aligned} \tag{7}$$

$\log[M^{2+}]$ と pH の関係は金属イオンの価数の負の値に等しい傾きを持つ直線となる。いくつかの金属水酸化物について対数濃度線図を描くと図5のようになる。図5から Fe^{3+}, Al^{3+} などの金属イオンについてはかなり低い pH 領域で水酸化物として沈殿することがわかる。Fe^{3+} と Cu^{2+}, Fe^{3+} と Zn^{2+} などは pH を調整することにより、一方を水酸化物沈殿 ($Fe(OH)_3$) として沈殿させて分離することが可能である。初濃度を決めると、沈殿率と pH の関係として表すことができる。

1.4.2 硫化物の沈殿生成

多くの金属イオンは S^{2-} と強い親和力を有し、溶解度の小さい金属硫化物を生成する。したがって、水酸化物沈殿法と同様に金属イオンを除去する方法として有効である。

$$\begin{aligned} MS &\leftrightarrows M^{2+} + S^{2-}, \\ K_{SO} &= [M^{2+}][S^{2-}] \end{aligned} \tag{8}$$

$$\log[M^{2+}] = \log K_{SO} - \log[S^{2-}] \tag{9}$$

金属硫化物の溶解度積から平衡状態にある S^{2-} 濃度と金属イオン濃度との関係を対数濃度線図として表すと、図6a)のようになる。図から Hg^{2+}, Cu^{2+}, Ag^+, Pb^{2+} などは金属硫化物として沈殿しやすいことがわかる。H_2S は溶液中で解離してつぎの平衡を生じる。

$$H_2S \leftrightarrows HS^- + H^+, \quad K_1 = 10^{-7} \tag{10}$$

第6章　産業排水からの資源回収

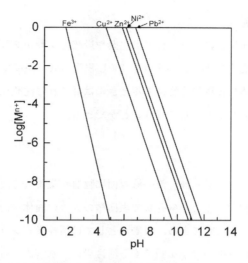

図5　金属水酸化物生成後の残留濃度 [M^{n+}] と pH の関係

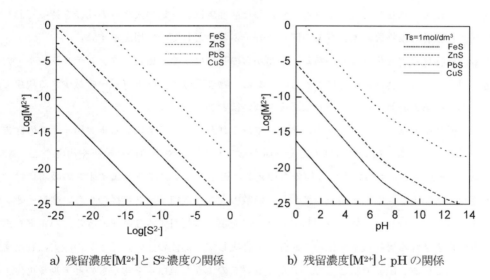

a) 残留濃度 [M^{2+}] と S^{2-} 濃度の関係　　b) 残留濃度 [M^{2+}] と pH の関係

図6　金属硫化物生成後の残留濃度 [M^{2+}] と S^{2-} 濃度の関係，残留濃度 [M^{2+}] と pH の関係

$$HS^- \rightleftharpoons S^{2-} + H^+, \quad K_2 = 10^{-12.9} \tag{11}$$

酸性溶液中では S^{2-} は極めてわずかしか存在しないので，酸性で硫化物を生成するものは溶解度積の小さい Ag^+, Cu^{2+}, Pb^{2+}, Hg^{2+} である．図6a) では，どのような条件を設定すれば硫化物沈殿ができるかが明確でないので，これを pH を横軸として表すと便利である．硫化物沈殿後の残留濃度と pH の関係は，図6b) に示されている．計算には，S^{2-} のマスバランスと解離定数を用いる必要がある．

1.4.3 その他の沈殿生成

よく利用される沈殿生成反応に,シュウ酸塩沈殿や炭酸塩沈殿があげられる。希土類や遷移元素の多くはこれらの沈殿を生成する。いずれも400℃程度の低い温度で分解して,金属酸化物になるので回収物の最終形体を金属酸化物にするときには好まれる沈殿反応である。その計算は水酸化物や硫化物沈殿法と同じようにして行うことができる。

1.5 吸着法[21~27]

吸着とは,固—液,固—気,気—液,液—液界面に物質が集まって,界面での濃度が高くなる現象である。吸着現象を利用すると,多孔質で表面積の大きい固体を用いて,気体あるいは液体混合物の分離・精製を行うことができる。吸着剤としては活性炭,シリカゲル,ゼオライト,アルミナなどがある。多くの有機物分子を吸着する活性炭は,水溶液からの微量有機物の除去や空気中の有機溶剤の回収に用いられる。シリカゲルやゼオライトは,水蒸気をよく吸着するので脱水剤として使用される。合成ゼオライトや特殊な活性炭は,一定の大きさの孔径を持っており,この孔径と吸着対象物質の大きさとの関係で分子ふるいとしての作用を示す。

吸着には物理吸着と化学吸着がある。液相からの吸着は多くの場合,ファンデルワールス力や静電的引力のような物理的な力によるものである。物理吸着はエントロピーの減少する現象であるから小さい値の発熱反応で,吸着は温度が低いほどよく進行する。

筆者の研究室では,ゼオライトの水熱合成や得られたゼオライトによる重金属イオンの除去について研究している。出発原料は火力発電所から生じる飛灰や紙の焼却飛灰や汚泥など,AlとSiを含みCaが少ないものであれば何でも使える。ゼオライトによる金属イオンの吸着にはイオンの価数と水和イオン半径が関係しており,価数の大きい水和イオン半径の小さい金属イオンがよく捕捉される。ペレット状に成型してカラムに充填して利用することができる。ハイドロタルサイトに代表される層状複水酸化物も研究室で合成して,毒性の強い陰イオンの除去に利用する研究を行っている。出発原料として,アルミドロスのようなAl_2O_3を含むものとアルミ再生工程から生じる塩化マグネシウムやにがりを利用すると,ハイドロタルサイトが合成できる。薬品の$AlCl_3$や$MgCl_2$を原料にしても合成できる。ハイドロタルサイトはホスト層とゲスト層から成り立っており,液中の陰イオンの層間への交換捕捉が生じる。毒性の高いAs(Ⅲ),As(Ⅵ),Se(Ⅳ),Cr(Ⅵ),B(Ⅲ)などはオキソ酸陰イオン種として存在するので,ハイドロタルサイトによって陰イオン交換除去される。ゼオライトと同じように,ペレット状にしてカラム分離として利用したり,回分操作方式で毒性の高い陰イオン種の除去に用いられる。

これらの無機合成陽イオンおよび陰イオン交換体は,安価な費用で調製できるので,重金属イオンを300~400mg/kgの濃度で含む汚染土壌(土壌に関する環境基準値を数倍上回る程度の汚

第6章　産業排水からの資源回収

染土壌）の処理に利用できる可能性がある。

　一定温度での吸着量と濃度（または圧力）の関係を吸着等温線とよび，その関係を吸着等温式という。ラングミュアー吸着式，フロインドリッヒの吸着式，BET の吸着式はよく知られているものである。吸着等温線を得ると，これを McCabe-Thiele 解析して回分操作や向流連続操作での処理量やそのための条件（液と吸着剤の比）を決定することができる。吸着装置の設計に重要な情報を与えてくれる。

文　献

1) 田中元治，溶媒抽出の化学，共立出版（1977）
2) G.M.Ritcey and A.W.Ashbrook: Solvent Extraction, Principle and Applications to Process Metallurgy, Part Elsevier（1984）
3) 赤岩英夫，抽出分離分析法，講談社（1981）
4) ゾロトフ，キレート化合物の抽出，培風館（1972）
5) 芝田隼次ほか，湿式製錬における物理化学の基礎，資源・素材学会関西支部（1994）
6) 芝田隼次ほか，化学工学の進歩 31 環境工学，p.33，化学工学会編，槙書店（1997）
7) 芝田隼次ほか，抽出技術集覧，化学工学関東支部編，分離技術会編，化学工業社（1997）
8) 芝田隼次ほか，貴金属・レアメタルのリサイクル技術集成，エヌティーエス（2007）
9) 芝田隼次，日本金属学会会報，**29 (6)**，453（1990）
10) 芝田隼次ほか，化学工学会論文集，**19 (2)**，214（1993）
11) 芝田隼次ほか，資源と素材，**112 (5)**，325（1996）
12) J. Shibata *et al.*, *Industrial and Engineering Chemistry Research*, **36 (10)** 4353（1997）
13) J. Shibata *et al.*, *Industrial and Engineering Chemistry Research*, **37 (5)** 1943（1998）
14) 芝田隼次ほか，資源と素材，**118 (1)**，1（2002）
15) 芝田隼次ほか，化学工学論文集，**28 (3)**，339（2002）
16) 芝田隼次，資源処理技術，**45 (2)**，105（1998）
17) J. Shibata *et al.*, 関西大理工学研究報告，**52**，105（2010）
18) 芝田隼次ほか，*Journal of MMIJ*，**125 (6,7)**，358（2009）
19) 芝田隼次ほか，特願 2009-200635（2009 年 8 月 31 日提出）
20) 芝田隼次，分離技術，**33 (4)**，260（2003）
21) 芝田隼次ほか，*Journal of MMIJ*，**125 (6,7)**，358（2009）
22) 芝田隼次ほか，資源と素材，**116 (4)**，279（2000）
23) 芝田隼次ほか，環境資源工学，**51 (2)**，92（2004）
24) 芝田隼次ほか，化学工学論文集，**31 (4)**，285（2005）
25) 芝田隼次ほか，化学工学論文集，**31 (1)**，74（2005）
26) 芝田隼次ほか，化学工学論文集，**32 (5)**，448（2006）
27) 芝田隼次ほか，化学工学論文集，**35 (2)**，258（2009）

2 水熱鉱化処理による有価・有害元素含有排水の無害化と再資源化

板倉　剛[*1]，笹井　亮[*2]，伊藤秀章[*3]

2.1 はじめに

2001年7月1日付で施行された水質汚濁防止法施行令の改正により，廃水既製項目として新たに「ホウ素およびその化合物」，「フッ素およびその化合物」，「アンモニア，アンモニウム化合物，亜硝酸化合物，硝酸化合物」が追加され，2004年にその暫定期間が終了した[1]。これを機に全ての事業者は自ら排出する排水中のホウ素，フッ素，窒素化合物を適切に処理しなければならなくなった[2]。このように，排水中に含まれる有害元素の規制は年々厳しくなっており，その処理法について活発な研究開発がなされている。その中でも，ホウ素やヒ素などは，水中で酸素と結合し非常に安定なアニオン（オキソアニオン）を形成するため，pH調整などにより沈殿として除去，回収することは困難であることが多い。そのため，①凝集剤や活性汚泥を用いた凝集沈殿法[3~5]，②活性炭やゼオライトなどによる吸着法[6]，③中空子膜などによる膜分離[7~10]，④イオン交換樹脂によるイオン交換法[11,12]，⑤電界析出法[13,14]などによる無害化処理が行われている。それぞれの手法におけるメリット，デメリットを表1にまとめる。

表1において示したように，現行の処理法には一般的に，以下に示すような問題点が存在する。

・適用可能濃度範囲が狭い

・大量の有害二次廃棄物（凝集沈殿物や使用済吸着剤など）が発生する

・資源としての回収が困難

特に，ホウ素やフッ素，リン等は工業原料としても重要な元素であり，わが国を始めとした先

表1　現行の排水処理法におけるメリットとデメリット

処理法	メリット	デメリット
凝集沈殿法	安価かつ簡便	大量の汚泥の発生 回収汚泥からの再資源化が不可能
吸着法	安価かつ簡便	吸着剤の再生が困難
膜分離法	高精度の分離が可能	処理溶液中のイオン濃度によって適用の可不可がある
イオン交換法	高精度の分離が可能 樹脂の再生が容易	処理溶液中のイオン濃度が高い場合，処理コストが高騰
電解析出法	資源の再利用が可能 イオン濃度の影響を受けにくい	大量の排水への適用が困難 液性（pHや共存イオン）の影響を受けやすい

*1　Takeshi Itakura　名古屋大学　エコトピア科学研究所　特任助教授

*2　Ryo Sasai　島根大学　総合理工学部　物質科学科　准教授

*3　Hideaki Itoh　名古屋大学　エコトピア科学研究所　名誉教授・特任教授

第6章 産業排水からの資源回収

進諸国が目指す「資源循環型社会の構築」を達成するためには，その再利用法の開発と実用化が必要不可欠である。排水中に含まれるこれらの元素を再利用するためには，各種オキソアニオンを資源として高濃度に含有する，再利用可能な形態で回収する必要がある。さらに，"低消費エネルギー"，"低コスト"，"低環境負荷"で排水中に含まれる有価・有害元素を資源として循環できる技術の開発が必要となる。著者らの研究室では，ここまでに示した問題点を解決し，資源循環型社会の構築を現実のものとするために，水熱条件下における各イオン種の挙動を利用した，排水処理技術の研究開発を行っている。本稿では，まず水熱法を利用し著者らが新規技術として提案する「水熱鉱化法」を紹介した後，水熱鉱化法の適用研究例を示す。

2.2 水熱鉱化法による排水処理

多くのオキソアニオン（ホウ酸，ヒ酸，クロム酸イオンなど）は，水溶液中において安定である。このようなイオンを沈殿として回収し，水溶液を完全に無害化するためには，高温高圧下における沈殿生成現象を利用するのが効果的である。著者らは，自然界における鉱物の生成機構に着目し，高温高圧の水溶液，すなわち，熱水からの鉱物の晶出現象を利用した排水の無害化，資源回収法について研究を行ってきた。この現象は，地球が地殻内において繰り返してきた鉱物生成機構を人為的に再現することで排水を処理する手法であり，「地球（自然）模倣型排水処理法（earth-mimetic wastewater treatment method）」と定義することができる。常圧下（開放状態）で水は，100℃で沸騰し水蒸気となる。しかし，水を密閉容器内に入れ，容器の温度を上昇させていくと，容器内の圧力が上昇し100℃以上においても沸騰せず，液体の状態が保たれる。さらに温度を上昇させ，臨界点（22.064 MPa，373.95℃）以上に達すると，容器内にて気液界面が消失し液体とも気体ともつかない状態になる。前者を亜臨界水，後者を超臨界水と呼ぶ。これらの特殊な水の状態を利用し，材料合成や物質変換，有機化合物の分解や油化などを行う方法を総称して水熱法という。このような処理が可能となるのは，亜臨界や超臨界状態にある水が，常圧では観測されない特殊な物性を示すためである。たとえば，水のイオン積の上昇（300～330℃で最大）や誘電率の低下などである。亜臨界や超臨界状態に置かれた水の諸物性の詳細に関しては，水熱科学ハンドブック[15]などの成書をご覧いただきたい。

著者らが提案する「水熱鉱化排水処理法」では，処理対象となる有価・有害陰イオンを含む排水を天然鉱物化するために必要な所定量の"鉱化剤（Ca, Al, Mgなどの無機化合物）"と共に，耐圧密閉容器内に封入し加熱することで鉱物生成を促進させ，水溶液中のオキソアニオンを鉱物として沈殿，回収する。この沈殿生成機構は，多くのオキソアニオンから生成する鉱物が負の水への溶解エンタルピー変化を持つことを利用している。ある種のオキソアニオンと鉱化剤との間で生成する鉱物の溶解度は処理温度が高いほど低下し，高効率な有害イオン種の除去，回収を達

成することができる。しかしながら，排水処理のために高温を必要とすることは，"低消費エネルギー"，"低環境負荷"な処理を達成するための大きな障害となる。そこで著者らは，現在サーマルリサイクルの分野で利用方法が確立していない低温廃熱を利用することを念頭に置き，100～200℃程度の温度における排水の無害化処理について検討した。次項以降では，ホウ素含有排水，フッ素およびホウ素―フッ素含有排水に対する処理をメインに紹介する。

2.3 種々のオキソアニオン含有溶液への水熱鉱化法の適用
2.3.1 ホウ素含有排水[16～18]

　ホウ素含有排水は，発電所，メッキ産業，ガラス産業や半導体産業から排出されることが知られている。これらの排水に関しては，現在そのほとんどが凝集沈殿法により無害化処理されている。これは，ホウ酸イオンの持つ特殊な性質に起因する。ホウ酸イオンは，中性領域以下では電荷を持たず，高濃度の場合においては複数のホウ素が結合した巨大なイオンを作り，安定化する。このため，排水中に溶存するホウ素は，pHや沈殿剤などの添加による除去が非常に難しい。このため，ホウ素吸着専用の吸着剤や陰イオン交換樹脂が研究され，その処理に利用されている。このような背景から，ホウ素の除去には高いコストがかかり，その新規処理法の開発が強く望まれている。本項では，水熱鉱化処理をホウ素含有溶液に適用した結果を紹介する。

　実験は，ホウ素を500 mg/dm^{3}含んだホウ酸水溶液30 mlに鉱化剤として水酸化カルシウムを加え5分間撹拌した後，テフロン内張り耐圧容器に封入し90～200℃で2～24時間，水熱鉱化処理を施した。耐圧容器を室温で1時間冷却，固液分離後試料溶液および沈殿生成物の分析・評価を行った。図1に水酸化カルシウム3.0 g，130℃で水熱鉱化処理した場合のモデル廃水中の残留ホウ素濃度の処理時間依存性と，8時間処理時に得られた沈殿のSEM写真を示す。図1 (a)から，処理時間の増加に伴い残留ホウ素濃度は減少し，6時間以上で約100 mg/dm^{3}で一定となった。このような処理時間依存性は温度によらず観測されたが，温度の増加に伴い処理後のホウ素濃度は低下し，130℃以上でほぼ一定となった。したがって，Ca(OH)$_2$を鉱化剤として用いたホウ素含有モデル廃水の水熱鉱化処理の最適条件は，温度130℃以上であることが明らかとなった。このとき得られた沈殿のSEM観察の結果から，図1 (b) でわかるように6角形の水酸化カルシウムとともに，針状の結晶が生成している様子が観測された。この得られた沈殿のXRDパターンには，水酸化カルシウムとparasibirskite（Ca$_2$B$_2$O$_5$・H$_2$O）由来の回折線のみが観測された。このparasibirskiteは天然に産出される鉱物であり，ホウ酸製造の原料として現在用いられているColemaniteと同等の資源として，既存の設備を用いた手法により再利用可能である。したがって水酸化カルシウムを鉱化剤として用いた水熱鉱化処理法により，水へ難溶解性の天然鉱物として排水中のホウ素を回収することが可能であることが明らかになった。その他，種々の最

第6章　産業排水からの資源回収

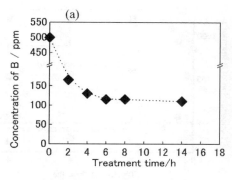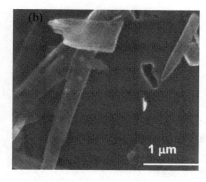

図1　(a)水酸化カルシウム3.0 gと共に130℃で水熱鉱化処理を行った場合の残留ホウ素濃度の処理時間依存性，(b)処理時間8時間で得られた沈殿表面のSEM画像

適条件の探索を行ったところ，ホウ素の水熱鉱化処理には塩基性条件が必要であることが明らかとなった。これは，鉱化反応が$Ca(OH)_2$としか起こらないこと，鉱化反応が塩基性条件下で生成する$B(OH)_4^-$としか起こらない等の原因が考えられるが，その詳細は不明である。しかしながら，最適処理条件においてでさえ，処理後の残留ホウ素濃度が排水基準値（10 mg/dm^3）を下回ることはなかった。また，水熱鉱化処理後の冷却を急速に行った場合，処理後の残留ホウ素濃度の低下が観測された。以上より，処理後の残留ホウ素濃度が高くなった原因は，冷却過程におけるホウ素鉱物の再溶解が原因であると考えることができる。冷却過程におけるホウ素鉱物の再溶解を抑制するためには，水熱条件下において固液分離を行うことが効果的であると考えた。そこで，図2（a）に示したような実験装置を作成し，その挙動を調べた。この装置では，容器内の懸濁水溶液がサンプリング管先端のフィルターにより固液分離した後，水蒸気圧によりサンプリング管内に押し上げられる。この結果，水熱条件下における固液分離を達成し，試料溶液を回収する。図2（b）には，この装置を用いたホウ素500 mg/dm^{3}含有溶液の処理結果を示す。冷却過程におけるParasibirskiteの再溶解は完全に抑制され，ホウ素濃度を大幅に低下させることに成功した。また，最適処理時間も1/3に短縮できた。最適処理時間は，通常の耐圧容器を用いて行った処理における処理時間依存性が鉱物の生成速度ではなく生成鉱物の結晶成長速度に起因するため，水熱条件下において固液分離を行うことにより大幅に短縮されたと考えている。通常の耐圧容器を用いた水熱鉱化処理では，処理後常温にて1 hの冷却処理を施す。その際に生成した鉱物が再溶解するが，その再溶解速度は結晶の粒子径が大きいほど結晶と水との接触面積が減少し，低下すると予想される。このため，鉱物の生成は処理の非常に初期の段階で完全に終了しているにもかかわらず，処理時間の増加に伴い処理後のホウ素濃度が徐々に減少した。これに対し，水熱条件下において固液分離を行う場合，生成鉱物の再溶解自体が起こらないため，最適処理時間の大幅な短縮が可能となったと考えている。

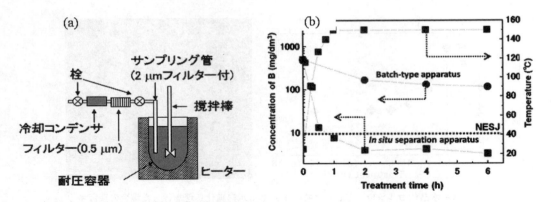

図2 *In-Situ* 固液分離装置模式図 (a) および (a) の装置を用い，ホウ素含有溶液に対し水酸化カルシウムを鉱化剤として使用したときの処理後のホウ素濃度変化

2.3.2 フッ化物イオンおよびホウフッ化物イオン含有排水[17,18]

フッ素はオキソアニオンではないが，CaF_2（Fluorite）の水への溶解度は温度の上昇とともに減少することが知られており，ホウ素と同様に水熱鉱化処理による除去が期待できる。実験は，700 mg/dm^3 のモデル廃水を用い，ホウ素の場合と同様，耐圧容器を用いたバッチ式の処理を施した。処理後の沈殿生成物は CaF_2 であったが，試料溶液に含まれていたフッ化物イオンは 4 mg/dm^3 以下となり，通常のカルシウムを用いた沈殿法と比較して非常に低い濃度となった（常温でのフッ化カルシウムの溶解度：15 mg/dm^3）。実際の工業廃水では，ホウ素とフッ素が共存し，ホウフッ化物イオンとなっていることがある。このイオンは水溶液中では非常に安定であり，従来の技術では除去困難な汚染物質として知られている。そこで，ホウフッ化物イオン含有溶液に対し，水熱鉱化排水処理法を適用した。実験には，ホウフッ化ナトリウム水溶液（ホウフッ化物イオン：8000 mg/dm^3）をモデル排水として用い，ホウ素の場合と同様に処理した。その結果を図3に示す。フッ素，ホウ素共に処理時間の増加に伴いその残留濃度の減少が観測された。また，このときの減少速度は，処理温度の上昇に伴い増加することも明らかとなった。この結果から，フッ素・ホウ素共に排水基準値をより短い処理時間で下回るための最適処理条件は，処理温度200℃，処理時間36時間であった。得られた沈殿のXRDパターンには，フッ化カルシウム（CaF_2）と parasibirskite（$Ca_2B_2O_5 \cdot H_2O$）の回折線のみが観測され，ホウフッ化物由来の回折線は観測されなかった。このことから，水熱条件下でホウフッ化物イオンは，ホウ酸とフッ化物イオンに速やかに分解された後，鉱化剤として添加した水酸化カルシウムと反応し，沈殿として回収されたものと考えられる。また，ホウフッ化物イオンの処理においても，図2において示した水熱条件下における固液分離処理は非常に有効であった。ホウフッ化ナトリウム水溶液（ホウフッ化物イオン：8000 mg/dm^3）をモデル排水として用い，水熱条件下における固液分離実験

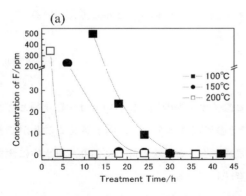 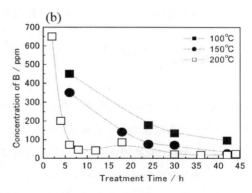

図3 ホウフッ化物イオン含有溶液30 mlに対し，Ca(OH)$_2$ (1.5 g) 添加後，100〜200℃にて水熱鉱化処理を施したときの (a)フッ素および (b)ホウ素濃度変化

を行ったところ，約2 hの処理によって水溶液中のホウ素およびフッ素濃度は排水基準値以下となることが明らかとなった。

2.3.3 その他のオキソアニオンへの水熱鉱化処理の適用[19〜23]

表2に種々のイオン種に対してCa(OH)$_2$を鉱化剤として添加後水熱鉱化処理を施した結果を示す。我々が検討したイオン種としては，ホウ酸イオン，フッ化物イオン，ホウフッ化物イオン，リン酸イオン，亜リン酸イオン，次亜リン酸イオン，ヒ酸イオン，亜ヒ酸イオン，アンチモン酸イオンなどである。この結果からわかるように，水熱鉱化排水処理法は，非常に多くのオキソアニオンに対して有効である。これは，2.2において紹介したように，多くのオキソアニオンの水に対する溶解エンタルピー変化が負の値を示すことに由来する。式 (1) に示したように，処理温度がT_1からT_2へと上昇した場合，鉱物の溶解の平衡定数K_{T1}からK_{T2}への変化は以下のような式で表すことができる。溶解エンタルピー変化$\Delta solH$が負（発熱）であれば$K_{T2} < K_{T1}$となり，溶解度が減少することになる。このような負の溶解エンタルピー変化を示す鉱物は，多くのカル

表2 水熱鉱化排水処理法により回収可能なイオン種

	B(OH)$_4^-$	F$^-$	BF$_4^-$	P^{V}O$_4^{3-}$, P^{III}O$_3^{3-}$, P^{I}O$_2^{3-}$	PF$_6^-$	As^{III}O$_3^{3-}$, As^{V}O$_4^{3-}$	Sb^{V}O$_4^{3-}$
処理後の濃度 (mg/L)	4	4	B : 4 F : 4	0.2	P : 0.2 F : 4	0.02	0.02
回収鉱物	B : Ca$_2$B$_2$O$_5$·H$_2$O (Parasibirskite) F : CaF$_2$			P : *Ca$_5$(PO$_4$)$_3$(OH) (Hydroxy apatite) F : CaF$_2$		*Ca$_5$(AsO$_4$)$_3$(OH) (Jhonbaumite)	Ca$_2$(Sb$_2$O$_7$) (Monimolite)

* P^{III}O$_3^{3-}$，P^{I}O$_2^{3-}$，As^{III}O$_3^{3-}$の処理には，酸化剤としてH$_2$O$_2$を添加

シウム系鉱物で知られており，今後適用可能なイオン種をさらに拡大できると考えている。

$$K_{T2}=K_{T1}\exp\left(\frac{\Delta solH(T_2-T_1)}{RT_1T_2}\right) \quad (1)$$

また，亜リン酸イオンや次亜リン酸イオン，亜ヒ酸イオン等の処理においては，鉱化剤とともに酸化剤として過酸化水素を適量添加することでその処理効率を大幅に向上させることができた。これは，水熱鉱化処理が酸化と鉱化を同時に達成できることを意味しており，排水中に含まれるイオン種を最適なルートで回収できることを意味している。

2.4 おわりに

以上述べてきたように，各種有害，有価オキソアニオン系水溶液から水熱鉱化排水処理法により資源を回収し，排水の浄化・無害化を同時に達成できることが明らかになった。水熱鉱化排水処理法におけるもっとも大きな利点は，処理後のイオン濃度が水熱条件下における溶解度に大きく影響を受けることである。この事実は，有害イオンを含む高濃度の排水に対しても適用が可能であることを示している。さらには，適当な酸化剤や還元剤を添加することにより，溶媒中に存在する各元素の酸化状態を制御して，高効率な回収ルートを設定することができる。本排水処理法の実用化に対する課題としては，大量の排水を連続的に処理するための設備設計などが挙げられる。そのためには，本項において紹介したようなバッチ式処理ではなく，流通式の処理装置の開発が必要不可欠であり，製造業およびプラントメーカーとの協力が必須である。今後，産学官の連携によりこれらの問題点が解決され，上述のような資源の国内循環がいっそう促進されることを期待したい。

文　　献

1) http://www.env.go.jp/water/impure/law_chosa.html
2) トータルビジョン研究所：排水中のフッ素・ホウ素の除去技術／市場動向に関する最新調査，トータルビジョン研究所 (2004)
3) N. Parthasarathy, et al., Water Res., **19**, p.25 (1985)
4) N. Parthasarathy, et al., Water Res., **20**, p.443 (1986)
5) A Toyoda, et al., IEEE Trans. Semicond. Manuf., **13**, p.305 (2000)
6) Y. Cengeloglu, et al., Sep. Purif. Technol., **28**, p.81 (2002)

第6章 産業排水からの資源回収

7) C. Dilek, *et al.*, *Sep. Sci. Technol.*, **37**, p.1257 (2002)
8) D. Prats, *et al.*, *Desalination*, **128**, p.269 (2000)
9) M. O. Simonnot, *et al.*, *Water Res.*, **34**, p.109 (2000)
10) H. K. Van, *et al.*, *Water Res.*, **38**, p.1550 (2004)
11) L. N. Ho, *et al.*, *J. Colloid Interface Sci.*, **272**, p.399 (2004)
12) T. Ishihara, *et al.*, *J. Ceram. Soc. Jpn.*, **110**, p.801 (2003)
13) V. A. Joshi, *et al.*, *Am. Chim.*, **93**, p.753 (2003)
14) F. Shen, *et al.*, *Chem. Eng. Sci.*, **58**, p.987 (2003)
15) 水熱科学ハンドブック
16) Takeshi Itakura, Ryo Sasai, Hideaki Itoh, *Water Res.*, **39**, p.2543 (2005)
17) Takeshi Itakura, Ryo Sasai, Hideaki Itoh, *Bull. Chem. Soc. Jpn.*, **79**, p.1303 (2006)
18) Takeshi Itakura, Ryo Sasai, Hideaki Itoh, *Bull. Chem. Soc. Jpn.*, **80**, p. 2014 (2007)
19) Takeshi Itakura, Ryo Sasai, Hideaki Itoh, *Chem. Lett.*, **35**, p.1270 (2006)
20) Takeshi Itakura, Ryo Sasai, Hideaki Itoh, *J. Hazard. Mater.*, **146**, p.328 (2007)
21) Takeshi Itakura, Ryo Sasai, Hideaki Itoh, *Chem. Lett.*, **36**, p.524 (2007)
22) Takeshi Itakura, Ryo Sasai, Hideaki Itoh, *J. Ceram. Soc. Jpn.*, **116**, p.234 (2008)
23) Takeshi Itakura, Haruki Imaizumi, Ryo Sasai, Hideaki Itoh, *J. Ceram. Soc. Jpn.*, **117**, p.316 (2009)

3 排水中の陰イオンの回収と資源化

平沢 泉[*]

産業排水中の有害あるいは未利用の陰イオンを除去・回収するための技術開発が進展しているが，濃度レベルが希薄なこと，様々のイオンが溶存することから，通常，凝集沈殿法を選定し，一括して汚泥に移行させる手段が多く用いられてきた。しかしながら，近年の資源価格の高騰，資源の枯渇，さらには汚泥を埋め立てする処分地の不足，および二次汚染に対する懸念から，排水中に存在する陰イオンを選択的に分離・回収する観点が要望されてきている。見方を変えれば，このことを幸いに，国内にたまったイオン類を資源に位置づけ，安定な結晶固体の形で，回収・保存することにより，将来的に資源保有国に転換するチャンスとも言うことができる[2]。ここでは，溶液中の各種陰イオンに着目し，対象のイオンを晶析工学（希望の品質の結晶を自在に創製する工学）に立脚して，選択的回収資源化を達成しうる基礎技術を紹介する。もちろん，陰イオンを結晶化するには，陽イオンとの反応になるので，見方を変えれば，陽イオンの回収技術[6]としても利用できることは言うまでもない。

3.1 なぜ晶析工学か—その特徴と原理—

晶析工学は，希望の結晶を自在に創製するための工学であり，工業固体製品のほとんどを占める結晶製品を製造するための操作・装置の設計を支援する工学理論である。結晶製品とする意義は，①分子，原子が規則正しく配列した固体，結晶は，不純物が混入しにくく，純度が高い[1]，②安定で長期保存が可能，③基礎現象（核化・成長など）を正しく理解できると，比較的簡易な操作で，かつ省エネルギー的に分離・精製が可能になることを挙げることができる。液中の陰イオンを除去・回収する上では，①固液平衡関係（溶解度），②最適な過飽和度（溶解度を超える適切な操作濃度領域）の選択，③種結晶の存在，④核化速度と成長速度の制御が重要な要件になる。

3.1.1 固液平衡関係

固液平衡関係は，処理水の到達濃度レベルを決める重要な要素になる。図1は，陰イオン N^{n-} を含む排水に，陽イオン M^{m+} を添加して，難溶解性結晶 M_nN_m を生成する場合の溶解度曲線を図示している。溶解度積は，温度一定であるならば，定数 K_{sp} になるので，溶液中の陰イオン濃度と陽イオン濃度を両対数表示すると，理論的には，傾き $-n/m$ の直線になる。溶解度積は，ICT（International Critical Table），Solubility of Inorganic Compounds，や物性定数（化学工

---

[*] Izumi Hirasawa 早稲田大学 理工学術院 応用化学専攻 教授

第6章 産業排水からの資源回収

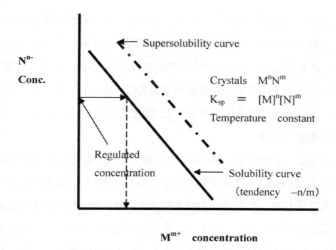

図1 Solubility and supersolubility curve (Log-Log graph)

学会編）で事前に調査すると良い。ただし，排水を対象にする場合，不純物となる雑多なイオンが含まれているので，これらの不純物が溶解度に及ぼす影響は，実際の排水を用いて確認することが望ましい。図1のような関係が明確になれば，陰イオン濃度の規制値より，規制値を満足するのに必要な最小の陽イオン濃度（処理後の溶液中に溶存する濃度）を図より求めることができる。陰イオンの濃度や存在形態は，pHによって変化するので，計算にあたっては，特に注意を要する。

3.1.2 過飽和度の選定

同じく図1において，溶解度を超えても結晶が析出しにくい領域（準安定域：溶解度曲線と過溶解度曲線の間の領域）を考えることより，良質の結晶を得るための適切な過飽和度を見いだすことができる。すなわち図1において，過溶解度曲線以上の領域で操作すると，自発的な核発生が支配的に起こるので，大量の微結晶が生成してしまう。沈殿法や凝集沈殿法は，このような領域を操作領域にしている。ところが，準安定域内では，過飽和状態であるにも関わらず，結晶が溶液中では生成しにくい。ところが，この領域に種結晶を添加すると，過剰な微結晶を生成することなく，種結晶が過飽和度分を消費し，粗大な高品位の結晶を得ることができる。このように，過飽和度を適切な領域にして，種結晶を存在させることが，晶析工学を活用するポイントである[7]。後述するが，流動層型装置（図7参照）を用いて，処理水の一部を循環すると，流入水を希釈することにより濃度が低下し，結果として，操作過飽和度を好ましい操作範囲に制御可能になることがある。

3.1.3 種結晶の存在

易溶性塩では，準安定域内の最適過飽和度条件において，種結晶，あるいは所望の結晶核を存

在させ，それらを成長させ粗大結晶を得ている。しかし，難溶解性の結晶では，微結晶が析出しやすく，また準安定域の幅も狭いことが多いので，粗大結晶が得にくいと考えられていた。筆者らは，難溶解性塩の晶析系においても十分な種結晶を存在させると，生成して間もない微結晶は，種結晶表面に付着し，あたかも溶質が結晶表面で固定化（成長）するように積み上がることを見いだしており，これが，後述の排水を対象とした実用化につながっている。

3.1.4 核化・成長速度の制御

核化および成長現象は，過飽和度に強く影響を受けるので，適切な過飽和度範囲を選ぶことで，核化を制御しつつ，希望の成長を達成できる。すなわち，許容最大飽和度より小さい過飽和度では，成長が支配に起こる領域，許容過飽和度より大きい場合は，核発生が支配的に起こる領域となり，過飽和度を適切に維持することにより，微結晶生成を抑制しつつ，種結晶を粗大な大きさに成長できる。特に，十分な種結晶を介在させると，装置内の過飽和度を低い値に維持でき，過剰な核生成を抑制でき，微結晶の装置外への流出を抑止できる。

3.2 晶析の基礎現象と品質

晶析基礎現象は，結晶の品質，つまり回収物の性状を決める大きな要因になる。通常，ゆっくり結晶を成長させると，不純物を取り込みにくく，緻密な結晶を得ることができる。

難溶解性結晶を生成すると，操作過飽和度比が高く，核発生が支配的になり，大きな結晶が得られにくく，かつ凝集状になりやすい。ところが，十分な種結晶を存在させると，種結晶表面に微結晶が緻密に付着すること，また低い過飽和度で内部の微結晶の成長が起こり，緻密な粗大粒子を得ることができる。また，回収物の純度を要求された場合，再結晶を繰り返すことや，発汗操作（結晶の一部を融解させ，不純物を排出させる）と組み合わせることで，高純度化を図ることができる。

3.3 排水中の陰イオンを晶析化するための戦略

陽イオンを添加することにより，析出結晶の溶解度が，排水規制値より低くなる場合は，晶析法の適用が可能である。排水規制値より高くなる場合は，晶析法により，陰イオンを回収した後，その他の分離法で，ポリッシング（高度後処理）することが必要である。あるいは，イオン交換・吸着・抽出・膜分離などの手法で，陰イオンを濃縮した後，濃縮された液（イオン交換，吸着では，再生液になる）を対象に，晶析法で，陰イオンを結晶の形で回収するのも好ましい適用例である。ここでは，リン酸イオン，フッ素イオンについて，晶析工学からの戦略を紹介する。

第6章　産業排水からの資源回収

3.3.1 リン酸イオンの除去回収

(1) 固液平衡関係

対象となる排水の濃度，および濃度規制値を勘案し，対象結晶の選定，溶解度積を調査した。これより，規制値 1.0mg/l を十分満足しうるものとして，ヒドロキシアパタイト HAP [$Ca_{10}(PO_4)_6(OH)_2$] を，数 mg/l を満足できるものとして，リン酸マグネシウムアンモニウム MAP [$MgNH_4PO_4$] を選定した[3]。ただし，実際の処理水の濃度レベルは，実用的な処理に要する時間の兼ね合いできまるので，その値は，溶解度積より算出した値より，高い値となる。つまり，溶解度積より算出される値は，無限時間をかけた場合の，理想的な値と考えるべきである。その他，難溶解性リン酸塩として，リン酸鉄，リン酸アルミニウム，リン酸マグネシウムを検討したが，回収物としては利用しにくい点があった。以上の点に加えて，リン資源は，元々リン酸カルシウムの形態が多いこと，MAP は遅効性肥料に使用できることから，リン酸イオンは，HAP，MAP の晶析法で回収する方式を採用した。

(2) 過飽和度の選定

3.1.2 で述べたように，溶解度曲線に対する，過溶解度曲線を，溶液濃度変化，溶液状態の観察などのできるビーカー試験で求めることになる。これより，準安定域の幅（MZW）を考慮して，核発生を制御しつつ，成長を支配的に進行させる許容最大の過飽和度を決める。過溶解度曲線は，流動状態，不純物，懸濁物質などの条件で変化するので，実用化する条件に近い操作条件で実験を行うと良い。前述したが，処理水の一部を循環できる形式（流動層あるいは，攪拌型）を利用できると，流入濃度を希釈できるので，適用対象の濃度を高い範囲に広げることが可能になる。対象排水のリン濃度レベルや種結晶の存在量により，晶析装置形式が決定される。流入部の過飽和度比（イオン濃度積と溶解度積の比）が，2〜3 以下の場合，固定層式，100〜300 までは，流動層式，これを超える場合は，攪拌層型を選定してきている。ただし，後述の種結晶を装置内に十分存在させることは必要不可欠である。

(3) 種結晶の選定

種結晶は，析出対象と同種，同系種のものを利用すると良い。理想的には同じものを種結晶に用いると，析出物の固定が容易で，かつ強い固定が実現できる。HAP を固定する種結晶として，各種のリン鉱石，骨炭，大理石，珊瑚，砂を検討したが，同成分の含有率が高いリン鉱石，骨炭を選択した。実際は，安価面，安定供給の側面から，アフリカ産のリン鉱石を用いた。ただ，異種の固体である砂を使用しても，しばらく操作すると砂の表面にリン酸カルシウムの皮膜が析出し，その後は，種結晶の機能は，リン鉱石と同様になる。

MAP の場合は，粉砕した MAP 結晶，あるいは，装置内で発生させた MAP 微結晶を種結晶に用いた。

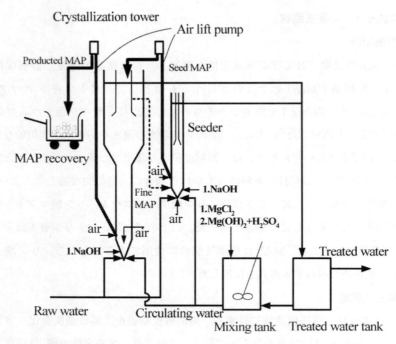

図2　MAP Recovery system applied to the digestion Tank
（TR process:Newly developed Seeder was equipped）

(4) 核化・成長速度の制御

核化・成長に影響を及ぼす支配的な因子は，過飽和度である。HAPの操作過飽和度は，リン酸イオン濃度，カルシウム濃度，pHによって決定する。MAPも同様に，リン酸イオン濃度，マグネシウム濃度，アンモニアイオン濃度，pHによって決定する。特に，pHは，OH^-イオン濃度，およびPO_4^{3-}の全リン（$H_2PO_4^-$，HPO_4^{2-}，PO_4^{3-}の合計）中の各形態のリン存在比率に影響を及ぼすので注意する。ここで，操作過飽和度の所望最大の値を実験的に求める。所望とは，核化を制御，つまり，微結晶の流出を抑制しつつ，結晶の成長が最大になる条件と言うことができる。さらに成長速度は，装置内に存在する種結晶の表面積に依存するので，単位時間当たりのリンの流入負荷，またはリンの固定除去される速度を表面積で除すことにより得ることができる。（図3参照）。

3.3.2　フッ素イオンの除去回収

(1) 固液平衡関係

対象となる排水の濃度，および濃度規制値を勘案し，対象結晶の選定，溶解度積を調査した。これより，規制値15 mg/lを十分満足しうるものとして，フッ化カルシウム［CaF_2］を選定した。ただし，実際の処理水の濃度レベルは，実用的な処理に要する時間の兼ね合いで決まるので，そ

第6章　産業排水からの資源回収

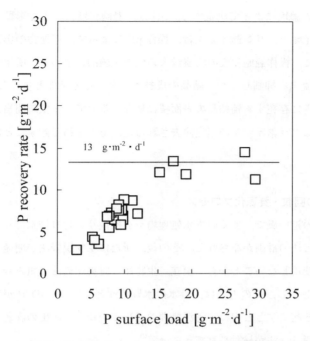

図3　Phosphate recover rate per unit surface area of seeds and Phosphate inflow rate per unit surface area of seeds

の値は，溶解度積より算出した値より，高い値となる。つまり，溶解度積より算出される値は，無限時間をかけた場合の，理想的な値と考えるべきである。

(2) 過飽和度の選定

3.1.2で述べたように，溶解度曲線に対する，過溶解度曲線を，溶液濃度変化，溶液状態の観察などのできるビーカー試験で求めることになる[7]。処理水の一部を循環できる形式（流動層あるいは，撹拌型）を利用できると，流入濃度を希釈できるので，適用対象の濃度を高い範囲に広げることが可能になる。装置形式は，3.1.2に記載したように，流入部の過飽和度比で，おおむね決定することができる。

(3) 種結晶の選定

種結晶は，析出対象と同種，同系種のものを利用すると良い。理想的には同じものを種結晶に用いると，析出物の固定が容易で，かつ強い固定が実現できる。ここでは，主成分がフッ化カルシウムであるホタル石を粉砕したものを使用した。ただ，実際は，砂でもしばらく使用すると，表面にリン酸カルシウムの皮膜が析出し，その後は，種結晶の機能は，ホタル石と同様になる。

(4) 核化・成長速度の制御

核化・成長に影響を及ぼす支配的な因子は，過飽和度である。CaF_2の操作過飽和度は，フッ

素イオン濃度，カルシウム濃度によって決定する。pH は，過飽和度に大きく影響を及ぼさないが，不純物，例えば硫酸イオン，リン酸イオンは，操作 pH によって，不純物の影響が大きく異なるので留意する。ここで，操作過飽和度の所望最大の値を実験的に求める。所望とは，核化を制御，つまり，微結晶の流出を抑制しつつ，結晶の成長が最大になる条件と言うことができる。さらに成長速度は，装置内に存在する種結晶の表面積に依存するので，単位時間当たりのフッ素イオンの流入負荷，またはフッ素イオンの固定除去される速度を表面積で除すことにより得ることができる。

3.4 排水中の陰イオンの回収・資源化プロセス

富栄養化防止への要求の追い風で，多くの下水処理場や有機性リン含有排水でリン酸カルシウム晶析法を用いたリン除去法の計画がなされた。その後，新たに生物脱燐法が開発され，薬剤を使用せず，新たな施設を使用しないことから，現在，生物法と凝集沈殿法を組み合わせたプロセスが主流になっている。しかし，この方法は，排水の水質特性として，BOD/P が変化すると，リンの除去率の低下を引き起こすとともに，汚泥処理の過程でのリンの溶出の課題があり，これを補う方法として，晶析脱リン法が検討されてきている[2]。

また，大都市の汚泥処理は，集中処理の方向に向かっており，この汚泥処理基地での汚泥処理を考えると，長い配管で移送した汚泥を処理すると，固液分離の過程で，分離液中に高濃度のリン酸，アンモニウムイオンが溶出し，この液を処理する課題がある。そこで，筆者は，この排水を対象としたプロセスとして，MAP（リン酸マグネシウムアンモニウム）の晶析現象を利用するプロセスを提案[3]した。一方，栗田工業，ユニチカは，下水汚泥の嫌気処理の過程で，生成する分離液を対象に，流動層 MAP 脱リンプロセスの実用化試験に成功している。最近，荏原の島村らは[9]，嫌気性消化の脱離液を対象とした高速遠心分離工程を有した新規な晶析プロセス（CM プロセス：攪拌型晶析装置に遠心分離機を設けて，結晶化した MAP 結晶，および，すでに嫌気性消化槽で自発的に生成した MAP 結晶を分離するシステム），および流動層型晶析装置を中核にした TR プロセス（図2）を開発した[11]。図4は，嫌気性消化工程，図5は，槽内で自発的に生成する MAP 結晶の外観を示している。研究開発の過程で，リンの固定率を最大にする流入過飽和度について，図6に示す知見を得て，最適な過飽和度条件を見いだした。さらに，処理性能を安定化させる（晶析層内の総結晶表面積を所定の値に維持する：図2参照）ための種結晶供給工程を設けた TR プロセスのパイロット規模（図2参照）での適用化結果を報告している。生成した MAP は，球状の固く密な製品となっているが，これは，単一結晶ではなく，多結晶であった（表1）。

半導体，約7年を排水処理法として，栗田工業，石塚らが，炭酸カルシウムの種結晶を用いて，

第6章 産業排水からの資源回収

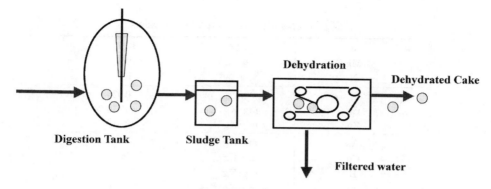

図4　Digestion process
（Ammonium and phosphate ion are produced through decomposition of protein and anaerobic condition indicates MAP crystals）

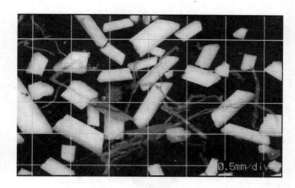

図5　MAP crystals in the digestion tank

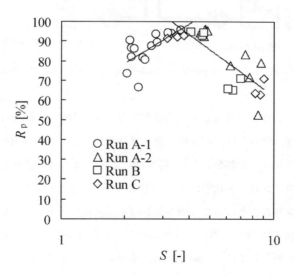

図6　Effect of the supersaturation ratio on the phosphorus recovery ratio

表1　Properties of recovered MAP crystals

P	wt%	12.5
Mg	wt%	9.9
N	wt%	5.5
K	wt%	0.026
Cu	mg·Kg^{-1}	< 10
Zn	mg·Kg^{-1}	< 10
As	mg·Kg^{-1}	< 1
Cd	mg·Kg^{-1}	< 1
H	mg·Kg^{-1}	< 1
Ni	mg·Kg^{-1}	< 10
Cr	mg·Kg^{-1}	< 10
Pb	mg·Kg^{-1}	< 10

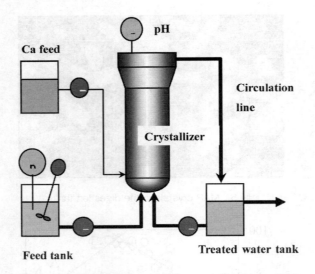

図7　Fluoride recovery system by crystallization method

その表面にフッ化カルシウムを生成させる方法で，フッ素の排水規制を満足している[4]。また，最近，オルガノの明賀，橋本らは，固体粒状物を種結晶にして，流動層型の晶析脱フッ素除去プロセス（エコクリスタ図7）を開発した[8]。排水に，カルシウム塩を添加して生成するフッ化カルシウムは，液相中でコロイド状態になり，沈殿に長時間を有するが，エコクリスタでは，種結晶と効率的に接触させることにより，微結晶を種結晶表面に，あたかも成長させて，緻密結晶を回収できている（図8）。現在，国内で5機稼動し，うち3機がフッ素の循環に貢献している。ホウ素含有水の処理技術としては，凝集沈殿法，イオン交換，溶剤抽出が検討されている。ホウ素イオンを回収する観点からは，イオン交換または，溶剤抽出で濃縮後，晶析法により，ホウ酸

第6章　産業排水からの資源回収

図8　Grown CaF$_2$ crystals
(Crystal size 2〜3mm, Seed size 0.2mm)

ナトリウムを回収する方法が開発されている[10]。ホウ酸の難溶解性の結晶はないこと，排水基準値として海域以外は10mg/lが定められたので，そのまま晶析法を適用することはできない。溶剤抽出では，物理作用を利用する2-エチルヘキサノール，中性エステルをつくる3-ジオール，錯体を形成する脂肪酸1,3ジオールが提案されている。抽出後，逆抽出されたホウ酸イオンの濃縮水を，晶析処理して，ホウ酸ナトリウム結晶を得ることができる。また，イオン交換処理を行い，その再生液を対象にして，ホウ酸ナトリムの結晶を回収するプロセスが提案されている。

　炭酸イオンの処理の実用化例は少ないが，液中の，約7年を，マグネシウム，金属イオンを除去するのに，図7のフッ素回収法に示した流動層装置を用いると，種結晶の表面に炭酸塩が，付着成長し，結果として，炭酸イオンも分離されることになる。たとえば，排ガス中の炭酸ガスをガス吸収で，アルカリ液に吸収させると，液中に炭酸イオンの形で存在することになり，この炭酸イオンを陽イオンの添加により，結晶の形で回収できる。

3.5　今後の展開

　晶析工学に立脚した陰イオンの回収・除去技術の展開について記述したが，製品形態として，結晶質が要求されない場合や，溶解度の低い結晶がない場合は，晶析法以外の方法を採用して，除去・回収を図るべきである。しかし，結晶質で回収できる場合も多いので，陰イオンを回収する上で，ぜひ検討対象に加えることを期待する。21世紀は，資源・エネルギー・環境を考慮しつつ，産業の発展に貢献することになり，ますます，物質循環型の環境浄化システムの確立が求められるが，合わせて，回収物の品質，流通について，新規な戦略的対応無しには，回収循環が回らない。特に，複数の成分が混入している回収物の利用を推進する枠組みが不可欠になる。

文　　献

1) P.N. Sharrot *et al*, *Trans IChemE*, **74**, Part A., 732-738（1996）
2) I.Hirasawa, *Memoirs of the School of Science & Engineering*, **60**, 97-119（1996）
3) I.Hirasawa, A. C. S. Symp. Ser. 667, Chapter 22, 267-276（1997）
4) S. Ishizuka, International Symposium. on Industrial Crystallization Waseda Proceedimgs, 716-723（1998）
5) I. Hirasawa *et al*, *Journal of Crystal Growth* **237-239**, 2183-2187（2002）
6) 平沢泉，金属資源のリサイクル―晶析工学からのアプローチ―，ケミカルエンジニアリング，Vol.49, No.10, 27-32（2004）
7) 金子四郎，平沢泉，フッ化，約7年を晶析法に適用可能なフッ素イオン濃度範囲の検討，化学工学論文集，第31巻，第6号，399-403（2005）
8) 橋本貴行，平沢泉，"晶析式フッ酸処理・回収装置エコクリスタの開発"，分離技術 Vol.35, No.5, 11-15（2005）
9) Kazuaki Shimamura, Hideyuki Ishikawa, and Izumi Hirasawa, *Journal of Chemical Engineering of Japan*, Vol.34, No.11, 1119-1127（2006）
10) 恵藤良弘，排水からのホウ素回収システム，資源環境対策，第42巻，第3号，47-51（2006）
11) 島村和彰，黒沢建機，平沢泉，メタン発酵液からのリン回収における晶析操作，化学工学論文集，第35巻，第1号，127-132（2009）

4 重金属吸着ゲルによる廃液からの資源回収

原　一広[*1], 西田哲明[*2]

4.1 重金属と環境問題

　鉛, 銅, 鉄等により代表される重金属は, 通常, 鉄以上の比重を持つ金属を指す事が多く, 理化学辞典では『密度が比較的大きい金属。4.0 g/cm^3 以上のものをさすことが多い。また長周期型周期表の11～15族の金属元素を指すこともある。』と記されている[1]。産業利用という観点から重金属を見ると, 地球上に広範に分布・容易に製錬が可能・様々な機能性を示す等々の特徴を有する為に大変有用な鉱物資源であり, 人類史上の早い時期から大量に採掘され様々な用途に利用されて来ている。

　しかし, 多くの重金属は (微量では必須元素もあるが) 有害であり, かつ, 人体に代謝経路が確立されていない為に体内に蓄積し易い。この為, 水・食物・空気等に混入し口や鼻を通してあるいは皮膚を通して体内へ導入された重金属は, 閾値以上に蓄積され人体に重篤な影響を及ぼす事となる[2]。特に人類は食物連鎖の頂点に位置する為, 下位に属する動植物内で既に濃縮された重金属を摂取して体内で更に高濃度に濃縮する事となり, 甚大な健康被害が発生する可能性が非常に高い。この様な有害な重金属として知られているものとしては, 砒素, 鉛, 水銀, カドミウム, 六価クロム等があるが, これらは the Agency for Toxic Substances and Disease Registry (ATSDR, the U.S. Department of Health and Human Services の1部門) から1997年以来隔年で出版されている the priority list of hazardous substances に "Top 20 Hazardous Substances" としてリストアップされ続けている[3]。

　この様な有害重金属を含む工場排液の環境中への漏洩により過去に深刻な公害問題が発生した事は記憶に新しい[4,5]が, 最近では環境中への流出防止に関する法令の整備がなされ, また, 環境保全分野の研究や技術が著しく進歩してきている為に格段に重金属を含む工場排水による環境汚染の状況は改善してきている。しかし, 一旦環境中に流出した重金属は自ら分解して消失することはなく, むしろ拡散により汚染地域が広がる懸念がある[6,7]。最近の話題で言えば, 工場跡地などの再開発等に伴い有害重金属汚染が顕在化する等の事例が増えている事もこの事の顕れと考えられる。また, 我が国は, 多くの火山帯, 温泉, 鉱床を有する地盤に高濃度の重金属元素を含む地域が多く, トンネル掘削など公共事業で大量に発生する掘削ずり等によりあるいは地域によっては市街地でも自然由来の重金属汚染事件が発生する事も報告されている。人体への健康被

[*1] Kazuhiro Hara　九州大学　大学院工学研究院附属　循環型社会システム工学研究センター　センター長・教授

[*2] Tetsuaki Nishida　近畿大学　産業理工学部　生物環境化学科　教授

害については言うまでもない事であるが，これらの環境汚染地域の問題はブラウンフィールド問題[8]として経済的にも大きな社会問題となっている。

4.2 重金属に関わる環境問題と資源枯渇の問題

通常，有害重金属を含んだ工場廃液の大半は廃液処理施設で水酸化物沈殿（ケミカルスラッジ）[9]とされる。その後，有害物質含有量や環境・人体に与える影響等の基準により，管理型最終処分場あるいは遮断型最終処分場[10]において埋め立て処分される。この様な処分法が行われている事により，工場排水による環境の重金属汚染は殆どなくなった。しかし，活発な現代の産業活動により大量の工場廃液が発生する為この処分法を用いる限り大量のスラッジが発生する事となり大容量の最終処分場（埋立地）が必要となるが，現在の法令規制の強化や住民運動等により最終処分場の新規設置は困難であり，処分場に窮する状態となって来ている。特に，発生源が近い為に大量の産業廃棄物が運び込まれる都市近郊の最終処分場の収容能力は逼迫（産業廃棄物最終処分場の残余年数は全国平均で7.7年，首都圏で3.4年と逼迫[11]）しており，「最終処分場の枯渇」という新たな環境問題として問題視されている。更に，この処分場の逼迫に伴い重金属水酸化物スラッジの処分費用は高騰し，最終処分場への運搬コストとともに企業への大きな負担となり産業活動の沈滞の一因となるとの懸念もある。また昨今，一旦不溶化された最終処分場の重金属が酸性雨により溶解し，環境へ再漏洩して環境汚染を招くとの危惧も指摘されている。

また，地球上に有限の量しか存しない鉱物資源である重金属が現代の活発な産業活動において大量に使用された事により，「資源の枯渇」というもう1つの大きな社会問題が引き起されている。資源枯渇の度合いを表す1つの指標として耐用年数（＝埋蔵量／年間消費量）があるがこれを用いて重金属資源の枯渇の度合いを見ると，早いもので20年程度，多くが60年程度[12]であり重金属の資源枯渇問題がいかに緊急であるかが分かる。この様な状況において，現在行われている重金属を不活性なケミカルスラッジとして埋め立てる最終処分法は，限りある有用資源である重金属を生産活動から分離する事により"事実上消費"する事ととなり，上に述べた「重金属資源の枯渇」を加速している。この事は，循環型社会が叫ばれている現在の社会情勢にそぐわないものであり，現状を打破するためには「最終処分場の枯渇」・「有用鉱物資源の枯渇」の双方の観点から埋め立て処分を伴わず重金属を高効率で再利用できる回収法の開発が必要であると著者は考えている。

4.3 ゲルについて

ゲルは，ナノスケール間隔の3次元網目とそれを浸潤する分散媒により構成され，両者間の非常に大きな接触面積の為に強く相互作用しており，

第6章 産業排水からの資源回収

- 高分子網目と分散媒とが容易には分離しない。
- 分散媒が液体（溶媒）である高分子ゲルでは，固体の特徴であるずり弾性，及び，溶媒と同じ圧縮弾性率を併せ持つ。

等，ユニークな性質を示す。

　ゲルには網目・分散媒の種類や網目架橋の様式により多くの種類があり，それぞれのゲルの性質は大きく異なる。分散媒の種類により，ハイドロゲル（分散媒：水），リポゲル（油脂），エアロゲル（空気）等がある。また，網目の構成物質により，コロイダルゲル（網目：コロイド微粒子で形成），高分子ゲル（高分子）[13]等がある。更に，網目の架橋の様式により，物理ゲル（架橋：水素結合・静電結合・疎水結合などの分子間結合や高分子の絡み合い），［主に，高分子ゲルで］化学ゲル（化学結合（共有結合））等に分類される。特に，高分子ゲルでありかつ化学ゲルであるものは，その他の架橋様式のものに比べ，より広い範囲の熱・溶液種・イオン強度・pHの変化に対し安定であり，網目が崩壊する事が少なく形状を保つ事が出来る。

　また，側鎖に機能性末端を持つ幾つかのハイドロゲルでは，機能性末端と溶媒との相互作用の変化により外部環境である温度・電気・pH等のわずかな遷移により著しい体積変化を引き起こす事が知られている（体積相転移）[14,15]。この現象は，アクチュエーターやセンサーとしての応用を含め様々な観点から興味を集めている[16,17]が，大規模な実用化に関しては，数多くの中の1つの機能である高吸水性を紙おむつ等に応用したものにこれまでの所限られている。ここまで述べてきたゲルの構造・物性上の多様性から[18]，多くのゲルについてこれまで実用化されている以上の用途を引き出す事が可能であると著者らは考えている。特に著者らは，ゲルを用いる事により前項に述べた重金属に関わる環境・資源枯渇問題への1つの有力な解決法を導き出す事が可能であると考えており，これまで幾つかのゲルについて機能の検証を試みて来ている[19〜32]。

4.4 ゲルを用いた重金属回収

　著者らは，上述した重金属に関する環境問題と資源枯渇の問題の解決を目指し，ゲルを用いた回収法の開発・検討を行って来ている。これまでもセンサーへの応用等を目指したゲルの重金属吸着による特性変化の試験的な研究は行われて来ているが，それらは主に重金属吸着による体積相転移温度の変化で吸着を検出しようというもの[33]である。これに対し，著者らの視点は「どれだけの量の重金属をゲルにより吸着・回収できるか」という実用を目指したものであり，研究のスタンスが大きく異なっている。

　前項にも述べた様にゲルには様々な種類のものがあるが，研究を行うに当たって著者らは，

- 重金属回収に関する幾つかの処理過程における条件変化で崩壊する事がない
- 吸着材に対する吸着重金属の重量比を大きくできる

という理由から，有機高分子の共有結合により3次元網目が架橋（化学ゲル）され，溶媒が水であるハイドロゲルを試料として用いている。他の吸着材との比較において，このゲルを使用する利点は以下の様になると考えている。

- 使用する有機高分子は，炭素・水素・酸素・窒素等の軽い元素により構成される為，ゼオライト等の無機吸着材に比べ，吸着材重量当たりの吸着重金属重量を大きく出来，運搬コスト等を大幅に抑える事が可能である。
- ゲル中の高分子網目には分子スケール間隔で官能基を有する側鎖が存在する為に，官能基を3次元的に多数配置する事が可能となり，溶媒中の重金属と官能基が出会う確立を大変高く出来，吸着効率が高い。
- ゲルの網目高分子は比較的柔軟に動ける為に，側鎖イオン基が多価イオンを取り囲むように配位し吸着する事が可能であり，高密度な高分子配置により比較的剛直な基材を持つイオン交換樹脂と比べイオン吸着能が高くなる。
- 架橋構造を持たない高分子凝集剤では，溶媒中に分散した高分子凝集剤同士が接近しないとキレーションによる多価イオンを吸着が出来ないが，高分子ゲルの場合，膨大な数の架橋点により網目高分子同士が接近する状況が既にあり，キレーションにより多価イオン吸着の確率が著しく高い。
- 無機・高分子凝集剤やキレート剤の場合，吸着質・吸着材間の結合（キレーション）によりスラッジやフロックが形成されるので，吸着イオンの回収の際，環境条件を変化させこの結合力を小さくするとスラッジやフロックは分子サイズまで崩壊し，吸着材と目的イオンを分離して取り出す事は困難である。これに対し有機高分子ゲルの場合，強い共有結合により形成された高分子網目は回収時の環境変化に対しても安定であり，ゲルのサイズを扱い易いマクロレベルの大きさに保つ事が出来る。この為，ゲルと重金属イオンの分離は篩等の簡単な器具で容易に行う事が出来る。
- ゲルの作製は容易であり，側鎖の官能基を適宜選択する事により様々のイオンや分子等の吸着を行う事が出来る。
- 適宜機能性側鎖を選択する事により，吸着・脱着の繰り返し使用が可能である。これにより，高分子ゲルを繰り返し再利用し経済的効率的に有害重金属の回収を行う重金属資源のリサイクルと高分子ゲルのリユースを同時に実現可能とするシステムが構築可能となり，前項で述べた重金属資源に関する環境問題と資源枯渇問題を解決する有力な手段と成り得る。

第6章　産業排水からの資源回収

4.5　高分子ゲルの重金属吸着について

前項にも述べた様に，これまでの高分子ゲルと溶媒中のイオンとの相互作用に関する研究としては，イオン存在下で体積相転移の様相がいかに変化するか，更に，この事を利用してセンサーとしての応用を目指し，どの程度イオンが検出出来るかどうかを検討したものがある。これに対して著者らの研究は，新たな環境浄化材の開発を目指し，「高分子ゲルがどれだけの量のイオンを吸着できるか」という観点からのものである。以下に，これまで著者らが行って来た高分子ゲルの重金属吸着特性について述べる。

著者らは，主に最も簡単なゲルとして主に電気泳動でよく用いられるアクリルアミドゲルを基材として用い，これに吸着基を導入する事により重金属吸着特性を付与している[19〜32]。図1に，陽イオンを生成する重金属の1つのモデルとして銅を，吸着材としてアクリルアミドゲルにイオン基を導入したアクリル酸ナトリウム／アクリルアミド（SA/AAm）共重合ゲルを用いた際の吸着特性を示す[19]。調製に必要な試薬はSA/AAmゲル（SA：AAm = 3：4, 全濃度700 mM）1gについて〜58 mgである。また図1から，ゲル1gの銅の最大吸着量は〜12 mgであり，これらの値から吸着効率として（吸着重金属／吸着材）重量比を見積もると〜20％となる。この値は，無機吸着材やイオン交換樹脂等に比べ非常に大きい。この事から，ゲルを用いる事で高効率に重金属の除去が可能である事がわかる。

著者らは，実用段階で問題となるゲルの原料や使用後の廃棄物の毒性，処分法等の事項についても考慮し，原料としてアクリルアミド以外を用いたゲルについても吸着特性の検証を行って来ている一例を挙げると，入手の容易さや無害・安価である事，使用後の処分の際に有用な生分解性を持つという特徴から，食品や紙製品等でよく用いられるカルボキシルメチルセルロース（ナ

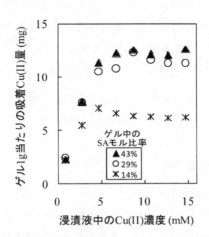

図1　ゲル網目濃度 700mM の SA/AAm ゲルによる吸着 Cu(II) 量の浸漬水溶液中の Cu(II) 濃度，ゲル中の SA 比率への依存性[19]

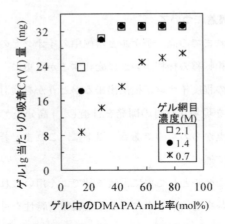

図2　DMAPAAm/AAm ゲルによる吸着 Cr(VI) 量のゲル中の
DMAPAAm 比率，ゲル網目濃度に対する依存性[32]
（浸漬水溶液の Cr (VI) 濃度は 16.8mM）

トリウム塩）を用いてゲルを作製し重金属吸着特性の検証を行った結果，イオン基を導入したアクリルアミドゲルとほぼ同程度の高い吸着効率を示す事を明らかにした[19]。

また，六価クロム（クロム酸，重クロム酸）の様に，オキソ酸やクロロ錯体を形成し水溶液中で陰イオンとなる有害重金属もある。著者らは，この様な有害重金属陰イオンを吸着できる高分子ゲルの開発も行ってきている[21〜27]。その一例として，1つの有害陰イオンを形成するモデル重金属として六価クロムを用い，吸着材としてジメチルアミノプロピルアクリルアミド／アクリルアミド共重合（DMAPAAm/AAm）ゲル[32]を用いた際の吸着の様子を図2に示す。この図からも分かる様に，DMAPAAm/AAm ゲルは，SA/AAm ゲルの重金属陽イオン吸着の場合に比べ，より高い効率で重金属陰イオンを吸着できる事がわかる。特に著者らは，重金属陰イオン吸着ゲルについて側鎖の様々の部位の種類を変えて吸着状況の観測を系統的に行い，官能基以外の部位も吸着効率に大きな影響を与える事を明らかにしている[21〜26]。

上の2つの例では，陰・陽重金属イオンがそれぞれ別々に存在する場合について述べてきたが，高分子ゲルを適宜選択する事により，陰・陽両方の重金属イオンが混在する場合にも各々を分別吸着する事が可能である事も著者らは明らかにしている[27]。

4.6　高分子ゲルの重金属吸脱着特性

ここまでゲルの高効率な重金属吸着特性について述べてきた。重金属の吸着除去機能だけに限って言えば，ゲルを用いる著者らの方法と従来法として前述した無機物のスラッジを作る方法やキレート剤・高分子凝集剤を用いてフロックを形成する方法とは，「原子・分子サイズの重金属イオンを吸着材に吸着させ，マクロなサイズの（重金属＋吸着材）複合体として工場廃液か

第6章 産業排水からの資源回収

ら取り除きやすくする」という同様の仕組みを利用している。しかし，ゲルを用いる方法は，以下に述べる様に更に優れた特徴を持っている。

　これまで述べてきた吸着複合物の廃棄による環境問題や資源枯渇問題，また，吸着材自身の資源としての側面を考えると，吸着した重金属を吸着材から脱着し，吸着材を繰り返し使用出来る事が好ましい。またこれが出来れば，脱着して重金属を再資源化する重金属リサイクルが可能となる。しかし，無機物のスラッジを作る方法やキレート剤・高分子凝集剤を用いる従来の重金属の除去法では，幾つかの凝集材が1つの重金属に吸着し連なって凝集体を作る性質を利用しているので，重金属を取り出す為に化学処理等で吸着する力をなくすと，吸着力で出来ている凝集体が原子・分子サイズまで分解してしまい重金属を単独で取り出す事は困難である。有機系吸着材の場合，凝集体を焼却して重金属の取り出しが行われる事もあるが，これでは継続的に重金属廃棄物を再資源化する事は困難であり，吸着材の再利用，省エネルギー，二酸化炭素削減，繰り返し使用による安価な処理の観点からも問題がある。これに対して，高分子の化学架橋で形成されたゲルの網目は，イオン基が重金属を吸着する力より強い力で作られており，重金属の吸脱着を繰り返し行う吸脱着サイクルの構成が容易であると考えられる。この様な状況において，高分子ゲルへ吸着した重金属の脱着，及び，再吸着等，吸脱着の繰り返し過程における特性の検証は非常に重要である。著者らは，幾つかの高分子ゲルにおいて高い効率で重金属イオンの脱着が可能であり，繰り返し利用可能である事を検証して来ている[28~32]。

　SA/AAm ゲルによるニッケルの吸脱着特性を図3に示す[29,30]。この図からも分かる様に，高い吸着効率と高い脱着効率でニッケルの吸脱着が可能である。これにより，高分子ゲルによるニッケルの繰り返し吸脱着が可能である事が確認出来る。また著者らにより，高分子ゲルによる

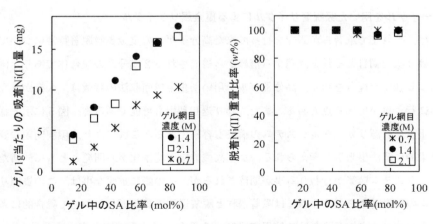

図3　SA/AAm ゲルによる Ni(II) の吸着（左図：浸漬水溶液中の Ni(II) 濃度は 9.1mM)，脱着（右図）特性[29,30]

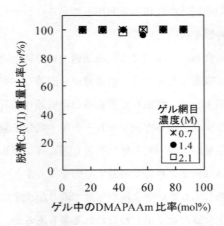

図4 DMAPAAm/AAmゲルによる脱着Cr(VI)量のゲル中の
DMAPAAm比率，ゲル網目濃度に対する依存性[32]

重金属陰イオン吸脱着についても同様の事が明らかにされてきている。吸着特性については既に図2に示したが，DMAPAA/AAmゲルの六価クロムの脱着特性を図4に示す[32]。SA/AAmゲルのニッケル吸脱着過程と同様に，DMAPAA/AAmゲルの六価クロムについても高い吸着・脱着効率で吸脱着が出来る事が分かる。これについてもSA/AAmゲルのニッケルの繰り返し吸脱着と同様に，六価クロムの繰り返し吸脱着が可能である事がわかる。適当な機能性高分子ゲルと吸着重金属の組み合わせを選ぶ事で高効率重金属吸脱着サイクルが構成可能であり，これにより高分子ゲルの繰り返し利用とともに，重金属資源リサイクルが比較的簡単に実現可能である事が分かる。

4.7 高分子ゲルを用いた吸脱着サイクルによる重金属リサイクル

本稿では，これまで筆者らが研究を行って来た高分子ゲルの重金属吸脱着特性について紹介した。ゲルは3次元網目とそれを浸潤する溶媒から構成される2成分系の複合体であり，両者の相互作用により独特な性質を示す。高分子ゲルを用いた重金属回収法の特徴は，大掛かりな設備無しで簡易に行う事が出来る点である。また，繰り返し利用も可能である為，図5に示す様な低環境負荷の重金属資源リサイクルシステムの構築も容易である。これにより，環境問題や資源枯渇問題を効果的に解決出来ると考えられる。より高機能な環境浄化ゲル開発とともに，新たな資源リサイクルシステム構築が行われる事が期待されるが，その際に重要な事は，この資源リサイクルシステムの稼働効率を考える際には吸着過程と脱着過程の繰り返しについて総合的に考えなければならない事である。1回だけの使用で廃棄する場合には，吸着率が高い吸着材が好ましい。しかし，繰り返し使用を前提とすると状況が異なってくる。吸着率が高くても脱着率が小さい場

第6章 産業排水からの資源回収

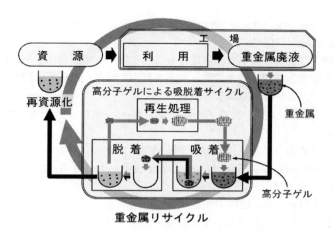

図5 高分子ゲルによる重金属リサイクル

合には，繰り返し使用においてリサイクル出来る重金属の量は少なくなる場合があり，逆に，吸着率が若干小さくても脱着率が高ければ，繰り返しの回数を多くする事によりリサイクルの量が増やせる事もある。

文　　献

1) 「重金属」の項，岩波理化学辞典第5版
2) "Heavy Metal Toxicity: Online Reference for Health Concerns" (http://www.lef.org/protocols/prtcl-156.shtml#toxic)
3) "CERCLA Priority List of Hazardous Substances" in the home page of ATSDR (http://www.atsdr.cdc.gov/cercla/index.html)
4) "Preventative Measures Against Water Pollution, Jinzu River, Toyama Prefecture" (in the home page of International Center for Environmental Technology Transfer (ICETT)),http://www.icett.or.jp/lpca_jp.nsf/Jinzu　%20River,　%20Toyama　%20Prefecture?OpenView.
5) Jun Ui (Ed.), "Industrial pollution in Japan (The Japanese Experience Series)", United Nations University Press (Tokyo) (1992) (http://www.unu.edu/unupress/unupbooks/uu35ie/uu35ie00.htm)
6) F. M. D'Itri, "Heavy metals and heavy metal poisoning in Environmental Encyclopedia (Second edition)", p.511, Gale Research (Detroit) (1998)
7) J. S. Thayer, "Encyclopedia of Environmental Analysis and Remediation (Vol.4)", p.2126, Wiley (New York) (1998)
8) 環境省「土壌汚染をめぐるブラウンフィールド対策手法検討調査」中間とりまとめの公表について（平成19年4月19日）

9) G. L. Rorrer, "Encyclopedia of Environmental Analysis and Remediation (Vol.4)", p.2102, Wiley (New York) (1998)
10) 廃棄物の処理及び清掃に関する法律施行令（昭和四十六年九月二十三日政令第三百号）
11) 環境省「産業廃棄物処理施設の設置，産業廃棄物処理業の許可等に関する状況（平成17年度実績）について」（平成20年3月7日）
12) 物質・材料研究機構 エコマテリアル研究センター，「鉱物資源使用」カテゴリーの特性化係数，(2004)
13) 高分子学会，新版高分子辞典，p.129，朝倉書店（1988）
14) T. Tanaka, D. Fillnore, S-T. Sun, I. Nishino, G. Swislow and A. Shah, *Phys. Rev. Lett.*, **45**, 1636 (1980)
15) T. Tanaka, *Sci. Am.*, **244**, 124 (1981)
16) 荻野一善・長田義仁・伏見隆夫・山内愛造，ゲル-ソフトマテリアルの基礎と応用-，産業図書（1991）
17) 日本化学会編，「有機高分子ゲル」（季刊化学総説 No. 8），学会出版センター（1990）
18) 長田義仁，王林，機能性高分子ゲルの開発と最新技術，シーエムシー出版（1995）
19) K. Hara, M. Iida, K. Yano and T. Nishida, *Colloids and Surfaces* B, **38**, 227 (2004)
20) K. Hara, M. Yoshigai and T. Nishida, *Trans. Mat. Res. Soc. Jpn.*, **30**, 823 (2005)
21) K. Hara, M. Yoshigai and T. Nishida, *Trans. Mat. Res. Soc. Jpn.*, **31**, 815 (2006)
22) K. Hara, M. Yoshigai and T. Nishida, *Trans. Mat. Res. Soc. Jpn.*, **32**, 819 (2007)
23) 原一広，西田哲明，環境浄化技術，**6**, 28 (2007)
24) K. Hara, S. Yoshioka, A. Nishida, M. Yoshigai and T. Nishida, *Trans. Mat. Res. Soc. Jpn.*, **33**, 369 (2008)
25) K. Hara, S. Yoshioka, A. Nishida, M. Yoshigai and T. Nishida, *Trans. Mat. Res. Soc. Jpn.*, **33**, 455 (2008)
26) K. Hara, S. Yoshioka, A. Nishida, M. Yoshigai and T. Nishida, *Trans. Mat. Res. Soc. Jpn.*, **33**, 463 (2008)
27) A. Nishida, N. Kawamura, T. Nishida, S. Yoshioka and K. Hara, *Trans. Mat. Res. Soc. Jpn.*, **33**, 459 (2008)
28) 原一広，西田哲明，未来材料，**8**, 18 (2008)
29) K. Hara, N. Kawamura, D. Yamada, S. Yoshioka, T. Nishida, *Trans. Mat. Res. Soc. Jpn.*, **34**, 489 (2009)
30) N. Kawamura, D. Yamada, T. Nishida, S. Yoshioka, K. Hara, *Trans. Mat. Res. Soc. Jpn.*, **34**, 493 (2009)
31) K. Hara, N. Kawamura, K. Nagamatsu, D. Hisajima, M. Yoshigai, S. Yoshioka and T. Nishida, *Trans. Mat. Res. Soc. Jpn.*, **34**, 497 (2009)
32) K. Hara, N. Kawamura, K. Nagamatsu, D. Hisajima, M. Yoshigai, S. Yoshioka and T. Nishida, *Trans. Mat. Res. Soc. Jpn.*, **34**, 501 (2009)
33) D.K. Jackson, S.B. Leeb, A. Mitwalli, D. Fusco, C. Wang, and T. Tanaka, *J. Intell. Mater. Syst. Struct.*, **8**, 184 (1997)

5 機能性無機材料による排水からの有害元素の除去と再資源化技術

桑原智之[*1], 佐藤利夫[*2]

5.1 無機材料を用いた吸着剤の開発

材料開発の分野では,2000年の循環型社会形成推進基本法の制定以降,生産,使用,リサイクル,廃棄の全過程において低コストかつ高機能で,自然および人間環境への負荷を最小とする材料のエコマテリアル化が求められている[1]。無機材料は土壌を構成する主要金属元素を原料とするため,資源が豊富に存在し,廉価に作成することができる。さらに,元々,天然に存在する物質を原料にすることで自然環境に対して親和性が高く,人体にも安全性が高い材料であることから,無機材料は環境低負荷型材料として位置づけられる。また,無機材料は耐薬品性や耐熱性等に優れるものが多いこと,また微生物等により資化されにくいことから,過酷な条件が必要な物理化学的再資源化方法や微生物を利用した再資源化法にも適用できるというメリットがある。その一方で,無機材料は一般に有機材料と異なり化学修飾などが難しいため機能化が困難とされてきた。しかし近年,組成変換技術等により無機材料の機能化に道が開けつつある。

例えば,多価金属元素の含水酸化物はイオン吸着性を示すが,図1に示すように金属の電荷数と表面電場の強さに比例するパラメーター(Zに対するZ/r^2;Zは中心金属の原子価,rはイオン半径)により分類すると,溶液のpHが4～9において,陰イオン吸着性を示すⅠ群 [Mg,

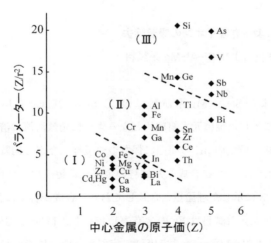

図1 各種金属の含水酸化物のイオン交換性[2]
(Ⅰ)陰イオン交換性,(Ⅱ)両性イオン交換性,(Ⅲ)陽イオン交換性

---

*1 Tomoyuki Kuwabara 島根大学 生物資源科学部 生態環境科学科 助教
*2 Toshio Sato 島根大学 生物資源科学部 生態環境科学科 教授

Fe（Ⅱ）等］，両性イオン吸着性を示すⅡ群［Al, Fe（Ⅲ）等］，陽イオン吸着性を示すⅢ群［Si 等］に分類できることが明らかにされている[2～4]。著者らはこれまで多価金属の複合含水酸化物（水系に不溶で水酸基や構造水を有する金属酸化物）に関する研究を行っており[5～11]，その中でも上記Ⅰ～Ⅲ群の金属元素を1種類ずつ選択し，この3つの金属元素を組み合わせて合成した3元素系複合含水酸化物は，組み合わせる金属元素種および組成比を変えることにより，広範に選択性や吸着能力を制御できる可能性を見いだしている。また，構造中の金属イオン種をクラーク数の高いものから選択することにより，自然界の物質循環に組み込まれやすい化学組成となり，環境親和性の高い新規な無機イオン交換体としての利用が期待される。さらに，常温・常圧下の中和沈殿法により合成することができ，製造コストも安価である。

これまで，金属元素種としてSi, Fe（Ⅲ），MgおよびSi, Al, Mgからなる複合含水酸化物（以下，Si-Fe-Mg系試料およびSi-Al-Mg系試料とする）を合成し，その物性や構造特性，有害イオンに対する吸着特性について検討した結果，3元素系含水酸化物のイオン吸着性は配合した金属元素の構成成分相に強く影響を受け，基本構造に組み込まれる金属元素種および組成比により吸着能力が大きく変化することを明らかにしている。本節では，新規機能性無機材料として3元素系複合含水酸化物を例に挙げ，有害イオンに対する吸着特性について紹介するとともに，無機層状陰イオン交換体であるハイドロタルサイトの組成変換による有害陰イオン，特に亜ヒ酸イオン吸着能力の向上のための機能化について解説する。

5.2 機能性無機材料による有害イオンの吸着除去
5.2.1 Si-Fe-Mg系試料およびSi-Al-Mg系試料
(1) 試料の合成

Si-Fe-Mg系試料およびSi-Al-Mg系試料はNa_2O SiO_2, $MgCl_2 \cdot 6H_2O$, $FeCl_3 \cdot 6H_2O$または$AlCl_3 \cdot 6H_2O$を図2, 3に示した金属元素組成比となるように硝酸溶液に溶解させた酸性水溶液と水酸化ナトリウム溶液を，所定のpHの範囲に保ちつつ撹拌しながら同時滴下する中和沈殿法にて10種類ずつ合成した。表1, 2に合成した試料の金属元素組成比，真比重，比表面積を示す。金属組成比は概ね図2, 3に示した理論値と合致しており，合成が容易に行えることがわかった。真比重に関して，Si-Fe-Mg系試料はFeの含有率に依存し，1.93～2.63g·cm^{-3}の間で変化したが，Si-Al-Mg系試料は1.79～1.97g·cm^{-3}でほぼ一定であった。比表面積はSi-Fe-Mg系試料では155～351$m^2 \cdot g^{-1}$であり，Si-Al-Mg系試料の比表面積は241～416$m^2 \cdot g^{-1}$であった。一般的な活性炭の比表面積が700～1850$m^2 \cdot g^{-1}$である[12]ことから，それよりも小さい値であることが分かる。

第6章　産業排水からの資源回収

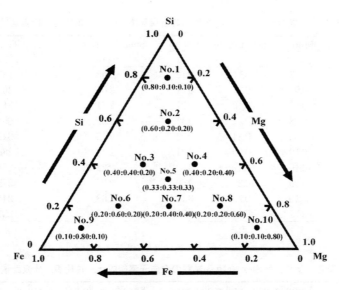

図2　Si-Fe-Mg系試料の予定金属元素組成比と試料番号

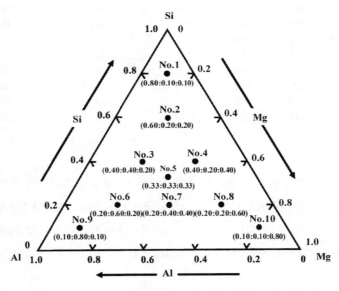

図3　Si-Al-Mg系試料の予定金属元素組成比と試料番号

(2)　**イオン吸着特性**

　基礎的な吸着量を算出するため，バッチ試験を行った。陰イオンとしてフッ化物，ホウ酸，ヒ酸，亜ヒ酸，セレン酸，亜セレン酸，リン酸，硫酸，炭酸，亜硝酸イオンの10種と陽イオンとしてアンモニウム，カリウム，カルシウムイオンの3種を対象とした。各イオン濃度が

表1 合成したSi-Fe-Mg系試料の金属元素組成比，真比重，比表面積

Sample	Metallic elemental molar ratio			Specific gravity/ $g \cdot cm^{-3}$	Specific surface area/$m^2 \cdot g^{-1}$
	Si	Fe	Mg		
No.1	0.77	0.11	0.12	1.93	155
No.2	0.58	0.21	0.21	2.06	302
No.3	0.38	0.40	0.21	2.21	312
No.4	0.38	0.21	0.41	2.05	351
No.5	0.32	0.34	0.33	2.15	322
No.6	0.19	0.60	0.21	2.43	286
No.7	0.19	0.41	0.39	2.22	284
No.8	0.19	0.20	0.60	2.06	278
No.9	0.10	0.79	0.12	2.63	244
No.10	0.11	0.11	0.79	1.98	237

表2 合成したSi-Al-Mg系試料の金属元素組成比，真比重，比表面積

Sample	Metallic elemental molar ratio			Specific gravity/ $g \cdot cm^{-3}$	Specific surface area/$m^2 \cdot g^{-1}$
	Si	Al	Mg		
No.1	0.81	0.10	0.09	1.89	255
No.2	0.61	0.20	0.19	1.86	281
No.3	0.43	0.39	0.18	1.90	257
No.4	0.42	0.21	0.37	1.81	416
No.5	0.35	0.34	0.31	1.79	282
No.6	0.22	0.60	0.19	1.97	317
No.7	0.22	0.42	0.36	1.83	298
No.8	0.23	0.22	0.55	1.86	309
No.9	0.11	0.80	0.10	1.92	379
No.10	0.13	0.13	0.75	1.91	241

5 mmol・l^{-1}となるように調整し，1 mol・l^{-1}塩酸溶液と1 mol・l^{-1}水酸化ナトリウム溶液を用いてpH7.0に調節したものを試料液とした。この試料液5 mlに対し，Si-Fe-Mg系試料またはSi-Al-Mg系試料0.05gの割合で添加し，バイアル瓶にて定速円形かくはん（140rpm）した。なお，各試料1 gあたりの各種イオン吸着量は，初期濃度と振とう後の濃度との差から(1)式により算出した。

$$W_m = V(C_0 - C_t) / W_g / M \tag{1}$$

ここで，W_m：吸着量（mmol・g^{-1}），V：試料液体積（l），C_0：初期濃度（mg・l^{-1}），C_t：振とう後の濃度（mg・l^{-1}），W_g：試料質量（g），M：各種イオンのモル質量（mg・$mmol^{-1}$）である。

表3に各Si-Fe-Mg系試料の，表4に各Si-Al-Mg系試料の各イオン平衡吸着量を示す。なお，吸着平衡到達時間は24時間であった。表中の色分けは平衡吸着量の多さにより分類してあり，

第 6 章　産業排水からの資源回収

表 3　各 Si-Fe-Mg 系試料の各イオン平衡吸着量

	No.1	No.2	No.3	No.4	No.5	No.6	No.7	No.8	No.9	No.10
F^-	0.01	0.01	0.01	0.03	0.02	0.01	0.10	0.26	0.02	0.47
$B(OH)_4^-$	0.00	0.01	0.02	0.08	0.08	0.05	0.11	0.21	0.07	0.33
AsO_4^{3-}	0.01	0.03	0.08	0.12	0.14	0.18	0.24	0.25	0.25	0.45
AsO_3^{3-}	0.04	0.17	0.30	0.32	0.36	0.41	0.42	0.42	0.46	0.47
SeO_4^{2-}	0.00	0.00	0.00	0.01	0.02	0.03	0.09	0.12	0.02	0.23
SeO_3^{2-}	0.02	0.02	0.06	0.12	0.12	0.18	0.25	0.31	0.20	0.39
PO_4^{3-}	0.00	0.02	0.07	0.11	0.13	0.18	0.25	0.26	0.25	0.45
SO_4^{2-}	0.00	0.00	0.00	0.01	0.02	0.02	0.07	0.11	0.00	0.16
CO_3^{2-}	0.00	0.00	0.00	0.00	0.00	0.00	0.05	0.18	0.00	0.20
NO_2^-	0.00	0.00	0.00	0.00	0.00	0.00	0.01	0.04	0.00	0.04
NH_4^+	0.31	0.29	0.20	0.11	0.12	0.06	0.03	0.02	0.04	0.02
K^+	0.43	0.39	0.30	0.16	0.16	0.14	0.04	0.01	0.06	0.00
Ca^{2+}	0.51	0.45	0.44	0.32	0.36	0.33	0.20	0.08	0.40	0.22

（■）0.40mmol・g^{-1} 以上；（■）0.30〜0.39mmol・g^{-1}；（■）0.20〜0.29mmol・g^{-1}

表 4　各 Si-Al-Mg 系試料の各イオン平衡吸着量

	No.1	No.2	No.3	No.4	No.5	No.6	No.7	No.8	No.9	No.10
F^-	0.01	0.02	0.03	0.05	0.04	0.08	0.19	0.26	0.09	0.46
$B(OH)_4^-$	0.02	0.02	0.04	0.07	0.07	0.08	0.13	0.22	0.09	0.31
AsO_4^{3-}	0.00	0.01	0.07	0.09	0.09	0.13	0.23	0.34	0.16	0.31
AsO_3^{3-}	0.02	0.06	0.09	0.15	0.09	0.15	0.17	0.31	0.16	0.48
SeO_4^{2-}	0.00	0.00	0.02	0.01	0.03	0.01	0.11	0.22	0.02	0.13
SeO_3^{2-}	0.00	0.00	0.05	0.09	0.08	0.12	0.24	0.32	0.17	0.35
PO_4^{3-}	0.00	0.00	0.08	0.10	0.11	0.15	0.27	0.37	0.20	0.36
SO_4^{2-}	0.01	0.01	0.03	0.04	0.05	0.03	0.11	0.20	0.02	0.08
CO_3^{2-}	0.00	0.00	0.00	0.00	0.00	0.00	0.11	0.14	0.00	0.02
NO_2^-	0.00	0.00	0.00	0.00	0.00	0.00	0.03	0.05	0.00	0.05
NH_4^+	0.37	0.38	0.36	0.18	0.24	0.17	0.03	0.00	0.05	0.00
K^+	0.37	0.37	0.32	0.22	0.24	0.20	0.07	0.03	0.12	0.03
Ca_2^+	0.44	0.42	0.39	0.37	0.24	0.26	0.08	0.05	0.18	0.43

（■）0.40mmol・g^{-1} 以上；（■）0.30〜0.39mmol・g^{-1}；（■）0.20〜0.29mmol・g^{-1}

濃い色ほど吸着量が多いことを示す。Si-Fe-Mg 系試料および Si-Al-Mg 系試料ともに，2 価の金属元素（ここでは Mg）の割合が高い No.10 と No.8 で陰イオン吸着量が多いことが分かる。No.10 と No.8 は主要構成成分が層状複水酸化物（LDH）であることが粉末 X 線回折の結果より明らかとなっている。LDH は数少ない無機陰イオン交換体として知られており，No.10 および No.8 が陰イオンに対して高い吸着能力を示すことが裏付けられる。これに対し，4 価の金属元素（ここでは Si）の割合が高い試料では陽イオンを選択的に吸着する傾向がある。これらの事象は，先に述べたように多価金属の含水酸化物のイオン吸着性に従うものであると考えられる。特筆す

べきは，Si-Fe-Mg 系試料の No.9 において亜ヒ酸イオンの吸着能力が高いことである。Si-Al-Mg 系試料の No.9 では亜ヒ酸イオンに対する吸着能力は低いことから，3価の金属元素種の影響を受けたことがわかる。すなわち，Si-Fe-Mg 系試料は金属元素組成比を調整することにより，陽イオンから陰イオンまで幅広くイオン吸着能を制御できることに加え，Fe のような特定のイオンに対して親和性を示す金属元素を構造中に導入することにより，その吸着能力を試料に付与することが可能であることを示す。

このように3元素系複合含水酸化物は，金属元素種および組成比を変えることにより，広範に選択性や吸着能力を制御できる可能性を有している。本節では4価と2価の金属元素種を固定し，3価の金属元素種を Fe あるいは Al として組成比を変えて合成した複合含水酸化物を例に挙げてイオン吸着性を紹介した。Fe により亜ヒ酸イオンに対する選択性が向上することは例のとおりであるが，それ以外のイオン種，例えばフッ化物イオンに対しては，あるいはヒ酸イオンに対してはどのような金属元素種および組成比で合成することが最適であるか検討し，実際の処理に適応させていく必要がある。

5.2.2 ハイドロタルサイト

(1) 現行処理の問題点

現在，最も多く採用されている排水からのヒ素・セレン除去技術は鉄塩やアルミニウム塩を用いた凝集沈殿・共沈法である[13~16]。これらの除去法は，化学反応によるヒ素・セレンの塩または水酸化物の形成を除去機構とするため，高濃度のヒ素・セレン含有排水においては高い除去能力を示すが，低濃度のヒ素・セレンに対しては反応性が低く，排水基準値を満たすためには多量の薬剤の投入が必要となり，それに伴い汚泥の発生量も増加する。また，ヒ素における凝集沈殿・共沈法では，3価の形態である亜ヒ酸イオンを除去することが難しいため，これを5価のヒ酸イオンに酸化処理する必要があり，操作が煩雑となる。

汚泥が発生しない除去技術として吸着法が挙げられる。しかし，ヒ素やセレンに対して高い吸着性能を示すイオン交換体は，稀少金属であるセリウムを含んだ吸着材[17]やキレート樹脂[18,19]など非常に高価なものしかない。例えばセレン吸着キレート樹脂は吸着容量が $1.5 mg \cdot l^{-1}$ 程度であり，また，セリウム系吸着材は $35 mg \cdot l^{-1}$ 程度の吸着量を有するが，$8,000$ 円$\cdot kg^{-1}$ と高価である。前に紹介した3元素系複合含水酸化物は廉価であるが，実用化までにはさらなる検討が必要と考えられる。したがって，本節では現実的に使用が見込める陰イオン交換体としてハイドロタルサイトを紹介する。

ハイドロタルサイトは一般に(2)式で表される層状複水酸化物（LDH）の一種である[18]。

$$[M^{2+}_{1-x} \cdot M^{3+}_{x}(OH)_2]^{x+} \ [A^{n-}_{x/n} \cdot y H_2O]^{x-} \tag{2}$$

(2)式中の M^{2+} は2価の金属を，M^{3+} は3価の金属を，A^{n-} は n 価の交換性陰イオンを表す。(2)式中の $[M^{2+}_{1-x} \cdot M^{3+}_{x}(OH)_2]^{x+}$ をホスト層，$[A^{n-}_{x/n} \cdot yH_2O]^{x-}$ をゲスト層といい，ホスト層中の2価と3価の金属の比が $M^{3+} \cdot (M^{2+}+M^{3+})^{-1} = 0.20\sim0.33$ でハイドロタルサイトは層状構造を保つことができ，またこの金属の比率によってホスト層の正電荷は決定する。この正の電荷をゲスト層に挿入された交換性陰イオン（A^{n-}）が中和して，結晶全体として電気的中性を保っている。この交換性陰イオンがゲスト層に大量に挿入されているため，ハイドロタルサイトは大容量のイオン交換容量を有する陰イオン交換体として機能する。

ハイドロタルサイトは2価と3価の金属元素および層間の交換性陰イオンの種類により多数存在するが，ここでは2価の金属にマグネシウム，3価の金属にアルミニウム，ゲスト層中の交換性陰イオンを塩化物イオンとした Mg-Al-Cl 型ハイドロタルサイト（図4）の機能化について解説する。

Mg-Al-Cl 型ハイドロタルサイト化合物（以下，HT とする）は，既往の研究より，イオン交換サイトが層状であり奥深いため $3.60\sim4.00\,\mathrm{meq\cdot g^{-1}}$ という大きなイオン交換容量を有すること，ヒ素・セレン濃度の高低に関わらず非常に速い吸着速度を発揮し，ヒ素・セレンに対し高い吸着性能を示すことが明らかにされている[20～22]。さらに，凝集沈殿・共沈法では亜ヒ酸イオンは酸化処理を必要とし，セレン酸イオンは還元処理を必要とするが，HT は亜ヒ酸イオンを酸化処理することなく pH を 10 に調整するだけで吸着処理することが可能であり，またセレン酸イオンは還元処理することなく亜セレン酸イオンと同条件下で吸着処理することが可能である[20]。したがって，HT はヒ素・セレン除去技術として有望な材料であると言える。

(2) ハイドロタルサイト（HT）の機能化の方法

HT はヒ素・セレンに対して高い吸着性能を示すが，亜ヒ酸イオンに関しては pH の調整が必要であり，改善の余地がある。したがって，亜ヒ酸イオンに対する吸着能力の向上に的をしぼり，機能化を行う。機能化に当たっては組成変換技術を活用し，亜ヒ酸イオンに対し親和性の高い元素を HT 構造中に取り込ませることを試みた。ここで亜ヒ酸イオンに対し親和性の高い金属元素としてジルコニウム（Zr）に着目する[23,24]。ジルコニウムはレアメタルに分類されることか

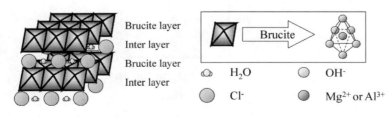

図4 Mg-Al-Cl 型ハイドロタルサイトの構造模式図

ら[25]、その一形態である水酸化ジルコニウム（以下、Zr(OH)$_4$とする）は1kgあたり5,000円と高価であり、ジルコニウム単独で排水処理に用いるのは難しい。そこで、水に難溶で酸やアルカリに対しても安定である[26]Zr(OH)$_4$を結晶核として少量用い、Zr(OH)$_4$表面にHTを修飾したハイドロタルサイト化合物修飾型ジルコニウム（以下、HT/Zrと記す）を合成することができれば、HTに高い亜ヒ酸イオン親和性を付与することができ、吸着能力の向上が期待できる。

まず、Zr(OH)$_4$単独における亜ヒ酸イオンの平衡吸着量および吸着平衡到達時間の検討をバッチ法により行った。初期濃度が5mmol・l^{-1}となるようにNaAsO$_2$を精製水に溶解し、1mol・l^{-1}NaOHと1mol・l^{-1}HClを用いてpH7.0に調整したものを試料水とした。試料水300mlに予め105℃で2時間乾燥させたZr(OH)$_4$を0.3g（0.1w/v%）添加し、室温にてマグネティックスターラーを用いて定速攪拌した。Zr(OH)$_4$添加直前を0時間とし、48時間後まで試料水を経時的に採取した。Zr(OH)$_4$の亜ヒ酸イオン吸着量は、各濾液中の初期濃度と攪拌後の濃度の差から1gあたりに換算した。

図5にZr(OH)$_4$ 1gあたりの亜ヒ酸イオン吸着量の経時変化を示す。Zr(OH)$_4$の亜ヒ酸イオン吸着速度は非常に速く、Zr(OH)$_4$添加後2時間には各イオン平衡吸着量の約80%に達し、その後もイオン吸着量は時間の経過とともに緩やかに増加する傾向が見られた。また、Zr(OH)$_4$の亜ヒ酸イオン平衡吸着量は、127.6mg・g^{-1}であった。既往の研究で報告されているHTの亜ヒ酸イオン平衡吸着量は18mg・g^{-1}である[20]ことから、Zr(OH)$_4$によるHTの機能化も十分可能であると考えられる。

(3) HT/Zrの合成

HT/ZrはZr(OH)$_4$の粉末をあらかじめ敷水に懸濁させておくことにより、HTの層構造形成時に粉末の水酸化ジルコニウムが結晶核として機能することを想定した。金属元素混合溶液と6mol・l^{-1}NaOHをpH9.5に保ちながら同時滴下し、スラリーを作成した。スラリーは、均質化と

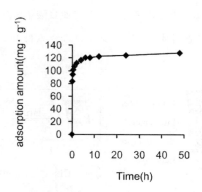

図5 Zr(OH)$_4$の亜ヒ酸イオン吸着量の経時変化

第6章　産業排水からの資源回収

熟成を行った後，洗浄を行った．洗浄後のスラリーは 80℃で 8 時間乾燥させ，最終的に乳鉢で粉砕し，目開き 150μm のふるいに全て通した粉末状のものを HT/Zr とした．

HT/Zr の金属元素組成比は，$Zr(OH)_4$ が酸に不溶であることから，HCl を用いた溶解法により測定した[27]．具体的には，HT/Zr 中の Mg，Al を 6 mol・l^{-1} HCl により溶解させ，定量ろ紙 (ADVANTEC FILTER PAPER No.5B) を用いてろ過した．$Zr(OH)_4$ の質量は，ろ紙上の残渣を 1,150℃，1 時間強熱し，これをデシケーター中で放冷後，測定した．ろ液は定容した後，Mg，Al 濃度を ICP 発光分光分析法により測定した[28]．そして，それぞれの質量および濃度から単位重量あたりの金属元素組成比を算出した．表 5 に HT/Zr の金属元素組成比を示す．合成した HT/Zr の金属元素組成比は (Zr：Mg：Al) = (0.017：0.649：0.334) であった．金属元素組成比より，HT/Zr 1 g 当たりの HT：$Zr(OH)_4$ 重量比は 0.983g：0.017g であった．なお，HT/Zr は 2 価の金属（M^{2+}）と 3 価の金属（M^{3+}）のモル分率がハイドロタルサイト様化合物の生成条件である $M^{3+}\cdot(M^{2+}+M^{3+})^{-1} = 0.20 \sim 0.33$[29,30]を満たしていることも確認できた．

HT/Zr の表面を走査型電子顕微鏡（JEOL 製 JSM-6700F）により観察し，エネルギー分散型 X 線分析装置を用いて，予めプリセットされた特性 X 線種と得られた検出カウント比により HT/Zr の組成元素の定性および簡易定量を行った．HT/Zr の反射電子像を図 6 に示す．図 6 より，各反射電子像において明暗がはっきりしている箇所が確認された．これは，原子の重さによってコントラストが変化する反射電子像の特徴である．具体的には，Mg や Al のような軽い元素は暗く表示され，Zr のように重い元素は明るく表示される．したがって，各反射電子像の明暗より，HT/Zr は軽い元素を主成分とし，その中に重い元素が埋没した状態であることがわかった．

図 7 に反射電子像(b)のスポット分析結果を示す．暗く表示された部分を指した No.012 と No.014 のスポット結果では，Mg，Al を示す強いピークと Zr を示す弱いピークが観察された．また，これらのピークを簡易定量した結果，Mg^{2+} と Al^{3+} のモル比がハイドロタルサイト様化合物の生成条件である Mg^{2+}：Al^{3+} = 2：1[29,30]を満たしていることが確認できた．また，明るく表示された部分を指した No.013 のスポット結果では，Zr を示す強いピークと Mg，Al を示す弱いピークが観察された．また，これらのピークを簡易定量した結果，No.012 と No.014 のスポット結果と同様に Mg^{2+} と Al^{3+} のモル比がハイドロタルサイト様化合物の生成条件である Mg^{2+}：Al^{3+} = 2：1 を満たしていることが確認できた．これらの結果より，暗く表示された部分の組成

表 5　合成した HT/Zr と HT の金属元素組成比

	Zr	Mg	Al	$Al^{3+}/Mg^{2+}+Al^{3+}$
HT/Zr	0.01	0.649	0.334	0.3396
HT	—	0.670	0.330	0.3300

図6　HT/Zrの反射電子像（SEM）

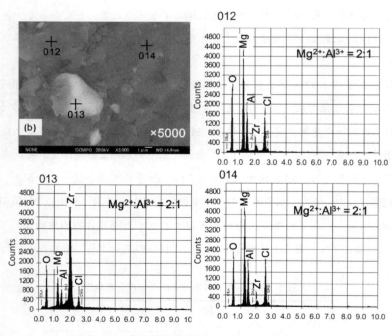

図7　HT/Zrの反射電子像(b)のスポット分析結果

第6章　産業排水からの資源回収

は主成分であるHTと微量のZr(OH)$_4$が混在した状態であると言え，明るく表示された部分の組成は主成分であるZr(OH)$_4$の表面にHTが被覆した状態であると言える。さらに，HTとZr(OH)$_4$がどのような結合状態であるかは今後の検討課題であるが，図6の(b)，(c)，(d)の反射電子像のように，暗い部分と明るい部分のコントラストの境界が明確でないことから，HTとZr(OH)$_4$の親和性は高いことが示唆される。以上の結果より，HT/ZrはHTを主成分とし，HTの基本層にZr(OH)$_4$が埋没した状態の化合物であると考えられた。

(4) HT/Zrの亜ヒ酸イオン吸着特性

HT/Zrの亜ヒ酸イオンの平衡吸着量および吸着平衡到達時間の検討はバッチ法により行った。初期濃度を1，10mg・l^{-1}となるようにNaAsO$_2$を精製水に溶解，1 mol・l^{-1}NaOHと1 mol・l^{-1}HClを用いてpH7.0に調整したものを試料水とした。初期濃度1 mg・l^{-1}では，試料水450mlに予め105℃で2時間乾燥させたHT/Zrを0.1g（約0.02w/v％）添加し，室温にてマグネティックスターラーを用いて24時間定速撹拌した。初期濃度10mg・l^{-1}では，試料水450mlに同様に乾燥させたHT/Zrを0.05g（約0.01w/v％）添加し，24時間定速撹拌した。なお，亜ヒ酸イオン吸着量は，前期の重量比に基づき，HT/Zrは1gあたり，HTは0.983gあたり，Zr(OH)$_4$は0.017gあたりの吸着量に換算した値を示す。

初期濃度1，10mg・l^{-1}の亜ヒ酸イオン試料水における，HT/Zr，HT，Zr(OH)$_4$の各イオン吸着量の経時変化を図8に示す。初期濃度1 mg・l^{-1}ではHT/Zr添加2時間で平衡吸着量の約60％に達した。初期濃度10mg・l^{-1}では，0.983gのHTおよび0.017gのZr(OH)$_4$の吸着量はそれぞれ，0.657mg As，0.872mg Asであり，非常に少ない値であった。しかし，HT/Zr 1g当たりの亜ヒ酸イオン吸着量は5.60mg Asであり，0.983gのHTと0.017gのZr(OH)$_4$の吸着量の和よりも3.5倍以上大きな値であった。これは，Zr(OH)$_4$の表面にHTを被覆させることにより，Zr(OH)$_4$の亜ヒ酸イオンとの親和性によって，一時的にHT/Zr周辺に亜ヒ酸イオンが高濃度に存

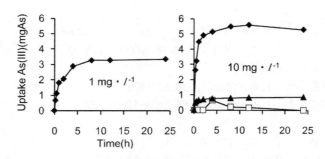

図8　初期濃度1，10 mg・l^{-1}の亜ヒ酸イオン試料水におけるHT/Zr（1g当たり），HT（0.983g当たり），Zr(OH)$_4$（0.017g当たり）の吸着量の経時変化
◆ HT/Zr　　□ HT　　▲ Zr(OH)$_4$

在する条件が形成され，HT/Zr の HT 部分への亜ヒ酸イオン吸着が促進したと考える。この結果は，$Zr(OH)_4$ を用いて HT を改質したことにより，pH7.0 における亜ヒ酸イオン吸着能力を向上させることができた例である。

5.3 機能性無機材料を用いた有害元素の再資源化

吸着剤を用いた有害元素の再資源化に関しては，再利用の用途が明確でなく，実験レベルでの検討が行われているところである。しかし，ハイドロタルサイトのリン酸イオン吸着と材の再生に関しては研究が進行しており，再生課程で生じるリン脱離液からリンをヒドロキシアパタイト（以下，HAP とする）として再資源化する技術が確立されている。イオン交換により吸着除去したリン酸イオンをアルカリ性高濃度塩化物イオン含有脱離液により回収し，カルシウムイオンを添加して HAP を析出させ，再資源化する方法である[31~40]。

ハイドロタルサイトがヒ酸，亜ヒ酸，セレン酸，亜セレン酸[20]，フッ化物イオン[41]などをイオン交換で吸着除去できることは，材の再生過程において有害元素は適当な脱離液にて回収し，析出法を用いて再資源化できることを意味する。ハイドロタルサイトや3元素系複合含水酸化物を機能性無機材料と位置づけるのは，単に除去するだけでなく，除去物質を容易に再資源化できることも含まれ，さらに前記したようなエコマテリアルの要件も備えた材料であるからである。吸着剤が本領発揮する排水処理工程は低濃度領域での利用であり，現在，有害物質の低濃度・長期暴露に対する再認識がされる中，ご紹介した内容が機能性無機材料のさらなる利用のための参考になれば幸いである。

文　　献

1) 鈴木淳史編，エコマテリアルハンドブック，p.14，丸善（2006）
2) 妹尾学，阿部光雄，鈴木喬，イオン交換 ― 高度分離技術の基礎 ―，p.96-132，講談社サイエンティフィク（1991）
3) 阿部光雄，伊藤卓爾，日本化学雑誌，**86**, 817-823（1965）
4) 阿部光雄，伊藤卓爾，日本化学雑誌，**86**, 1259-1266（1965）
5) 特許 2004-3557461
6) 小野寺嘉郎，粘土科学，**42**, 132-138（2003）
7) Y. Onodera et al, *J. ION EXCHANGE*, **16**, 18-28（2005）
8) 桑原智之ほか，*J. Soc. Inorg. Mater., Japan*, **14**, 104-113（2007）
9) 桑原智之ほか，水環境学会誌，**30**, 133-138（2007）

10) 桑原智之ほか，水環境学会誌，**32**, 655-660（2009）
11) 桑原智之ほか，*J. Soc. Inorg. Mater., Japan*, **17**, 81-88（2010）
12) 竹内雍，多孔質体の性質とその応用技術，フジテクノシステム（1999）
13) 四元利夫，環境技術，**35 (4)**, 283-287（2006）
14) 公害防止の技術と法規　編集委員会編，新・公害防止の技術と法規2007水質編Ⅱ，産業環境管理協会（2007）
15) 網本博孝，環境技術，**35 (4)**, 292-294（2006）
16) 藤川陽子，環境技術，**35 (4)**, 270-276（2006）
17) 松永英行ほか，*The Japan Society for Analytical Chemistry*, 999-1004（1998）
18) 劉克俊ほか，資源と素材，**121**, 240-245（2005）
19) 大橋伸夫，環境技術，**35 (4)**, 288-291（2006）
20) 村上崇幸ほか，水環境学会誌，**28**, 269-274（2005）
21) 平原英俊ほか，粘土学会，**45 (1)**, 6-13（2005）
22) N. Murayama *et al*, 環境資源工学，**53 (1)**, 6-11（2006）
23) 奥村聡ほか，分析化学，**52**, 1147-1152（2003）
24) 佐藤彰ほか，分析化学，**25**, 663-667（1976）
25) 原田幸明，廃棄物資源循環学会誌，**20 (2)**, 49-58（2009）
26) 井上嘉則ほか，分析化学，**42**, 155-160（1993）
27) 社団法人 セメント協会，分析化学データブック 改訂5版, p.28, 丸善（1999）
28) JISハンドブック 環境測定，日本規格協会（1997）
29) 日比野俊行，粘土科学，**45 (2)**, 102-109（2006）
30) 日比野俊行ほか，*J. Soc. Inorg. Mater., Japan*, **7**, 227-234（2000）
31) 佐藤利夫ほか，浄化槽研究，**10 (2)**, 15-25（1998）
32) 川本有洋ほか，浄化槽研究，**11 (2)**, 27-35（1999）
33) 川本有洋ほか，水環境学会誌，**22**, 875-881（1999）
34) 川本有洋ほか，*J. Soc. Inorg. Mater., Japan*, **9**, 150-155（2002）
35) 鈴木喬ほか，*Phosphorus Letter*, **44**, 27-33（2002）
36) A. Kamoto *et al*, *J. Soc. Inorg. Mater., Japan*, **10**, 167-172（2003）
37) T. Kuwabara *et al*, *J. Soc. Inorg. Mater., Japan*, **14**, 17-25（2007）
38) 大島久満ほか，水環境学会誌，**30 (4)**, 191-196（2007）
39) 大島久満ほか，水環境学会誌，**30 (8)**, 463-468（2007）
40) 大島久満ほか，水環境学会誌，**30 (11)**, 671-676（2007）
41) 村上崇幸ほか，日本海水学会，**62 (3)**, 152-156（2008）

第7章　工業廃材からの資源回収

1　冶金学的手法による貴金属の回収

野瀬勝弘[*1], 岡部　徹[*2]

1.1　はじめに

　貴金属は，地殻中賦存量および産出量が少ない耐食性に優れた金属である。金（Au），銀（Ag）の2元素と白金（Pt），パラジウム（Pd），ロジウム（Rh），ルテニウム（Ru），イリジウム（Ir），オスミウム（Os）からなる白金族金属（PGMs：Platinum group metals）6元素の計8元素を指す。白金族金属が工業的に製造され始めたのは19世紀以降で，それまでは貴金属といえば，金と銀を指し，主に宝飾品や資産として古くから使用されてきた。しかし現在では，白金族金属も含めた貴金属は，それらの特異な電気的特性や化学的特性から，電子材料や触媒材料として工業製品に欠かせない金属となっており，今後，世界的な経済成長により，ますます重要な金属となることが予想される。

1.2　貴金属の用途

　金の生産量は年間約4,000t程度で，需要の内訳は60％が宝飾品，20％が工業用となっている[1]。生産量の内訳は，鉱山による生産量は約2,500t/年で，スクラップからの供給量は約1,000～1,200t/年となっており，リサイクル率も高い[1]。金は導電性，耐酸化性，加工性に優れた金属であることから，電子部品や通信機器などのエレクトロニクス分野から歯科・医療用などの分野まで，様々な分野で利用されている。銀の需要は，年間28,000t程度で，約65％が工業用に，約30％が宝飾品や食器等に用いられる[2]。工業用としては，写真用硝酸銀，電子材料の接点やフラットパネルディスプレイ用の銀ペーストに用いられている。写真用の用途は減少しているものの，今後，太陽電池パネルの需要の拡大に伴い，太陽電池パネル用の銀ペーストの用途が増大することが予想される。

　白金族金属（PGMs）は，白金（Pt），パラジウム（Pd），ロジウム（Rh），ルテニウム（Ru），イリジウム（Ir），オスミウム（Os）の6つの金属の総称である。高い耐熱性，優れた耐食性，特異な触媒性能を有することから，近年では，自動車排ガス浄化触媒，窯業用坩堝，電子部品へ

　[*1]　Katsuhiro Nose　東京大学　生産技術研究所　特任助教
　[*2]　Toru H. Okabe　東京大学　生産技術研究所　教授

第7章　工業廃材からの資源回収

の分野で欠かせない金属となっている。しかしながら，白金族金属の生産量は，金や銀の貴金属と比較すると，桁違いに少ない。白金族金属の中では生産量の多い白金，パラジウムでさえ年間200t程度で，金の20分の1しかない。ロジウム，ルテニウムは白金，パラジウムの随伴物としてのみ生産されるため，年間20t程度と金の生産量の200分の1であり，極めて少ない[3]。イリジウムに関しては，年間数t生産されるのみである。

図1に金，銀，白金族金属の用途別内訳を示す。白金，パラジウムは，その需要の約50％が自動車排ガス浄化触媒となっている。ロジウムは需要の80％以上が自動車排ガス浄化触媒用となっており，自動車産業には不可欠な金属である。ルテニウムは約60％が電子材料用途であり，ハードディスクの記録媒体材料として使用される。イリジウムは電極，単結晶用坩堝，スパークプラグに均等に使用される[3]。オスミウムに関しては，現在のところ工業用途はあまりない。

1.3　貴金属のリサイクル

貴金属は，鉱石中の濃度が非常に低く，品位が高い鉱石でも数ppm程度の濃度であるため，

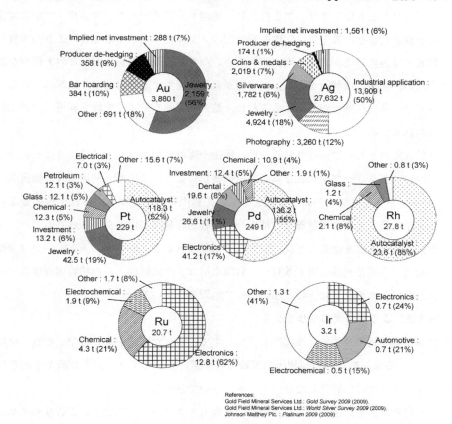

図1　金，銀，白金族金属の需要内訳（2008年）

工業排水・廃材からの資源回収技術

その製造には膨大なエネルギーと時間が消費されている。また，鉱山開発や採掘には，環境破壊を伴うものも多いため，環境保全の面からも，使用済み製品からの貴金属のリサイクルの重要性は論をまたない。特に白金族金属は，産出国が南アフリカとロシアで全体の80％を占めており，その偏在性は際立っており，極めて特殊な状況にある。環境保全や省エネルギーという意味でのリサイクル以外にも，資源セキュリティ・安定供給といった面からも循環利用が可能となるリサイクルプロセスは重要である。実際のところ，貴金属は単価が高いため，様々なリサイクル手法を用いて，非常に高い収率で徹底的な回収が行われている。

貴金属スクラップのリサイクル方法は，湿式法と乾式法に大別される。湿式法は，王水やシアン化物溶液などの水溶液を用いて，スクラップから直接，貴金属を溶解して，分離精製工程によって貴金属を回収する方法である。比較的小規模な設備で操業可能であるため，立地条件に制約が少ない。しかし，貴金属は耐食性に優れているため，イオン化して水溶液中に溶解するには，王水やシアン化物溶液などの毒性の強い，強力な溶剤を必要とする。したがって，それらの廃液処理コストも大きくなるなどの不利点がある。一方の乾式法は，既存の乾式の銅製錬所や鉛製錬所を用いて，原料とともにスクラップを投入し，処理する方法である。スクラップ中に含まれる金，銀，白金族金属などの貴金属は，銅や鉛などのメタル相へ濃縮することにより効率良く回収される。乾式法は処理速度が速く，回収率も高い。ただし，既存の製錬所などの大規模な設備を必要とするため，立地には制約がある。廃棄物が大量に発生する都市部からは離れていることが多い。日本では，非鉄製錬所が各地にあるため，乾式銅製錬や乾式鉛製錬を利用した貴金属リサイクルが行われている[4,5]。

湿式法と乾式法のどちらで処理されるかは，輸送や廃液処理のコストに見合うように決定される。大抵の場合，スクラップ中の貴金属の品位や種類によって決まり，使用済みの装飾品や歯科材料，ICチップやリードフレームなど電子部品の工程内スクラップといった比較的金品位が高いもの，石油精製用白金族金属触媒など前処理で比較的容易に品位が高められるものや，メッキ工業から排出されるメッキ廃液などは，湿式法で処理されることが多い。一方，パソコンや携帯電話などの使用済み電化製品の電子基板や，自動車排ガス浄化触媒，石油精製用廃触媒といった比較的品位が低いスクラップは，乾式法によって処理されている。

1.3.1 乾式法による貴金属のリサイクル

湿式法による貴金属のリサイクルに関しては，すでに優れた解説があるので，それらを参照されたい[6~8]。ここでは，乾式非鉄製錬所の製錬工程を用いたリサイクルおよび冶金学的手法による自動車排ガス浄化触媒に特化したリサイクルについて述べる。

電子基板や自動車排ガス浄化触媒などの貴金属含有スクラップの乾式法によるリサイクルは，すでに様々なプロセスが実用化されており，世界各所の乾式非鉄製錬所で実施されている[4,5]。

第7章 工業廃材からの資源回収

特に，自動車排ガス浄化触媒に関しては，排ガス規正法が1970年代に米国において導入された当初から，米国では世界に先駆けてリサイクルネットワークが整備され，白金族金属リサイクルビジネスが発展した。詳細な統計データは不明であるが，自動車排ガス浄化触媒からの回収量は米国が世界の約6割を占めているとの報告もある[3]。ここでは，廃電気・電子機器から発生する電子基板や自動車排ガス浄化触媒などの貴金属含有スクラップの乾式法を利用した冶金学的手法によるリサイクルプロセスについて述べる。

非鉄製錬所を利用した乾式法によるリサイクルでは，主産物となる銅，鉛，ニッケルなどの溶融金属やこれらの硫化物が，貴金属を抽出するはたらきをし，最終的に貴金属をメタル相へと濃縮して分離することができる。貴金属を抽出するこれらの金属は，一般にコレクターメタル（抽出金属）と呼ばれる。いずれの製錬工程を用いる場合にも，典型的には，電子基板や自動車排ガス浄化触媒などの貴金属含有スクラップは，各原料鉱石や他のスクラップと共に原料として溶錬工程に導入される。銅やニッケルのマット溶錬の場合，貴金属はマット相（硫化物相）に吸収される。マット相に貴金属を抽出して濃縮する手法は，鉱石から白金族金属を製錬する手法と類似している[9]。鉛の還元溶錬の場合には，メタル相に貴金属が吸収される。自動車排ガス浄化触媒の基体（コージェライト，$Mg_2Al_4Si_5O_{18}$）などの酸化物成分は，スラグ相（酸化物相）へと移行する。濃縮された貴金属は，主生産物の電解精製工程で発生するアノードスライム（陽極澱物）中に濃縮され，湿式法による貴金属精製工程によって各金属単体や化合物へと分離，精製される。

1.3.2 乾式銅製錬を利用したリサイクルプロセス

図2(a)に，乾式銅製錬を利用した廃電気・電子機器および自動車排ガス浄化触媒のリサイクルプロセスの例を示す。貴金属含有スクラップは，破砕，乾燥した後，銅精鉱と共に自溶炉へ投入される。自溶炉製錬（溶錬），転炉製錬，精製炉製錬を経て，粗銅が得られる。貴金属は溶銅中に容易に溶解するため，銅や銅マット中へと濃縮される。こうして得られた貴金属を含む粗銅はアノードへと鋳造され，電解精製により純度99.99％の電気銅となる。金，銀，白金族金属等の貴金属は，電解工程でアノードスライムと呼ばれる澱物中に分離・濃縮される。アノードスライム中に濃縮された貴金属は，湿式法を中心とする貴金属製錬工程（PMR：Precious metal refining）により，分離・精製される[9]。乾式銅製錬を利用した白金族金属の回収率は，白金およびパラジウムで90〜95％，ロジウムで90％以上といわれる[10]。

1.3.3 乾式鉛製錬を利用したリサイクルプロセス

乾式鉛製錬における貴金属スクラップのリサイクルプロセスを図2(b)に示す。貴金属スクラップは，廃バッテリーおよび鉛焼結鉱と共に，溶鉱炉または電気炉に導入され，粗鉛とスラグ成分に分離される。金，銀および白金族金属はコレクターメタルである鉛に吸収される。粗鉛を350℃に保ち溶融鉛とすると，銅が固体として溶離してドロスとして表面に浮遊するので，銅を

工業排水・廃材からの資源回収技術

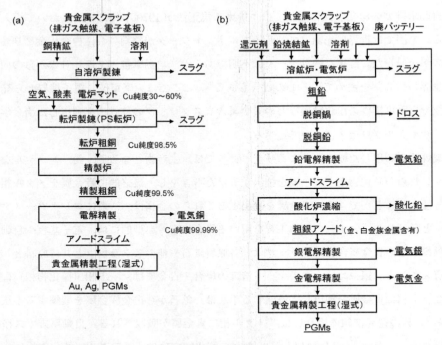

図2 乾式非鉄製錬を利用した自動車排ガス浄化触媒・電子基板等の貴金属スクラップのリサイクルプロセス
(a)乾式銅製錬を利用した例，(b)乾式鉛製錬を利用した例。

含まない脱銅鉛が得られる。この脱銅鉛をアノードに鋳造し，電解精製工程によって電気鉛が製造される。金，銀，白金族金属は電解工程でアノードスライム中へ濃縮される。アノードスライムは酸化炉に投入すると，酸化鉛と金，白金族金属を含む粗銀とに分離される。粗銀をアノードにして，電解精製によって電気銀を回収し，次いでアノードスライムに濃縮された金を電解精製して電気金を回収する。最終的に残ったアノードスライムからは，PMRによって白金族金属が回収される。乾式鉛製錬を利用した白金族金属の回収では，ロジウムの回収率が70～80％にとどまるという報告もある[10]。

1.3.4 乾式ニッケル製錬を利用したリサイクルプロセス

ロシアおよびカナダでは，乾式ニッケル製錬を利用して自動車排ガス浄化触媒スクラップから，白金族金属がリサイクルされることもあるとの報告がある[11]。乾式ニッケル製錬における貴金属スクラップのリサイクルプロセスの一例を図3に示す。自動車排ガス浄化触媒は，粉砕，乾燥してニッケル硫化鉱と共にマット溶錬工程に導入される。金，銀，白金族金属は転炉製錬工程で銅—ニッケルマット（白鈹）中に濃縮される。徐冷・固化後，粉砕され，選鉱工程により銅精鉱およびニッケル精鉱に分離される。それぞれの精鉱は乾式銅製錬および乾式ニッケル製錬工程に持ち込まれ，電解精製により電気銅および電気ニッケルが得られる。金，銀，白金族金属は

第7章　工業廃材からの資源回収

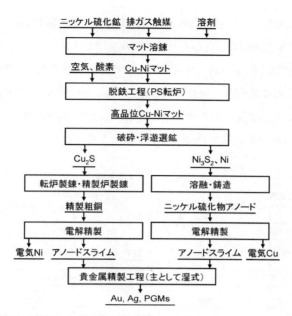

図3　乾式ニッケル製錬を利用した自動車排ガス浄化触媒・電子基板等の貴金属スクラップのリサイクルプロセス

銅製錬，ニッケル製錬の両方に随伴し，電解精製より生じるアノードスライム中に濃化する。アノードスライムはPMRにより，各貴金属または化合物として分離・精製される。乾式ニッケル製錬を利用した白金族金属の回収率については報告されていない。

1.3.5　乾式鉛製錬と乾式銅製錬を組み合わせたリサイクルプロセス

近年，携帯電話やパソコンなどの廃電気・電子製品（e-scrap, WEEE）の電子基板にも柔軟に対応可能なリサイクルプロセスが，ベルギーのUmicore社や日本のDOWAメタルマイン㈱などの非鉄製錬会社によって操業されている。上部浸漬型ランス（TSL：Top Submerged Lance）から燃料，空気および酸素を導入するアイザスメルト炉（Isasmelt）やオースメルト炉（Ausmelt）が，組成のばらつきが多い廃電気・電子機器にも柔軟に対応するため利用されている。Umicore社のHoboken製錬所では，銅製錬系統に，廃電気・電子機器の処理に優れたアイザスメルト炉を用い，銅製錬と鉛製錬の2系統を組み合わせた貴金属回収を行っている。図4にUmicore社におけるプロセスフローの一例を示す。銅製錬系統の原料として，携帯電話や廃家電などの電子基板および自動車排ガス浄化触媒スクラップが導入される[11]。一方の鉛製錬工程では溶鉱炉を用いて，銅製錬から排出されるスラグと共に，廃バッテリーなどが処理される。鉛製錬の粗銀を得る工程の酸化炉に，銅製錬工程で発生する貴金属が濃縮された浸出残渣を投入して，銅製錬と鉛製錬から得られる貴金属をまとめて粗銀中に濃縮する。2系統の製錬を組み合わせることによって，銅製錬系統から回収される貴金属と鉛製錬系統から回収される貴金属の両方

を，最終的に粗銀中に濃縮し，一括した貴金属精製工程で分離・精製を行う工夫がある．

1.3.6 自動車排ガス浄化触媒に特化したリサイクルプロセス

プロセスタイムの短縮と収率の向上を目指し，経済性を追及した自動車排ガス浄化触媒スクラップの白金族金属回収に特化したプロセスも存在する．図5(a)に米国 Multimetco 社によるプラズマアーク炉を用いた，鉄をコレクターメタルとする白金族金属回収プロセスフロー図を示す[11~14]．自動車排ガス浄化触媒は粉砕後，コレクターとなる鉄と溶剤などと共にプラズマアー

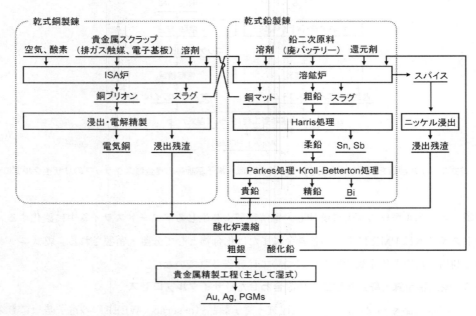

図4 Umicore 社の乾式銅製錬と乾式鉛製錬を組み合わせた貴金属回収プロセスの例

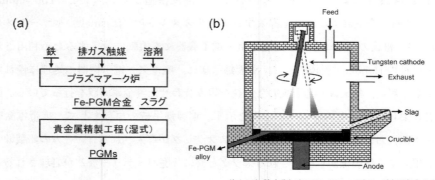

図5 鉄をコレクターメタルとした自動車排ガス浄化触媒スクラップのリサイクルプロセス
(a)プロセスフロー図，(b)プラズマアーク炉の概略図．

第7章 工業廃材からの資源回収

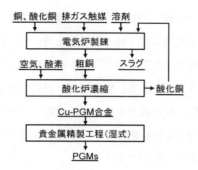

図6 銅をコレクターメタルとした自動車排ガス浄化触媒スクラップのリサイクルプロセス(ROSE法)

ク炉(図5(b))へと投入される。溶融鉄を白金族金属のコレクターとする場合，1,500〜1,600℃と高いプロセス温度を要するためプラズマアーク炉が用いられる。プラズマアーク炉での製錬工程より得られるFe-PGM合金を酸で溶解した後，溶媒抽出等の湿式操作により，白金族金属を回収する。鉄をコレクターメタルとした場合，次の貴金属回収工程における酸への溶解操作が簡便になる点が利点として挙げられる。一方，プロセス温度が高くなるため，耐火物の磨耗が大きい，白金族金属以外の金属酸化物も還元されるなどが不利点として挙げられる。

日本では，銅をコレクターメタルとした自動車排ガス浄化触媒スクラップ専用のリサイクルプロセスが存在する。㈱日本ピージーエムにより操業されており，一般にROSE法と呼ばれる[15,16]。図6にROSE法のプロセスフロー図を示す。自動車排ガス浄化触媒スクラップは，銅および酸化銅と還元剤，溶剤と共に電気炉へ投入される。銅や酸化銅を用いるため，プロセス温度はコレクターメタルとして鉄を用いた場合よりも低く，1,350℃程度である。白金族金属を銅へと吸収した後，酸化炉によって銅—白金族金属合金を酸化することにより，銅コレクターメタル中の白金族金属は濃縮される。得られた銅—白金族金属合金は，貴金属精製工程へと移され，主に湿式法によって各白金族金属へと分離・精製される。硫化物を利用せず，コレクターメタルを直接酸化する手法により，白金族金属を濃縮する点が，乾式銅製錬や乾式鉛製錬などの従来の山元還元法と異なる。白金族金属の需要は，自動車排ガス浄化触媒や石油精製用触媒などが大半を占めており，比較的品位が一定なスクラップをまとまった量で回収することが可能である。このため，製品により組成や品位のばらつきが大きい廃電気・電子機器よりも，一括処理に適したプロセス設計が比較的容易となる場合が多く，これらの自動車排ガス浄化触媒からの白金族金属の回収に特化した専用のリサイクルプロセスが操業可能となっている。

1.4 おわりに

本稿では，乾式製錬法を利用した貴金属のリサイクル法と冶金学的手法を用いた乾式の自動車

工業排水・廃材からの資源回収技術

排ガス浄化触媒専用のリサイクル法について，現在操業されているプロセスを中心に概説した。現在，非鉄製錬設備を有する先進国では，個々の手法を用いて，高い回収率でスクラップから貴金属が回収されている。貴金属の新たな需要や用途が増えれば，当然のことながら，それらに応じてリサイクル技術を開発する必要がある。貴金属は，現代の豊かな生活を支える必須の金属となっており，今後，発展途上国が経済成長を遂げ生活水準が上昇すれば，より一層貴金属の需要は高まると予想される。高い効率で貴金属がリサイクルできる，より環境負荷の小さい新しいリサイクル技術の開発が今後の重要な課題である。

文　　献

1) P. Klapwijk *et al.*, "Gold Survey 2009", Gold Field Mineral Services (2009)
2) P. Klapwijk *et al.*, "World Silver Survey 2009", Gold Field Mineral Services (2009)
3) D. Jollie, "Platinum 2009", Johnson Matthey (2009)
4) 岡部徹，"レアメタルの代替材料とリサイクル"，pp.282-295，シーエムシー出版 (2008)
5) 岡部徹，中田英子，"レアメタルの代替材料とリサイクル"，pp.332-350，シーエムシー出版 (2008)
6) 芝田隼次，松本茂野，"貴金属・レアメタルのリサイクル技術集成"，pp.76-84，エヌ・ティー・エス (2007)
7) 芝田隼次，奥田晃彦，資源と素材，**118**, pp.1-8 (2002)
8) 芝田隼次，奥田晃彦，"貴金属・レアメタルのリサイクル技術集成"，pp.34-50，エヌ・ティー・エス (2007)
9) 岡部徹，まてりあ，**46**, pp.522-529 (2007)
10) R. K. Mishra, *Precious Metals 1993*, pp.449-474 (1993)
11) 日本メタル経済研究所，新日鉱テクノリサーチ，住鉱コンサルタント，"燃料電池用白金族金属需給動向調査，平成16年度調査研究報告書 (経済産業省・資源エネルギー庁，資源・燃料部，鉱物資源課，受託調査)" (2005)
12) Multimetco Inc. ホームページ (http://www.multimetco.com/)
13) D. R. Mac Rae, *Plasma Chemistry and Plasma Processing*, **9**, pp.85S-118S (1989)
14) J. Saville, "Process for the extraction of platinum group metals", US patent 4685963 (1987)
15) ㈱日本ピージーエム，資源と素材，**113**, pp.1146-1147 (1997)
16) 鈴木茂樹，荻野正彦，松本武，*J. MMIJ*, **123**, pp.734-736 (2007)

2 セラミックス廃材からの高効率・低環境負荷型の資源回収技術

笹井 亮*

2.1 はじめに

　セラミックスを含む様々な材料の機能に対する要求がますます高度化する中で，それら材料を構成する元素資源の需要も増加している。その一方で，各元素の原料となる地下資源が有限であることと地域偏在性が高いことから，これらの問題に基づく国際的な競争や駆け引きが激化の一途をたどりつつある。そのような状況下，我が国のように地下資源のほぼ100％を輸入に頼っている場合，国内企業への元素供給が地下資源産出国の政情や資源メジャーの動向により大きく左右されることになる。この状況を打破し，国内での資源の安定供給を維持するためには，様々な産業や市井から日々排出される廃材から高効率で資源を回収できる技術が開発され，早急に実用化されることが望まれる。一部では，我が国には未利用の金属資源がこれまでの20世紀型社会の結果，国土に大量に蓄積されており，その量は世界有数の資源国に匹敵するものであるとの試算[1]もある。政府はこのような現状を踏まえて，資源を含む循環型社会の早期構築に向けた取り組みを推奨するとともに，科学技術戦略の重要な課題の一つとして取り上げている。鉄，銅やアルミニウムなどのベースメタルや金属材料に関してはその多くが，精錬工業における冶金技術により精力的にリサイクルされている。一方で，金属材料とともに産業界で広く利用されており，高性能機器には欠かせない材料の一つであるセラミックスに関しては，その組成が複雑であることや昨今の複合化による機能向上に伴い，製造技術の安易な改良では資源を回収することが困難であったり，出来たとしても経済性が確保できなかったりと，製造時に一部行われている場合を除いてリサイクルという観点での取り組みはほとんどなされていない。製造時のエネルギーコストや資源利用量の低減のみに力を注ぐだけでは低環境負荷を実現することが困難になりつつある現状では，廃材から製造に利用可能な化学形態で資源を回収するための技術の早期開発とその実現は不可避の事実となっている。このような現状を踏まえて本節では，リサイクル技術の進展が遅れている感のあるセラミックス廃材のリサイクルの現状を紹介するとともに，著者らが近年開発を進めてきたいくつかのセラミックス廃材からの資源回収技術を紹介する。

2.2 セラミックス廃材リサイクルの現状

　現在利用されているセラミックスの多くは，地球上でもっとも安定な化合物である酸化物である。この熱および化学的な安定性の高さにより，様々な基幹産業で利用されている。一方でこの熱および化学的安定性の高さがセラミックスからの資源回収を困難にしており，行うことができ

＊　Ryo Sasai　島根大学　総合理工学部　物質科学科　准教授

る場合でも消費エネルギーやコストが莫大となるため実現不可能と考えられている。また，近年材料に求められる性能の高さを満たすため，高価な金属元素が各企業独自で微量添加されたり，主構造を司る無機化合物だけでなく補助的な役割を担う他の無機化合物が複合化されたり，さらにはセラミックス同士の複合化に止まらず高分子材料などの有機化合物との複合化が積極的に行われている。これらの微量添加や複合化がさらにリサイクル困難性を高めている。このような状況のため，比較的質の高い廃材である製造くずであってもその製造ラインの原料として再利用している場合があるという程度で，汎用性の高い資源として回収するための技術は全世界を見渡してもほぼ皆無である。古典的なセラミックス（陶磁器や瓦など）については，不具合製品や回収製品を再度粉砕などの工程を経て再生坏土として利用しようという動き[2]が近年高まりつつあり，一部すでにリサイクル食器や瓦として事業化されているものもあるが，再生坏土のみからなるそのような商品が実用化した事例はない。このように製品精度が電子セラミックスほどは要求されない古典的なセラミックス材料であっても再利用は遅々として進んでいないのが現実である。電子セラミックスのような製品精度が非常に高い水準で求められるセラミックスに関しては，たとえ製造時に排出される廃材であってもその利用は困難である。我が国の現状や資源に関する世界情勢を鑑みると，廃材からの資源回収技術はそれぞれの元素を別々に，できるだけ高純度かつ低コストで回収できる技術が必要である。このような技術の実現を目指したプロジェクトが現在進行中である[3,4]。

2.3 構造セラミックス

構造セラミックスは，高い耐熱性や機械的強度が必要な状況で利用可能なセラミックス材料である。例えば，エンジン部材などに利用されている炭化ケイ素や窒化ケイ素焼結セラミックス，切削工具などに利用されている超硬合金や粉体製造で利用されている部分安定化ジルコニアセラミックスなどが挙げられる。以降では近年，著者らが回収技術の研究開発を行った超硬合金の例を示す。

2.3.1 超硬合金

超硬合金は，基材である炭化タングステン（WC）をコバルト（Co）とともに焼結した材料である。この材料は，高い機械的強度と靭性に加え高い熱的安定性を有しているため，切削工具や金型などとして広く工業的に用いられている。この材料に含まれるWとCoは，国家の戦略備蓄元素にも含まれる元素であるため，廃材からの高効率かつ低コストな回収技術の開発も含めた回収・再資源化システムの早期構築が切望されている。図1にWC-Co超硬合金のライフサイクルを示す。現行では，超硬合金スクラップを直接超硬合金の原料であるWCとCoの混合粉に戻す「亜鉛処理法」と「高熱処理法」と，湿式法によりWとCoの精錬原料へ戻す「化学処理法」

第7章　工業廃材からの資源回収

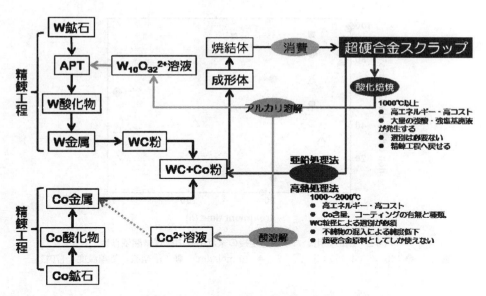

図1　超硬合金の現行のライフサイクル（廃棄や輸出に関しては省略してある）

が知られ，一部実用化されている。乾式法では，高い消費エネルギーに伴う操業コスト高に加えて，質の良い再生粉を得るためには精密なスクラップの選別が必要不可欠なため作業が煩雑になる点が問題となっている。また得られた再生粉には超硬合金原料としての用途しかないだけでなく，再生粉だけでは超硬合金の品質が保証できないという問題点もある。一方，湿式法にはスクラップの選別が必要ないことや精錬原料として回収できるため再生粉の用途が広いなどの利点があるが，湿式溶解を促すための高温での酸化焙焼処理が必要不可欠なため乾式法と同様に高い消費エネルギーに伴う操業コスト高が問題となっている。山崎ら[5,6]は，低消費エネルギーでのWC基材粒子回収を目的に，酸性溶媒（塩酸，塩化第二鉄水溶液など）を用いた水熱処理を検討している。この手法では，これまで必要とされた高温処理を100～300℃程度の水熱処理で置き換えることが可能なため消費エネルギーが低減されているが，スクラップの選別が必要な場合があることや再生粉とするための最終工程として高温での脆化処理が必要な場合がある点で，従来法の代替として実用には至っていない。著者らも山崎らと同様に，酸性溶媒を用いた水熱処理を検討したが，①現存するすべての超硬工具を再生粉化することはできない，②超硬合金原料としてしか再生粉の用途がない，③処理に膨大な時間が必要となる，④耐候性コーティングが施してある工具では高純度化が望めないなどの点で従来法に対する優位性は認められなかった[7～10]。一方で酸性溶媒を用いた水熱処理法が，WとCoを固相と液相として一段で完全に分離できるという利点を有していることも明らかである。この水熱処理の利点を生かすためには，水熱処理により一段で精錬工程へ投入できる化学形態に転換できればよいことになる。著者らの実験により，

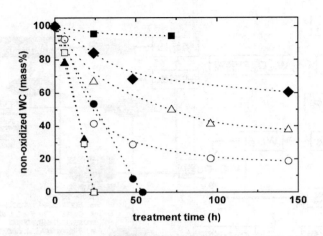

図2 硝酸を用いた水熱処理後の未反応率の処理時間依存性
■：1，◆：3，△：4，○：5，□：7，▲：9 mol/dm^3，●：濃硝酸。処理温度：170℃。

酸性溶媒として硝酸を用いた場合，超硬工具が酸化され工具表面に三酸化タングステン（WO$_3$）が生成することが明らかになった。この結果は，硝酸のように酸化力の強い溶媒を用いることにより，水熱処理で精錬原料として利用可能なW酸化物を得ることができることを示すものである。図2に様々な濃度の硝酸を用いて170℃で水熱処理を行った場合の未反応率の処理時間依存性を示す。7もしくは9 mol/dm^{3}の硝酸を用いると約1日で超硬チップを完全に酸化し，WO$_3$粉を回収できることが明らかとなった。ここで用いた超硬チップ（φ10 × 3 mm，Co含量13 mass％）中に含まれるW量から考えられる必要硝酸濃度は，4 mol/dm^{3}であるにもかかわらず完全酸化には7 mol/dm^{3}の硝酸が必要であった。これは，酸化生成されたWO$_3$がチップの表面を緻密に覆うためである。これを回避し，効果的にチップを酸化させるために，フッ化水素酸を添加した結果，硝酸濃度4 mol/dm^{3}でWO$_3$粉末を短時間（HF濃度：4 mol/dm^3，24時間）で回収できた。さらにこの硝酸—フッ化水素酸の混合酸溶媒での処理は，耐酸化コーティング（TiNやTiCN-Al$_2$O$_3$）が施されたチップからも高純度のWO$_3$を高収率で回収できることも明らかとなった。これらの結果は本手法が，スクラップ性状による選別を行うことなく，超硬合金から低消費エネルギーで精錬原料となりうる形でWとCoを分離回収できることを示したものである[11~14]。

2.4 電子セラミックス

前項の構造用セラミックスとは異なり，電子セラミックスは機械的強度等に対する要求は高くないもののその性能自体や性能の安定性への要求は高い。この要求に応えるべく，様々な添加元素が加えられていることが多く，その組成は非常に複雑なものとなっている。そのため，電子セ

第7章 工業廃材からの資源回収

ラミックスから目的とする元素を選択的に高効率,高収率かつ高純度で回収することは非常に困難であり,それを実現できている技術も現在ほぼ皆無である。以降では,著者らが Li 二次電池用正極に対して行った資源回収技術開発の成果を紹介する。

2.4.1 Li 二次電池用正極

多くのポータブル機器用電池として現在その需要が拡大している Li 二次電池は,化石資源の枯渇問題や地球温暖化の観点から電気自動車を中心とした大型製品への利用も検討され始め,今後ますますその需要が急速に拡大することは予想に難くない。現在開発・販売されている Li 二次電池製品の約7割には,正極材料として希少金属種の一つである Co を含むコバルト酸リチウム($LiCoO_2$)が用いられている。この Co の再利用技術の拡充は,将来的な資源枯渇不安を緩和するものとなる。図3に現在行われている Co 回収のためのリサイクルプロセスの概略を示す。このプロセスでは,まず正極を電池から取り出し電解液と分離したのち 1000℃ 程度で還元焙焼をする必要がある。この還元焙焼処理では,消費エネルギーの高さや Li 蒸気とフッ素樹脂の分解に由来する腐食性ガスによる焙焼炉の損傷が問題となっている。一方でこの還元焙焼後の固体は Co の精錬工程に投入できることから,課題はあるものの有効な資源回収法でもある。このプロセスの消費エネルギーを低減し,Co 以外の元素の回収可能性も示すために,著者らは水熱処理を検討した。溶媒を水のみとして 200℃ で水熱処理を行った場合の各元素の溶出率の処理時間依存性を図4に示す。水のみを用いた水熱処理を20時間施すことにより,Li と F をイオンとして水中へ,Co と Al を固相にそれぞれ分離して回収できることが明らかとなった。20時間以上の水熱処理で得られた固相の XRD 測定の結果,回収物は $^{II}Co(^{III}Co_xAl_{1-x})O_4$ であった。この得られた複合酸化物が Co の乾式精錬の原料として利用可能であれば,この水のみを用いた水熱処

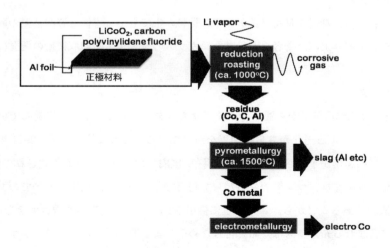

図3 Li 二次電池用正極材料の Co 回収現行プロセスの概要

115

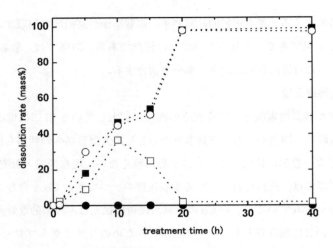

図4 各元素の溶出率の水熱処理時間依存性
処理温度：200℃，処理溶媒：水。●：Co，□：Al，○：F，■：Li。

理が還元焙焼処理の代替となり得ることとなる。この固相を用いた乾式精錬を行ったところ，金属 Co の生成が確認できた。したがって，本手法が還元焙焼処理の代替処理法となること，また水熱処理にすることにより大幅に処理温度が低減できる，すなわち消費エネルギーを低減できることが明らかとなった[15]。さらに，この処理では還元焙焼処理で問題となった腐食性ガス（Li 蒸気並びに F 系ガス）の発生が抑制できることも優位性の一つである。スケールアップに際して諸問題が顕在化する可能性は高いが，従来の再資源化プロセスの課題を解決できる手法であることは間違いない。

2.5 機能性ガラス

ここでは，私たちに身近な材料であるガラス材料の中でも，有害性と資源枯渇の両面の課題を有する鉛ガラスを取り上げ，著者らが行った鉛ガラスの無害化・鉛回収技術の開発に関して紹介する。

2.5.1 鉛ガラス

近年，ブラウン管型 CRT から液晶やプラズマモニターへの移行が急速に進んでいる。これに 2011 年の地上デジタル放送化がさらに拍車をかけている。これに伴い今後，2011 年を中心に大量のブラウン管の廃棄が予想される。さらに現在，国内ではブラウン管が製造されていないため，排出された鉛ガラスをブラウン管の材料として利用できないこと，東南アジアでのブラウン管リサイクルが低調であることから，この大量に排出されるブラウン管の処理は大きな問題となる。ブラウン管に含まれる鉛ガラスは，鉛を含むためそのまま埋め立てることはできず，何らかの処理を講じる必要がある。鉛は有害元素である一方，いまだ材料合成に必要不可欠な元素でもある。

第7章　工業廃材からの資源回収

したがって，無害化と資源確保の両方の観点から鉛ガラスからの鉛の回収技術の開発は重要である。現在実用化されている技術としては，①再溶融法と②蒸発回収法が知られている。再溶融法は，鉛ガラスをガラスの融点以上に加熱することにより溶融した後，表面のスラグを取り除き，再度製品化する方法であり，2000℃近い温度が必要なため消費エネルギーが莫大であること，汚れなどの不純物の混入のためバージン材と混合して溶融させることが困難なことなどの課題がある。蒸発回収法は，鉛の塩化物など蒸気圧の低い化合物に転換するための助剤を加え，排ガス側へ鉛を蒸気として移行することで，鉛ガラスから鉛を除去する方法である。この方法も再溶融法と同様に高温での加熱が必要なため消費エネルギーが莫大にかかることと，鉛蒸気による炉の腐食が激しいことなどの問題点を抱えている。これらの問題を解決するためには，できるだけ低い温度で鉛を蒸気ではない化学形態で回収できる技術の開発が必要不可欠となる。このような技術の開発により鉛ガラスのリサイクルは飛躍的に進むものと考えられる。著者らは最近，鉛ガラスから鉛を非加熱で高効率に抽出除去できる技術として，湿式ボールミルが有効であることを示してきた。図5に鉛ガラス（鉛含有率：57 mass％-PbO）2.5 gをキレート剤EDTA 3.5 gと水4.0 cm^{3}と共に封入後湿式ボールミルを行った場合の鉛およびバリウムの抽出・除去率およびその時に得られるSiO$_2$カレット粉末の比表面積の処理時間依存性を示す。この結果，約20時間の処理により鉛ガラス中に存在する鉛の約99％を非加熱で抽出可能であることが明らかとなった。比表面積の増加傾向と鉛の抽出傾向が一致しないことから，この現象はボールミルにより鉛ガラスに加えられる力学的エネルギー（位置エネルギー，摩擦エネルギー，衝突エネルギー）が，鉛ガラスを構成するSiO$_2$ネットワークを開裂し，化学結合により固定化されていた鉛までもフ

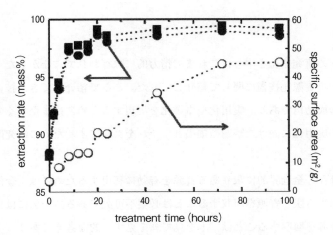

図5　鉛ガラスからの鉛（●）とバリウム（■）の抽出率および回収粉末（SiO$_2$カレット：○）の比表面積の処理時間依存性
鉛ガラス：2.5 g，キレート剤：3.5 g，水：4.0 cm^3。

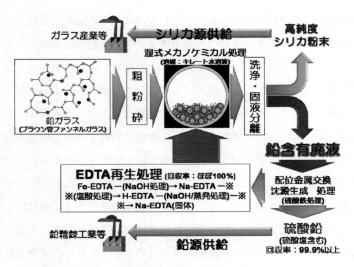

図6 考えられる環境配慮型鉛ガラスリサイクルシステム

リーな状態になったためと考えられる。基本的にEDTAによる鉛の補足は粒子表面で起こると考えられるが，ボールミルによる結合開裂を伴ったものであることは確かであると結論付けることができる。本手法で用いたEDTAは重金属等の安定化剤として有効な薬剤であるが高価な薬剤であるため実用化のためには，EDTA自体の再利用プロセスが必要不可欠となる。ここで詳細は割愛するが，種々の検討の結果，ボールミル法を用いて非加熱で鉛を抽出できるだけでなく，すべての素材を有効に活用できるリサイクルシステムを構築できる可能性がある[16]ことも明らかになっている。

2.6 おわりに

本項では著者らの研究開発を中心にこれまで精力的には行われてこなかったセラミックス廃材からの資源回収・再資源化技術に関して紹介してきた。ここで紹介してきた技術のほとんどが，実験室レベルでの成功例であり，実用化や事業化を実現するためにはまだ多くの課題が残っている。著者らは現在実用化に向けた課題の抽出と，それをクリアするための研究開発を進めているところである。

わが国だけではなく全世界的に限りある資源を有効に利用するためには，今後ありとあらゆる材料や製品から出来る限り資源を回収することは必要不可欠である。一部には化石エネルギーと資源を投入して資源を回収することは"木を見て森を見ず"的な考えであり，本末転倒であるとの意見もあるが，科学者としてはそのような考えにとらわれて開発を進めないのではなく，本末転倒にならないような新しい技術開発を精力的に進めることで我が国の国益だけではなく世界の

第7章　工業廃材からの資源回収

利益となるものと信じて疑わない。文部科学省と経済産業省が共同で現在遂行している元素戦略・代替材料戦略の完遂により将来的には，希少金属資源を利用せず大量に存在しかつリサイクルが簡単な元素を用いた材料が開発・製品化されることになるであろうが，過渡期である現在またはどうしても代替が効かない材料については毒性や希少性が高くても利用せざるを得ない状況になった場合に，本稿で示したような廃材からの高効率資源回収技術は間違いなく脚光を浴びるであろう。そのような現状を勘案したうえで，研究・開発に携わる多くの人々が，プロパガンダとしてや一企業や一国のみの利益を追求するのではなく，大局的な理念と科学者の社会的責任の元，新しい資源回収技術の研究開発を精力的に進めることを心から望む。

文　　献

1) ㈱物質・材料研究機構プレスリリース資料（2008/01/11），「わが国の都市鉱山は世界有数の資源国に匹敵－わが国に蓄積された都市鉱山の規模を計算－」
2) 文部科学省平成21年度都市エリア産学官連携推進事業パンフレット，「東濃西部エリア【発展型】」，pp. 40-41
3) 住友電気工業㈱プレスリリース資料（2007/07/06），「「エネルギー使用合理化希少金属等高効率回収システム開発事業（JOGMEC）」の委託先に決定～使用済み超硬工具の高効率リサイクルの実現に向けて～」
4) 稲野浩行，橋本祐二，工藤和彦，北海道立工業試験場報告，304，p. 710
5) 特許公開平 10-0303130
6) 特許公開平 11-060227
7) R. Sasai, A. Santo, T. Shimizu, T. Kojima, and H. Itoh, *Waste Management and Environment*, 13-22 (2002)
8) N-F. Gao, R. Sasai, H. Itoh, and Y. Suzumura, *J. Ceram. Soc. Jpn.*, **112**, S1378-S1392 (2004)
9) 笹井亮，伊藤秀章，廃棄物学会誌，**15 (4)**, 168-173 (2004)
10) T. Kojima, T. Shimizu, R. Sasai, and H. Itoh, *J. Mater. Sci.*, **40 (19)**, 5167-5172 (2005)
11) N-F. Gao, F. Inagaki, R. Sasai, H. Itoh, and K. Watari, *High-Performance Ceramics III Pts 1 and 2*, **280-283**, 1479-1484 (2005)
12) 笹井亮，伊藤秀章，材料，**55 (12)**, 1146-1150 (2006)
13) 笹井亮，伊藤秀章，環境対応型セラミックス技術と応用，p. 263-273，シーエムシー出版 (2007)
14) 笹井亮，伊藤秀章，セラミックス，**44 (5)**, 397-402 (2009)
15) H. Itoh, H. Miyanaga, M. Kamiya, and R. Sasai, *Waste Management and The Environment III*, **92**, 3-12 (2006)
16) R. Sasai, H. Kubo, M. Kamiya, H. Itoh, *Environ. Sci. Tech.*, **42 (11)**, 4159-4164 (2008)

3 希土類廃材のリユース／リサイクル技術

町田憲一*

3.1 はじめに

　新興国の急激な経済成長から各種資源，原材料の需要が活発化し，最近ではその供給不安まで叫ばれるようになっている。これはガソリン価格へも波及し，より燃費効率のよい車として，ハイブリッド車（HEV）や電気自動車（EV）が注目されるようになった。これにより，車の動力源として内燃機関からモータへの動きが加速され，小型で高性能のモータを可能にする希土類磁石の需要が急激に拡大している。これに対し，Sm-Co系金属間化合物（$SmCo_5$，Sm_2Co_{17}）に端を発した希土類磁石の開発，実用化は，永久磁石の性能の飛躍的な向上をもたらした。しかしながら，Nd-Fe-B系磁石が開発されるに及んで，これに代わる優位な性能と価格競争力をもつ永久磁石は未だ市場には出現していない。

　Nd-Fe-B系磁石は主として，液体急冷法で作製される微細組織からなる粉末を樹脂バインダーと共に成形，固化した等方性ボンド磁石と，溶融固化で得られた原料粉末を磁場中成型後加熱処理した異方性焼結磁石とに分類される[1]。両者の特徴としては，前者が薄肉，リング状の形態で，小型モータを中心に使用されるのに対し，後者は単純な形状で小型から大型までの様々なサイズのモータを始めとして多様な用途に使用される。特に後者では最近，高負荷で長時間運転をする用途向けの耐熱性高保磁力 Nd-Fe-B 系焼結磁石の需要が，電動パワーステアリング用駆動部，電気自動車（EV）やエンジンとモータとを併用するハイブリッド車（HEV）の駆動モータ用を中心に急伸している。

　ここで，磁石相（$Nd_2Fe_{14}B$）が十分な保磁力を示さない Nd-Fe-B 系焼結磁石では所望の保磁力を発揮するために，Nd に対して少なからぬ量の Dy または Tb 等の希土類金属を現状では添加する必要がある[1]。これに対し，これらの重希土類成分は地殻中に含まれる量が元来僅かなため[2]，その採掘は Th 等の放射性元素の含有が少なく製造に有利なイオン吸着鉱に限られている。しかしながら，この鉱石は中国南部に偏在するためその供給が逼迫し易く，Dy や Tb の価格が高止まりすることとなり，国内の産業活動における不安定要因の一つとなっている。従って，市場の中心となっている Nd-Fe-B 系磁石を，性能と品質および資源の面で我が国において有効に活用し，世界市場の中で応用製品の価格競争力を維持するかが課題となる。これまでの研究開発では，商品としての差別化の観点から，磁石それ自身の性能の向上（すなわち，性能が向上すれば使用する磁石量も自ずと減少する）に大半の努力が傾注されてきたが，磁石の安定生産，供給を念頭においた使用済み磁石のリユースおよびリサイクルにも関心が寄せられている。本稿で

---

* Ken-ichi Machida　大阪大学　先端科学イノベーションセンター　教授

第 7 章　工業廃材からの資源回収

は，Nd-Fe-B系焼結磁石を中心としたリサイクル技術の現状に加えて，磁石としてのリユースも含めた将来展望を，ニッケル—水素二次電池や最近検討され始めた酸化セリウム系研磨剤，希土類系蛍光体の場合とも併せて紹介する。

3.2　リサイクルの現状

上述のとおり，Nd-Fe-B系磁石が現在のところ市場の中心であり，希土類磁石のリサイクルはこれらを中心にその再利用が系統的に進められている。特に，Nd-Fe-B系焼結磁石では，製造工程で発生する不良品や廃棄物の処理が，ホウ素に由来する環境汚染の問題や製造コストの低減の観点から，1980年代の磁石事業の開始時点から既に課題となっていた。

図1および2は，Nd-Fe-B系焼結磁石の製造工程から発生する固形屑および粉末屑に対する現行でのリサイクル工程を示したものである[3]。ここで，Nd-Fe-B系磁石は，原料化合物粉末を微粉砕，磁場中プレス成形，焼結，時効（アニーリング）処理および仕上加工処理することで製造されている。

従って，焼結またはこれ以降の工程で磁石成形品に割れ，欠けが生じた場合は製品として不適格となり固形屑として取り扱われる。また，微粉砕または焼結した磁石成形体を製品仕様に合わせて切断，研磨する仕上加工処理時には，粉末屑（スラッジ粉末）が発生することとなる。なお，この発生割合は，製品磁石の形状や寸法にもよるが，原料粉末量に対して固形屑でおよそ5％，

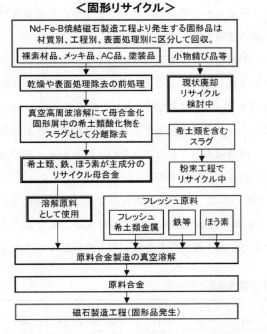

図1　製造工程で発生する固形屑のリユース工程

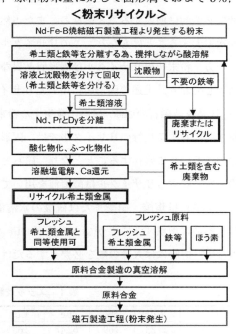

図2　製造工程で発生する粉末屑のリサイクル工程

粉末屑で25%前後となっており，製造工程や稼働条件の改善により年々その割合は低下する傾向にある。

まず，固形屑はその製造工程により，表面の防錆未処理品と処理品とにそれぞれ分類され，さらに防錆の処理により，ニッケル金属等を湿式成膜しためっき品，Al金属をスパッタ成膜したAC品，および種々防錆物を被覆した塗装品として回収される。従って，これらの表面処理品ではそれぞれの被覆物を除去する必要があり，煩雑な操作となっている。次に，上記の磁石屑を真空中，1600℃前後で溶解し，この際不純物として含まれる酸素は希土類酸化物（スラグ固相）として溶融金属部から相分離されるため，金属部は再溶解するためのリサイクル母合金として使用される。しかしながら，磁石へと加工した磁石屑はフレッシュ金属原料から作製した合金と比べて溶解しにくく，さらに容器として使用する高価なマグネシアルツボとも反応し腐食を著しく進行させることが問題となる。なお，フレッシュ原料の溶解には通常安価なアルミナルツボが使用されている。

得られたリサイクル母合金は，フレッシュな希土類金属，鉄および微量添加金属，およびホウ素（最近では，ホウ素はフェロボロンの形で導入される場合が多い）を真空溶解した原料合金へ加えられ，最終的には原料合金として再利用される。ここで，原料合金は磁石の高性能化のために，炭素不純物濃度が注意深く制御される反面，リサイクル合金は磁場中プレス成形の際に滑剤として有機質の添加物が使用されるため，リサイクル合金の添加割合と共に磁石合金中の炭素濃度は必然的に増大することになる。また当然，リサイクルを重ねるに従って合金中の炭素濃度が順次増大することにもなり，このリサイクル手法の課題となっている。

一方，粉末屑のリサイクルは固形屑と異なり，不純物として酸素，窒素および炭素の含有量が増大しており，上述の固形屑に用いたリサイクル手法は適用することはできない。表1に，Nd-Fe-B系焼結磁石の切断，研磨に発生する粉末屑（スラッジ）の典型的な組成[4]を示す。そのため，粉末屑に対する現行のリサイクルでは，固形屑のように単純に溶融するだけでは炭素や窒素は合金内にそのまま残存することとなり，磁石として再利用することはできない。以上から，現行の粉末屑に対するリサイクルは酸溶液を用いて希土類成分を溶出することで行われている。

酸溶液には塩酸，硝酸または硫酸の水溶液を用いることで，希土類成分であるNd, Pr, Dy等を容易に溶解することができる反面，Feなどの遷移金属成分も同様に溶解することなる。そのため，溶解には大量の酸を必要とするだけでなく，希土類成分を分離回収した残部からは大量

表1 スラッジおよび量産磁石の組成例

	Nd	Dy	Fe	Co	B	Al	Cu	O	N	C
スラッジ	25.23	2.69	62.47	2.63	0.90	0.20	0.11	3.82	0.593	0.693
量産磁石								0.66	0.005	0.043

第7章　工業廃材からの資源回収

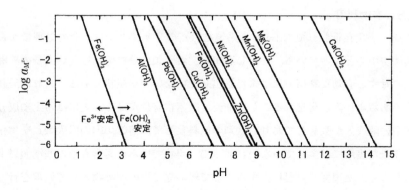

図3　金属イオンの活量とpHとの関係

の対応するハロゲン化物またはオキソ酸塩が廃棄物として発生することになる。これを避けるために溶解時に鉄の価数を2+から+に変化させる手法が適用される。

一連の金属イオン（溶液）の活量（$\log a_{Mz^+}$）とpHとの関係から予測されるそれらの生成領域[5]を図3に示す。図より，Fe^{2+}とFe^{3+}の各イオンの存在領域は大きく異なっており，Fe^{2+}イオンの価数の状態ではpH=6以下の酸溶液でも容易に溶解するのに対し，Fe^{3+}イオンの場合ではpH=3付近からようやく溶解することがわかる。現行の粉末屑に適用されている方法はこの溶解度差を利用するもので，十分にNd-Fe-B系磁石粉末を溶解したのち酸素ガスを吹き込むことで選択的に鉄成分を水酸化物や酸化物（水和物）として沈殿させ，酸使用量および酸成分を含む廃棄物の低減を図っている。なお，上記の他に粉末屑を大気中，高温で加熱することで，鉄成分を不溶化することも可能である。

回収された希土類は成分毎に相互分離され，更に酸化物またはフッ化物を経由して溶融塩電解により希土類金属へと再生される。また，金属への還元はCa金属を用いて行うことも可能ではあるが，希土類の還元により生成したCaOを水洗等で除去する必要があり，その際，希土類の一部が酸化されるためこの工程では磁石の使用に見合う高品位の希土類金属を再生することはできない。

希土類成分の回収率と再生される希土類金属の品位の点でこの湿式法は優れており，また，原鉱石から希土類を分離精製し金属を製造する既存のラインを利用することで，再生コストの低減を図る上でも有利となる。しかしながら，希土類の分離精製と金属製造のラインの多くは既に停止しており，これまでは廃棄物ごと中国へ運び希土類金属への再生を行っていた。しかしながら，環境意識の高まりから近年，中国では磁石廃棄物のリサイクル処理の受け入れを取り止める方向にある。

3.3 鉄成分の有効利用

上述した通り，現在行われてNd-Fe-B系焼結磁石のリサイクルは，その処理量から酸溶液を用いた湿式法が中心となっている。しかしながら，希土類成分の溶出に伴い大量の鉄廃棄物が発生し，これに対する有効な利用方法は未だ見出せていないのが現状である。これは，鉄廃棄物中に磁石成分であるホウ素が含まれることに加えて酸素含有量が高く，更には希土類成分の溶出に用いた溶液中の酸成分が吸着しており，鉄鋼の原料としては溶鉱炉内の耐火煉瓦を劣化させるとの懸念があり未だ実用には至っていない。従って，現状ではホウ素含有量の基準値以下への低減処理を施したのち，処理費を自己負担することで埋め立て用の廃棄物として処理を行っている。

これに対し，粉末屑に対して酸溶液を用いない処理法が提案されている。廣田ら[6]は，製造工程から発生する磁石スラッジを不活性ガス中で加熱することで，希土類を主成分とする酸化物（スラグ）相と鉄を主成分とする金属（融液）相とに容易に分離できることを見出している。これにより，回収したスラグは酸溶液に溶解し，希土類成分の相互分離と酸化物，フッ化物を経て溶融塩電解することで希土類金属として再生することが可能となる。この工程の利点は，希土類成分の溶解に余分な酸と酸素ガスによる鉄成分の酸化が不要となることにあるが，鉄金属を磁石の原料として利用するには純度の点で未だ問題があるように思われる。

これに対し，金属塩化物を高温下でNd-Fe-B系焼結磁石に作用させ，希土類を気相錯体の形で分別抽出する方法が提案されている[7]。これは，$AlCl_3$や$FeCl_2$は容易に気化し，希土類と容易に揮発性の錯体を形成する錯化剤としての機能を利用したもので，温度によりその蒸気圧を制御することが可能となる。具体的には，希土類磁石廃材と上記に錯化剤とを高温部で錯化し，これを窒素などの不活性ガスをキャリアとして，温度勾配を設けた低温部に位置毎に分別析出することで希土類は相互に分別されることになる。ここで得られる希土類は無水塩化物であるため，引き続き溶融塩電解に使用できるなどの利点がある反面，錯化を円滑に進めるために塩素ガスをキャリアガスと共に流す必要があるのに加え，大量の金属塩化物が発生するためその処理が課題となる。これに対し著者らは，塩化アンモニウムを用いてNd-Fe-B系磁石粉末の部分塩素化を行ったところ，Ndを始めとする希土類成分が選択的に塩化物として回収できることを見出した（図4）[8]。また，残った鉄残渣は金属の状態を保持しており，後述する電波吸収材料としても利用可能である。

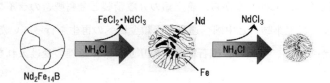

図4　磁石主相（$Nd_2Fe_{14}B$）からのNdの分別回収機構

第7章 工業廃材からの資源回収

3.3.1 電波吸収材料としての利用

多量の酸素を含む低品位スクラップである研削スラッジは，採算に合うプロセスで再生することは困難と考えられる。これに対して杉本らは，Sm_2Fe_{17} などの希土類金属間化合物を水素化または酸化に基づく不均化処理によりナノ複合粒子磁性粉末としたところ，これらが GHz 領域に良好な吸収をもつ電波吸収材となることを見出した[9]。そこで，Nd-Fe-B 系焼結磁石の製造工程で多量に発生するスラッジ粉末にこの方法を適用したところ，生成したナノ複合粒子磁性粉末は良好な電波吸収特性を示すことが明らかになった。得られた複合粉末は，XRD 測定から平均粒子径が 50 nm 前後の α-Fe，Fe_3B および Nd_2O_3 の一次粒子からなり，これらを用いて作製した 25wt％エポキシ樹脂含有成形体は 5～20 GHz の領域に良好な電波吸収特性を示す（図5）[10]。また，スラッジ粉末の粒径は数 μm 以下であることから，単にそれらを酸化するだけでも同様の良好な電波吸収特性を付与することが可能となる。しかしながら，上記に電波吸収材料では希土類は単に α-Fe または Fe_3B ナノ粒子を分散保持する担体としてのみ機能しているだけで，希土類資源の利用の観点からは有効とは言い難い。

これに対し，スラッジ粉末から酸処理により希土類成分を溶出回収した後の鉄残渣を，電波吸収材として活用できればその価値は大きい。図6は，塩酸でスラッジから希土類成分を溶出した鉄残渣を水素気流中，500℃または700℃で2時間加熱した試料（前者は Fe_3O_4，後者は α-Fe）の SEM 写真を示したものである。500℃で加熱した試料（図6の右図）は加熱後の微細な粒子の外観を保持していることがわかる。これに対し，700℃で処理を行った場合は，Fe_3O_4 は α-Fe へと還元され，粒成長が幾分進行するものの，市販のカルボニル鉄粉に匹敵する電波吸収特性を示すことが明らかになった[11]。

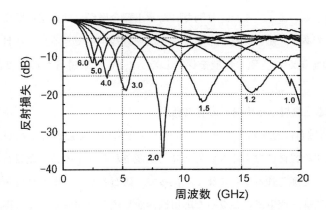

図5　スラッジ由来ナノ複合粒子の電波吸収特性
（数字はシートの厚さ（mm）を示す）

図6 希土類溶出後のスラッジ由来鉄残渣のSEM写真
(右：H_2中，500℃，左：H_2中，700℃で2時間加熱)

3.4 新規リユース／リサイクルの試み

　希土類磁石のより経済的な再利用は，磁石に近い形でリユースまたはリサイクルすることである。特に，希土類成分の再利用に当たっては，希土類間の相互分離と金属への還元が高価で煩雑の工程となる。また，既述のとおり，これらの工程を用いた高純度希土類や合金の製造は国内では既に中断しており，国外の設備を用いて行わざるを得ない状況となっている。これに対して，希土類磁石廃材中の希土類金属を酸化させることなくそのままの状態で直接再生する，更には，磁石合金として直接再生する技術が確立されればより再生工程が単純で安価となり，希土類資源を国外に持ち出すことなく，国内で一貫してリユース／リサイクルできるものと期待される。

3.4.1 希土類金属の直接再生

　マグネシウムは，希土類金属とは合金や金属間化合物を生成する反面，鉄やマンガンとはほとんど相溶あるいは化合しない。そのため，Nd-Fe-B系磁石廃材から希土類成分を金属の状態で溶出回収することが可能となる[12]。これを踏まえ岡部らは，この特性に着目し，マグネシウム金属蒸気（沸点：1090℃）をNd等の希土類成分の溶出剤として用い，Nd等の希土類金属と鉄残渣との分別に成功している[13]。また，分別された希土類金属からは真空蒸留によりMg金属を除去することが可能であり，磁石廃材から希土類金属を直接再生できる点で注目される。今後は，回収された希土類金属から所望の性能を保持したNd-Fe-B系磁石が再生できるかが課題である。

3.4.2 使用済み磁石廃材（市中屑）の有効利用

　Nd-Fe-B系焼結磁石に対するリユース／リサイクルについて述べてきたが，これは工場内の製造工程から発生する屑材に対するものであり，生産される大半の希土類磁石は応用機器に装着され市中で，使用・廃棄されることになる。従って，磁石として使用された希土類を資源として有効利用するためには，使用済みとなった応用機器から磁石を回収し，その再利用を図る必要がある。しかしながら，希土類磁石は他の合金系や酸化物（フェライト）系磁石と比べて高性能であるため，小型機器への使用を中心に発展して来た。従って，市中屑として希土類磁石を分別回

収することは容易ではなく，このことが市中に流布する希土類磁石廃材のリサイクルの進展を大幅に遅らせることとなっている。これに対し，家電リサイクル法が施行されるに及び，エアコンの室外機を中心に希土類磁石の分別回収が進みつつあり，希土類磁石のリサイクルが広範に進展するものと期待される。特に，良好な状態で回収されたNd-Fe-B系焼結磁石は，粒界改質法[14]でより高特性な磁石に改質できるため，直接磁石としてリユースすることが可能となる。

3.4.3 ニッケル─水素二次電池のリユース／リサイクル

ニッケル─水素二次電池では現在，工場内で発生した不良品に対してリサイクルが実施されている。具体的には，負極の希土類系水素吸蔵合金は酸溶解により希土類とニッケル等が分離回収されている。同様に，正極のニッケル系酸化物（または水酸化物）も酸溶解後，溶媒抽出によりNi，Co，Mn等の各成分毎に分別，再利用されている。なお，最近は負極の希土類系水素吸蔵合金を脱炭素後再溶解することで，そのままリユースする方法も検討されている。しかしながら，最近のMgを含有する高容量，低履歴の合金には，上記の手法の適用はFe，Co，Mn等の不純物の除去が難しく，今後の改善が必要と考えられる。

3.4.4 希土類系研磨剤，蛍光体のリユース／リサイクル

平成21年度に発足した経済産業省「希少金属代替材料開発プロジェクト」において，関連する課題が採択されたおり，今後の技術開発が注視される。

3.5 おわりに

Nd-Fe-B系焼結磁石は，高保磁力用に使用されるDyは高価ではあるものの，希土類の中では資源的に豊富で比較的安価なNdやPrをもとに，豊富で安価な鉄を主成分として製造されるため，その優れた磁石性能と併せて今後も高性能永久磁石向け用途の中核をなすものと見込まれる。従って，この磁石の性能を維持向上させると共に，希土類を中心とした資源の供給環境と原材料の生産，価格動向を踏まえたNd-Fe-B系焼結磁石の安定供給は，厳しい性能，価格競争にさらされる応用製品に関連する産業分野の発展に不可欠であり，レアメタル争奪戦に希土類が巻き込まれることは今後も避けることができない。

本稿で述べたNd-Fe-B系焼結磁石のリユース／リサイクルは，他国に依存せずに希土類資源を確保する唯一の手段であり，他のレアメタルと共に学術，技術面で発展させねばならない。磁石の製造工程から発生する固形屑および粉末屑に対しては，その90％以上の希土類成分が再利用されてはいるものの，ホウ素の毒性に基づく環境汚染対策の一環として鉄残渣は有償で処理されているのが現状である。廃棄物のリユース／リサイクルは，フレッシュな原料と品質と価格面で同等になることが必要であると共に，産業界へ安定して供給できるかが技術面での開発目標となる。Nd-Fe-B系焼結磁石を始めとする希土類磁石の場合，使用済み機器から回収される市中

屑に関しては全くの手付かず状態であり，分別回収システムの確立をも含めて今後の技術開発は我が国の状況を考慮すると極めて重要と言わざるを得ない。

　他方，ニッケル—水素二次電池，酸化セリウム系研磨材のリサイクル／リユースは，関連する希土類原料の中国政府の輸出規制で重要と考えられるが，これらの希土類の主要な成分は軽希土であり，資源的には中国以外にも広く分布しているため，これらの地域での資源採掘と生産の状況により事業として自立化できるかは不透明である。また，蛍光体については，LED光源やこれを用いた照明の普及により，リサイクルの意義が失われる可能性もあり，関連業界としては蛍光ランプの代替機器の開発動向を注視する必要がある。

文　　献

1) 佐川眞人，浜野正昭，平林　眞編著,「永久磁石—材料科学と応用—」，アグネ技術センター (2007)
2) 足立吟也編著,「希土類の科学」，化学同人，p. 253 (1999)
3) 石垣尚幸，太田昌康,「新材料シリーズ／希土類の機能と応用」，シーエムシー出版（足立吟也監修），pp. 13-18 (2006)
4) 廣田晃一，長谷川孝幸，美濃輪武久：希土類，No. 38, pp. 110-111 (2001)
5) 日本金属学会編：「講座・現代の金属学　精錬編第2巻　非鉄金属精錬」，丸善，p. 158 (1980)
6) 廣田晃一，美濃輪武久，特許第3716908号および3894061号
7) K. Murase, K. Machida and G. Adachi, *J. Alloys Compd.*, **217**, pp. 218-225 (1995)
8) M. Itoh, K. Miura and K. Machida, *Chem. Lett.*, **37**, pp. 372-373 (2008)
9) S. Sugimoto, T. Maeda, D. Book, T. Kagotani, K. Inomata, M. Homma, H. Ota, Y. Houjou and R. Sato, *J. Alloys Compd.*, **330-332**, pp. 301-306 (2002)
10) K. Machida, M. Masuda, M. Itoh and T. Horikawa, *Chem. Lett.*, **32**, pp. 658-659 (2003)
11) M. Itoh, K. Nishiyama, F. Shogano, T. Murota, K. Yamamoto, M. Sasada and K. Machida, *J. Alloys Compd.*, **451**, pp. 507-509 (2008)
12) Y. Xu, L. S. Chumbley and F. C. Laabs, *J. Mater. Res.*, **15**, pp. 2296-2304 (2000)
13) O. Takeda, T. H. Okabe and Y. Umetsu, *J. Alloys Compd.*, **408-412**, pp. 387-390 (2006)
14) 町田憲一，李　徳善，金属，**78**, pp. 760-765 (2008)

第8章　固体廃棄物のリサイクルと有効利用

1　無機系固体廃棄物の再利用と有害物質の安定化技術

佐野浩行[*1]，藤澤敏治[*2]

1.1　はじめに

　無機系の固体廃棄物は，金属系スクラップをはじめとして，ダストやスラグ，焼却灰，溶融固化体，さらには建設廃棄物，汚染土壌等，対象や種類は非常に多岐にわたり，我々の生活の身近な所から各種産業まで様々な所から発生している。これらのうち，金属系スクラップのような資源的価値の高いものを多く含むもの，あるいは製鉄プロセスから排出される高炉スラグのような性状の安定しているものなど，状態が良い廃棄物は様々な再資源化が進められている[1,2]。しかし，ダストや焼却灰をはじめとする種々雑多なものを複雑に含有するものについては，再利用技術が開発されてはいるものの，未だに再資源化はあまり進んでおらず，最終処分される量も少なくない[3]。

　ここでは，有害な重金属を含有する都市ごみ焼却飛灰（以下，飛灰と略す）を主な対象とし，それらを再利用する際の基礎技術として，「塩化揮発法による重金属の分離・除去技術」および，塩化揮発法では分離が出来ない重金属に対する「安定鉱物化技術」について原理と有効性を述べる。

1.2　都市ごみ焼却飛灰の成分

　飛灰の主成分組成の一例を表1に示す。主成分はCa化合物であり，塩化物を多く含んでいる。Ca化合物は，ごみ焼却処理時に脱塩化水素，脱硫黄酸化物処理のため，中和剤として噴霧している消石灰に由来するものと考えられる。塩化物としては，$CaCl_2$，$NaCl$，KClを多量に含有しているため，これらを塩化剤として塩化揮発法に利用できると考えられる。重金属としては，Zn，Pbをそれぞれ0.1～1 mass％程度，Cr，Cdをそれぞれ100 mass ppm程度含んでおり，主

表1　都市ごみ焼却飛灰中の主成分組成例

成　分	$Ca(OH)_2$	$CaCl_2$	$CaSO_4$	SiO_2	Al_2O_3	$NaCl$	KCl
濃度（mass％）	18.5	19.7	21.5	8.9	6.3	11.4	6.2

---

*1　Hiroyuki Sano　名古屋大学　工学研究科　マテリアル理工学専攻　助教
*2　Toshiharu Fujisawa　名古屋大学　工学研究科　マテリアル理工学専攻　教授

に酸化物形態で存在しているものと考えられ，資源的価値や有害性の面から分離・回収が求められる。なお，土壌の環境基準[4]から有害性を評価すると，Pbが溶出量および含有量ともに環境基準を超過することがある。

1.3 塩化揮発法の原理
1.3.1 塩化の効果

凝縮状態の金属あるいはその化合物は，一定温度では決まった蒸気圧を示すが，塩化物の多くは融点が低く，蒸気圧が高い。図1に各元素の塩化物およびPb，Cd，Snの酸化物の蒸気圧[5]を示す。このようにPb，Cd，Snの酸化物を塩化することにより蒸気圧が著しく上昇することがわかる。揮発分離を行なう場合，大気圧（101 kPa）のもとでは揮発成分に少なくとも10 kPa程度の蒸気圧が必要である[6]と言われており，重金属の塩化揮発分離は1000 K以上の温度において可能であると言える。また，飛灰中に塩化物として存在している$CaCl_2$，$NaCl$，KClの蒸気圧は小さいため，これらを固体塩化剤として利用することが考えられる。

1.3.2 $CaCl_2$による重金属類の塩化

飛灰中に含まれる塩化物のうちでは，$CaCl_2$が最も多く含有されており，有力な塩化剤であると考えられる。したがって，塩化目的の重金属をMとして以下の塩化反応式を考える。

$$CaCl_2(s, l) + MO(s) = CaO(s) + MCl_2(g) \tag{1}$$

これは直接反応であり，$CaCl_2$とMOの接触界面に反応の進行が限られる。しかし，飛灰は複

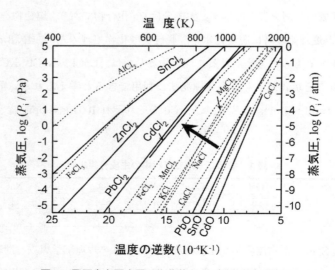

図1　飛灰中主要金属の塩化物および酸化物の蒸気圧

第8章　固体廃棄物のリサイクルと有効利用

雑な混合物であり，必ずしも $CaCl_2$ と MO が直接接触しているとは限らない。そこで，式(1)を総括反応と考え，気体が介在する素反応による塩化反応について考える。$CaCl_2$ が H_2O と反応して HCl を放出する塩素供給反応は次式で表される。

$$CaCl_2(s, l) + H_2O(g) = CaO(s) + 2HCl(g) \tag{2}$$

$$K_2 = \frac{a_{CaO}}{a_{CaCl_2}} \cdot \left(\frac{p^2_{HCl}}{p_{H_2O}}\right)$$

また，重金属の塩化揮発反応は次式で表される。

$$MO(s) + 2HCl(g) = MCl_2(g) + H_2O(g) \tag{3}$$

$$K_3 = \frac{p_{MCl_2}}{a_{MO}} \cdot \left(\frac{p_{H_2O}}{p^2_{HCl}}\right)$$

ここで，K は平衡定数，a_i は成分 i の活量，p_i は成分 i の分圧である。飛灰中に含まれる重金属について，これらの反応の平衡関係を図2に示す[5]。図中の各平衡線より上方の領域は，それらの元素の塩化物，下方の領域は酸化物の安定領域である。重金属が塩化されるためには，式(2)により規定された (p_{HCl}^2/p_{H_2O}) が重金属の塩化物安定領域になければならない。つまり，Ca の平衡線より下方に位置する重金属の酸化物に対して，$CaCl_2$ は塩化剤として働くことができる。一般的には，上方に位置する塩化物で下方に位置する酸化物を塩化できるといえる。

反応温度を 1273 K として考えると，図2より飛灰中の重金属の平衡線はいずれも Ca の平衡

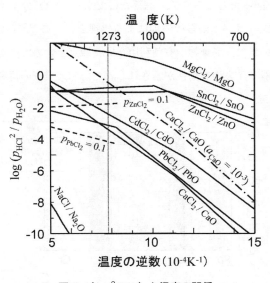

図2　(p_{HCl}^2/p_{H_2O}) と温度の関係

線より上方に位置しており，$CaCl_2$ によるこれらの塩化反応は進行しないと考えられる。しかし，上述したように揮発分離に必要な蒸気分圧は 10 kPa 程度[6]であれば良いので，例えば，$PbCl_2$，$ZnCl_2$ の蒸気分圧を p_{PbCl_2}, p_{ZnCl_2} = 0.1 として書き改めると，破線で示す平衡線のようになる。Pb の平衡線は Ca より下方に移動するため，$CaCl_2$ によって Pb の塩化揮発反応が進行すると考えられる。同様に Cd についても Pb のすぐ上に位置しており，比較的塩化揮発が進行しやすいと考えられる。一方，Zn の平衡線も下降するが，Ca の平衡線との逆転には至らない。Zn の塩化揮発を進行させるためには，$CaCl_2$ による (p_{HCl}^2/p_{H_2O}) を増加させる必要がある。そのためには，副生成する CaO の活量を低下させることが有効である。例えば，a_{CaO} を 10^{-3} まで低下させると，一点鎖線で示すように Ca の平衡線は上方に移動し，Zn の平衡線と逆転するため，Zn の塩化揮発反応が進行すると考えられる。また，Sn に関しては，Zn の近くに位置しており，同様に a_{CaO} の低下によって塩化揮発が進行すると考えられる。なお，飛灰に含まれる有害重金属である Cr についても分離が望まれるが，Cr に関する酸化物と塩化物の平衡線は図のはるか上方に位置しており，塩化揮発分離は困難である。

1.4 塩化揮発法による飛灰中重金属の分離・除去

実飛灰を処理した結果の一例を図3に示す。実験は，423 K で乾燥させた飛灰を 1273 K にて窒素流通下で2時間保持し，その後，各元素の除去率を算出した。上述の熱力学的検討通り，Pb と Cd は飛灰単独処理でも塩化揮発分離が進行し，ほぼ全量を分離・除去できたが，Zn, Sn については十分でなく，Cr はほとんど揮発分離できなかった。そこで，SiO_2 源の添加による副生物 CaO の活量低下を図ったところ，SiO_2 試薬だけでなく，SiO_2 分を多く含有する無機系固体廃棄物の建設汚泥やコンクリートがらの添加による処理を行うことで，Zn, Sn までほぼ全量を分離・除去できた。この様に，廃棄物の有効利用という観点を含めて，塩化揮発分離処理による飛灰からの重金属の分離・除去の有効性が示された。ただし，飛灰の再利用を考えた場合は，後

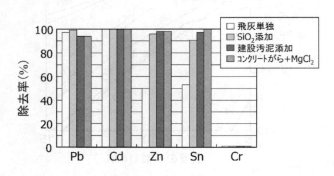

図3 塩化揮発法による飛灰中重金属の除去

第8章 固体廃棄物のリサイクルと有効利用

述するように残留する Cr の安定化が必要である。

1.5 安定鉱物化によるクロムの安定化原理
1.5.1 安定鉱物化の意義

塩化揮発法により，無機系固体廃棄物からほとんどの有害な重金属類を分離・除去できるが，Cr は残渣中に残留する恐れがある。たとえ，処理後の残渣が環境基準を満たしていたとしても，再利用の際には，この様な残留した有害成分に対して，安全・安心のため無害化（安定化）をする必要がある。

安定化の方法としては，従来，セメント固化や薬剤処理，溶融固化など[7]があるが，これらは概ね有害成分を「閉じ込める」処理であり，有害成分の溶出を完全には抑制できない。そればかりか，安定化処理物は大きな塊状や水との混合物であり，処理物の再利用を念頭に置いた安定化法としては適当でない。一方，自然界の土壌中に元々存在する形態であれば，安定性，さらには安全性も高いとの概念に立脚した「安定鉱物化＋結晶化」による安定鉱物化処理は，「閉じ込める」のではなく，土と同じ状態に変換することにより「安全化」を図るものである。また，安定鉱物化処理は処理対象の物理的な状態を大きく変化させる方法ではないため，例えば，塩化揮発処理後の飛灰残渣は粉体状であることから，再利用を念頭においた場合の安定化処理としても適している。

1.5.2 クロム安定化の指針と安定鉱物

塩化揮発処理後残渣中の Cr の安定鉱物化を図る際の指針を，高温処理時の高温酸化反応（式(4)）と再利用時の水への溶出反応（式(5)）の2つの反応から考える。なお，実際にはいくつかの素反応を経るが，ここでは総括的に表す。

$$Cr^{3+} + 3/4\ O_2 + 5/2\ O^{2-} = CrO_4^{2-} \tag{4}$$
$$Cr_2O_3 + 5H_2O = 2CrO_4^{2-} + 10H^+ + 6e \tag{5}$$

Cr は6価になると有害であり，かつ溶出が進行する。上記の反応は共に右に進行すると Cr は3価から6価になるため，反応を右に進行させないことが Cr の溶出抑止につながる。つまり，以下の方策が安定鉱物化処理に必要となる。

①Cr_2O_3（3価 Cr）の活量低下
②高温処理時に低塩基性の確保（低 $a_{O^{2-}}$）と還元雰囲気への制御
③溶出時に溶出液の pH を低く維持できる組成

このうち，①は安定鉱物化処理そのものを意味し，②の後半については処理時の雰囲気を還元性にすれば達成できる。高温処理時に低塩基性を確保するためには，SiO_2 などの酸性酸化物の添

加が有効である。この組成制御は，飛灰中に多量に存在するCa系の塩基性成分を中和することも意味し，再資源化時に溶出環境に曝された場合，溶出液のpH上昇を抑制させる作用も併せ持つ。

したがって，Crの天然鉱物としてはケイ酸鉱物から選定するのが望ましいと考えられる。図4に1623 KにおけるCr_2O_3-SiO_2-CaO系状態図を示す[8]。この状態図中の化合物のうち，$Ca_3Cr_2(SiO_4)_3$の組成を持つUvarovite（灰クロムざくろ石）は，Crの主要鉱石であるクロム鉄鉱（Cr_2FeO_4）に附随して産出される天然鉱物[9]である。Uvaroviteは，Victoria Greenとして知られる陶磁器用顔料としても用いられており[10]，無害性の高い鉱物であると考えられ，安定鉱物の候補といえる。ここでは，図中着色部分の組成にすることで安定化される。

ところで，前述の塩化揮発処理ではSiO_2添加により重金属除去の効果が上がっている。Crの安定鉱物化処理においてもSiO_2添加が必要であることを考慮すると，これらの処理は同時に進行させる可能性を持つことを意味し，処理条件としては非常に望ましい。

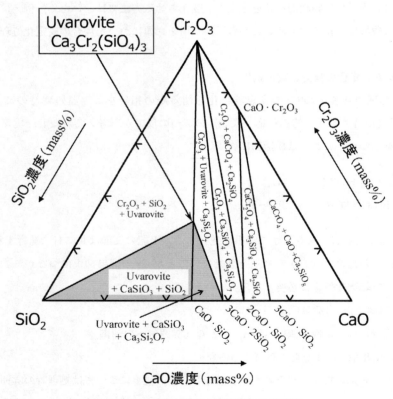

図4　Cr_2O_3-SiO_2-CaO系状態図（1623 K）

第8章 固体廃棄物のリサイクルと有効利用

1.6 安定鉱物化の評価

1.6.1 合成試料による検討

市販の試薬を用いて Cr_2O_3-CaO-SiO_2 系の模擬試料を合成し，安定鉱物化の有効性を検討した。Cr_2O_3 濃度を 3 mass％とし，CaO と SiO_2 の濃度比を種々変化させ，1573 K，Ar 雰囲気にて 6 時間保持した試料に対して，環境庁告示第 46 号準拠の溶出試験を行った結果を図 5 に示す。なお，図中の括弧内は溶出試験後の溶出液の pH を示す。

X 線回折分析の結果，Uvarovite が存在できる組成の試料（A, B）からは，いずれも Uvarovite が同定され，溶出試験結果においても Cr^{6+} の溶出が非常に低く抑えられることが分かった。一方，高温処理時に塩基性であり，かつ溶出液の pH が高くなる様な組成の試料（D, E）では，処理により Cr の酸化が進み溶出量が多くなった。

ところで，Cr の溶出の低さは Uvarovite 化によるものではなく，溶出液の pH が低かったことによることも考えられる。そこで，安定鉱物化の効果を確認するため，pH 固定の溶出試験（液固比 100，3 時間スターラ撹拌）も実施したところ，Cr が Uvarovite として存在する組成の試料では，pH 12 でも低 pH 時における溶出量からの増加は認められず，上述の指針に基づいた安定鉱物化処理が Cr の安定化処理として有効であることが認められた。

1.6.2 飛灰中クロムの安定鉱物化処理

Uvarovite の安定組成にするために飛灰に SiO_2 を 25 mass％添加したもの，および飛灰のみの試料を用い，1273 K，Ar 雰囲気にて 2 時間保持した試料に対して，環告 46 号準拠および pH 固定の溶出試験を行った結果を図 6 に示す。

溶出液の pH が低くなるような条件では，いずれも Cr^{6+} の溶出は確認されなかった。一方，pH 12 での溶出試験結果をみると，飛灰のみの場合には Cr^{6+} の溶出が認められたが，SiO_2 を添

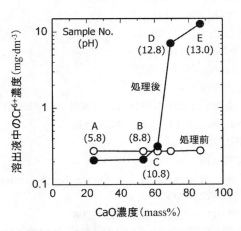
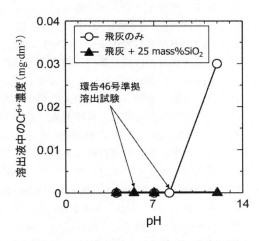

図 5 模擬試料の環境庁告示第 46 号準拠溶出試験結果　　図 6 飛灰の安定鉱物化処理後の溶出試験結果

加して安定鉱物化処理を施した試料からは溶出が認められなかった。したがって，飛灰にSiO$_2$を添加してUvaroviteの安定領域になるような組成にすることで，Crを安定化できることが確認できた。なお，この試料に対して，塩化揮発処理で対象とした重金属の除去率を求めたところ，PbやCdといった重金属の除去率は95％以上であり，塩化揮発と安定鉱物化の同時処理が可能であることも併せて確認できた。また，処理後の試料を土壌汚染対策法に基づいて安全性を評価したところ，Cr以外の重金属類は塩化揮発除去され，Crについては安定鉱物化したことにより，溶出量および含有量について，いずれも環境基準[4]を満たしていた。

1.7 おわりに

　無機系固体廃棄物を再利用する際に問題となる重金属類の除去および安定化の方法として，都市ごみ焼却灰を例に示した。前述の様に無機系の固体廃棄物は多岐にわたるが，廃棄物の性状を把握することによって，本稿で示した方法の適用を図れる可能性は高いと考えられる[11,12]。近年では焼却灰の溶融処理の普及など，無機系廃棄物の再資源化への道は拡がってきているが，再利用されている量は少ないのが実状である。再利用の増大を図るためには，調湿性やVOC吸着性を有した機能材料を製造[13]するといった差別化を図ったり，安定した処理物を排出するための基礎的研究[14,15]を進める，などの方策が必要である。

文　　　献

1) 製錬・リサイクリング大特集号：*Journal of MMIJ*, Vol.123, No.12 (2007)
2) 例えば，JIS A 5011「コンクリート用スラグ骨材」
3) 環境白書や各自治体ホームページの統計資料など
4) 土壌汚染対策法施行規則，環境省告示第18号および第19号
5) I. Barin, Thermochemical Data of Pure Substances, VCH (1989)
6) 日本金属学会編，金属化学入門シリーズ3 金属製錬工学 (1999)
7) 田中信壽，松藤敏彦，角田芳忠，東條安匡，廃棄物工学の基礎知識，技報堂出版 (2003)
8) F. P. Glasser and E. F. Osborn, *J. Am. Ceram. Soc.*, Vol.41, p.358-367 (1958)
9) 牧野和孝，鉱物資源百科辞典，日刊工業新聞社 (1988)
10) 祖川理，セラミックコーティング，内田老鶴圃 (1996)
11) H. Sano, H. Kodama and T. Fujisawa, Proc. of the Sohn Int. Symp. on Advanced Processing of Metals and Materials, Vol.5, p.521-530 (2006)
12) 佐藤史淳，佐野浩行，藤澤敏治，*Journal of MMIJ*, Vol.124, p.536-542 (2008)
13) M. Oida, H. Maenami, N. Isu and E. H. Ishida, *J. Ceram. Soc. Japan*, Vol.112, p.S1368-S1372

第 8 章　固体廃棄物のリサイクルと有効利用

（2004）
14）　水谷守利，立花俊裕，佐野浩行，藤澤敏治，資源・素材 2008, Vol.2, p.229-230（2008）
15）　野水良憲，小川晃弘，佐野浩行，藤澤敏治，資源・素材 2009, Vol.2, p.5-6（2009）

2 廃石こうボードなどの建設廃棄物のリサイクルと有効利用

袋布昌幹[*]

2.1 はじめに

　石こうボードはその加工性の良さや難燃性により，建築物の内装材として大量に製造，使用されている機能性建材である。しかし，建築物がその寿命を終えた後，石こうボードは大量の廃棄物となり，その多くが最終処分場へ埋め立て処分されている。しかし，最終処分場の逼迫，それに伴う処理コストの上昇により，廃石こうボードのリサイクル技術が渇望されているところである。その流れを受けて，近年廃石こうボードから建設汚泥の再資源化や，軟弱地盤の固化などに利用できる機能性材料の製造が広く行われるようになっている。

　本稿では，建設廃棄物として近年関心が高まっている廃石こうボードの再資源化技術に関する現状と課題について，著者らの最新の研究成果も交えて概説する。

2.2 廃石こうボードの現状

　石こうボードは，石こう（硫酸カルシウム）をボード原紙と呼ばれる紙で挟んだものである。かつて石こうボードに用いられる原料石こうは天然に産出される天然石こうであったが，現在では排煙脱硫プロセスやリン酸製造などから副生する化学石こうが広く用いられており，その割合は平成20年では原料全体の7割にも及ぶ。つまり，石こうボードはそれ自体が各種化学産業から発生する未利用資源を再利用したものであり，我が国の化学産業の資源循環の一翼を担ってきたものであるといえる。

　平成21年には我が国で約4億4千万平米の石こうボードが生産され，建築物の内壁材として使われている。石こうボードの製造現場や建築物の新築現場で発生する石こうボードの端材はその多くが回収され，再び石こうボードの原料として再資源化されている。しかし寿命の尽きた建築物の解体工事に伴い，図1に示すように毎年約150万トンの廃石こうボードが発生し，その量は年々増大している。これらの大部分を占める「解体系ボード」の約2割が最終処分場に埋め立て処分されている[1]。

　従来これらの廃石こうボードは安定型処分場の処分が行われてきたが，石こうに起因する硫化水素発生などの問題から平成18年により高度な管理を行うことができる管理型処分場への処分が義務づけられた。この結果，廃石こうボードの処理コストが上昇したことに加え，管理型処分場そのものの数が少ないことから，全国で廃石こうボードのリサイクルが渇望されることとなった。

　　＊　Masamoto Tafu　富山高等専門学校　専攻科　准教授

第8章　固体廃棄物のリサイクルと有効利用

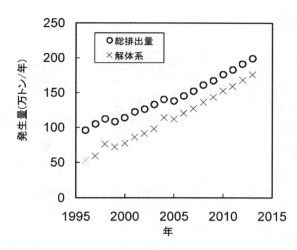

図1　廃石こうボード全体発生量とそれに占める解体系ボードの発生量の推移

2.3　廃石こうボードのリサイクル技術
2.3.1　建設廃棄物と廃石こうボード
　廃石こうボードに限らず，建設工事に伴って発生する建設廃棄物はその発生量が膨大であることから，廃棄物量の削減は必須である。平成12年に制定された建設リサイクル法では，廃コンクリート等の資材を「特定建設資材」として一定規模以上の工事ではその再資源化が義務づけられているが，廃石こうボードは決定的なリサイクル技術が確立していないとの理由で，現在でも特定建設資材への指定が見送られている。平成20年に環境省が行った全国の民間業者に対する調査の結果，廃石こうボードの再生品の用途として，石こうボード原料に加え，肥料，農地・用地改良材に加え，土木資材である土壌固化材などとしてのリサイクルが広く行われていることが示された[2]。
　これらのすべてが，廃石こうボードから紙と石こうを破砕分離後，紙は紙資源として再資源化し，回収された石こうを用いる事例である。

2.3.2　石こうボードの原料化
　廃石こうボードから回収された石こうのリサイクル法として最も望ましいものは，再び石こうボードの原料として再資源化する方法である。しかしこれにはいくつかの課題がある。
　石こうボードに用いられる石こうは化学的には硫酸カルシウム二水和物という同一物質であっても，その粒子形状が石こうボードの生産性や強度に大きな影響を及ぼす。そのため，単に廃石こうボードを回収してそこから石こうを取り出したとしても，石こうボードの破砕分離の際に石こうの粒子が小さくなるためボード原料としての使用量が限られる。そこで，廃石こうボードから回収された微細な石こう粒子を再成長させて大きな粒子を合成し，これをボード原料に再利用

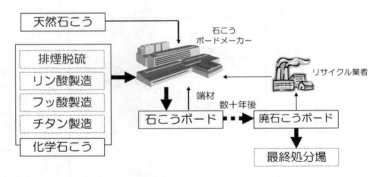

図2 石こうボードのマテリアルフローの概略図

する研究が進められている[3]。

一方，現在石こうボードは図2に示すように，各種化学産業から副生される石こうをその原料としている。そのため，廃石こうボードを原料として石こうボードを製造することにより，他の産業で石こうボード原料として有効活用されてきた化学石こうが新たな廃棄物となることが懸念される。そのため，石こうボードの原料以外の用途へのリサイクル技術を組み合わせることにより，廃石こうボードのリサイクルが可能となると考えられる。

2.3.3 土木資材への利用技術

廃石こうボードのリサイクル法として近年注目されているのが，建設汚泥や軟弱地盤の固化材などの土木資材として廃石こうボードから分離した石こうを利用する方法である。石こうは結晶中に2,0.5および0分子の結晶水を含んでおり，この結晶水が加熱や混水によって可逆的に脱着する。そのため，廃石こうボードから回収した石こうを加熱して得られる焼石こうは水と混ぜると自己硬化性を示す。また，石こうはセメントの助剤として利用されることから，これらの性質を利用して石こうそのものを固化材として利用したり，セメントや石灰系の固化材の添加剤として用いることができる。これらの固化材は軟弱地盤に添加してその強度を向上させたり，シールド工事や浚渫工事で発生する建設汚泥に添加して再生土として再利用するために用いられる。前者については，セメントに焼き石こうを添加したものを軟弱地盤と混合することにより，短期間の養生で高強度の地盤を得られることが示されており[4]，全国規模で実用化が進められている。一方後者は，建設工事で大量に発生しながら上記建設リサイクル法において特定建設資材に指定されていない廃棄物である建設汚泥と，廃棄物である廃石こうボードから建設工事で用いる再生土を得ることができ，公共事業においてこの種の再生土を優先的に利用する施策が講じられた[5]ため，国内のみならず韓国など海外からも注目されている。図3に石こうを用いた建設汚泥のリサイクル事例を示す。写真左にあるような建設汚泥に石こうを主成分とした固化材を添加することにより，数十秒で再生土を得ることができる。

第8章　固体廃棄物のリサイクルと有効利用

図3　石こう系固化材を用いた建設汚泥（左）のリサイクル

2.3.4　廃石こうボードリサイクルの課題と対策技術

廃石こうボードから分離回収した石こうを用いて，建設汚泥や軟弱地盤の固化材を製造する際，建材としての石こうボードとは異なり，土壌汚染や土壌中での化学変化に配慮する必要が生じる。

特に石こうに関連して配慮が必要なものは石こうからの硫化水素の発生，および石こう中に含まれるフッ素化合物等の不純物の溶出である。前者については石こうが土壌中で一部溶解して生成した硫酸イオンが嫌気条件下で硫酸還元菌によって還元され，硫化水素が生成するものである[6,7]。過去に最終処分場において廃石こうボードから発生した硫化水素により作業員の死亡事故が発生したこともあり，石こうからの硫化水素発生のメカニズム解明およびその対策技術開発が行われている。その結果，水はけのよい，通気性のよい条件下では硫化水素の発生が見られないこと，また，鉄系の化合物を添加することによって硫化水素を難溶性の硫化鉄として安定化させることができることが示されている[8]。

一方のフッ素化合物等の溶出については，先の環境省の調査[2]においても廃石こうボードリサイクルの現場で問題となっているもので，その対策が急務となっている。先に述べたように，石こうボードの原料には各種産業から副生する化学石こうが用いられるが，これら石こう中にはフッ素化合物などの化学的な不純物が含まれている場合がある。これは，各種産業の原料物質中に含まれるフッ素化合物等が石こうに移行するためである。たとえばリン酸製造においてはリン鉱石が原料として用いられるが，そのリン鉱石はフッ化物イオンを含むフッ素アパタイトをその主成分としており，フッ化物イオンはリン酸製造時に石こうに移行する。現在では石こうの晶析技術の進展や洗浄工程の導入などで石こう中のフッ素化合物の含有量は低減しているが，過去に製造された石こうボードには比較的高濃度のフッ素化合物が含まれているものがある。フッ素化合物を含む廃石こうボードを原料として建設汚泥や軟弱路盤の固化材を製造すると，これら固化材を施工した用地がフッ素化合物等で汚染される危険性がある。

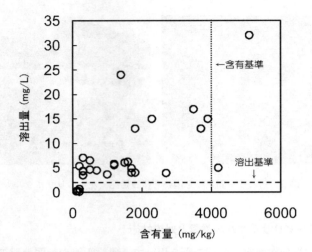

図4 各種石こう試料中に含まれるフッ素化合物の含有量と，石こうからのフッ素化合物溶出量

図4に各種化学石こう，廃石こうボード中に含まれるフッ素化合物量および石こう試料から溶出するフッ素化合物量を示す[9]。図には土壌汚染対策法における基準値（土壌環境基準）をあわせて示した。土壌環境基準には，試料中に含まれる化学物質の量を規定した「含有基準」と試料から溶出する化学物質の量を規定した「溶出基準」があるが，図より石こうの場合はフッ素化合物の含有量が土壌環境基準を上回ることはほとんどないが，溶出量についてはほとんどの試料が基準値を上回っていることから，何らかの対策を講じる必要性があるといえる。

その対策技術として，著者らはある種のリン酸カルシウムが環境中の微量フッ素化合物を固定・不溶化できる[10,11]ことを利用し，石こう中のフッ素化合物の不溶化を試みた。結果，リン酸カルシウムの一種であるリン酸水素カルシウム二水和物（以下 DCPD）が図5に示すように石こう中のフッ素化合物を難溶性のフッ素アパタイトとして固定・不溶化できることを見いだし

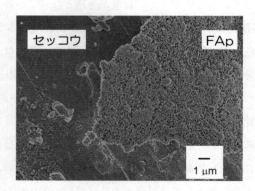

図5 DCPD 添加後の石こうの微細構造
石こう粒子表面にフッ素アパタイトの微粒子が生成している。

第 8 章　固体廃棄物のリサイクルと有効利用

た[12]。フッ素化合物を含有する石こうに DCPD を添加して固化材を試作し，建設汚泥を固化させて再生土からのフッ素化合物の溶出量を調べた結果を図6に示す。㈳土壌環境センターが提案している酸およびアルカリ添加による 100 および 500 年耐久試験[13]の結果，DCPD を添加することにより，固化材で固化させた再生土からのフッ素化合物の溶出を長期間にわたって土壌環境基準以下に抑制できることがわかった[14]。

　この技術を実用化するには，DCPD のコストの低減が必須であったことから，化学産業で廃液処理の際に副生する DCPD の粒子表面を温水で処理して粒子表面に図7のようなナノスケールの前駆体層を生成させることにより，DCPD のフッ素処理能力を向上させることができることを明らかにした[15, 16]。この成果を用いて，石こうのフッ素不溶化剤が平成 22 年度から上市されている。

　リン酸カルシウム以外にも，種々のフッ素不溶化技術が開発，実用化されており，それらの技術をユーザーが適切に選択することにより，廃石こうボードの土木資材への利用が促進されるこ

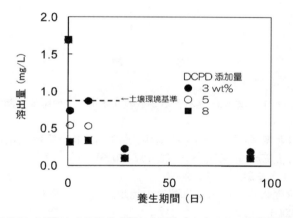

図6　DCPD を添加した石こうを用いた再生土からのフッ素化合物の溶出量

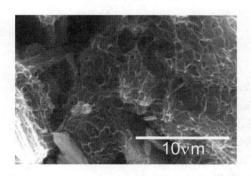

図7　粒子表面にナノスケールの前駆体層を生成させた DCPD の SEM 像

143

2.4 おわりに

本稿では近年全国で広がっている廃石こうボードの建設汚泥や軟弱地盤の固化材へのリサイクルに関してその現状と課題について，著者らの最新の成果を交えて紹介した。廃石こうボードに限らず，廃棄物のリサイクル・再資源化においては，その技術が社会で通用するビジネスとなるための取り組みが必要であるのは言うまでもない。そのためには単なる技術開発のみならず，常に社会との双方向の情報交換を進め，安心・安全な技術として社会に受けいれられる取り組みを，産官学すべてが積極的に進めることが期待される。

廃石こうボードリサイクルにおいても，全国でいくつか業界レベルの協議会などが組織されているが，これらのネットワークを連携して情報を共有し，優れた技術を活用することにより，健全なエコイノベーションの構築が可能となると考えられる。

文　献

1) 環境省，㈳石膏ボード工業会，"廃石膏ボードのリサイクルの推進に関する検討調査報告書"（2002）
2) 環境省，平成20年度廃石膏ボードの再資源化促進方策検討業務・調査報告書（2009）
3) Y. Kojima et al., *J. Eur. Ceram. Soc.*, **26**, 777 (2006)
4) 亀井健史ほか，土と基礎，**55**, 26 (2007)
5) 環境省，"建設汚泥の再生利用指定制度の運用における考え方について"，環廃産発第060704001号（2006）
6) 井上雄三，都市清掃，**46 (255)**, 444 (2003)
7) 小野雄策ほか，廃棄物学会論文誌，**14 (5)**, 248 (2003)
8) 成岡朋弘ほか，全国環境研会誌，**29 (4)**, 202 (2004)
9) ㈳石膏ボード工業会，"解体廃石膏ボードの再資源化技術開発"，NEDO委託事業報告書，p.14 (2001)
10) L. C. Chow et al., *J. Dent. Res.* **52**, 1220 (1973)
11) 袋布昌幹ほか，*J. Ceram. Soc. Jpn.*, **113**, 263 (2005)
12) M. Tafu et al., *J. Eur. Ceram. Soc.*, **26**, 767 (2006)
13) 橋本正憲，環境技術，**36**, 180 (2003)
14) 袋布昌幹ほか，特開2008-297172号
15) M. Tafu et al., WO/2010/04133
16) M. Tafu et al., Trans. MRS-J, in press

3 セラミックス廃材の有効利用技術

三宅通博*

3.1 はじめに

環境に調和した持続可能な循環型社会を構築する上で，廃棄物の再資源化技術開発は，特に少資源国であるわが国にとって非常に重要な課題である。しかし，再資源化による材料の性能がバージン資源による材料のそれより劣る場合が多いことや再資源化に要する費用より廃棄処理費のほうが安いことなどのため，再資源化技術開発が立ち遅れている。

本稿では，ごみ焼却灰，石炭灰および鋳造廃棄物について，環境浄化材料として利用可能なイオン交換能や吸着能を有する化合物への化学的再資源化手法を紹介する。

3.2 ごみ焼却灰

家庭から排出される可燃ごみは，減量化のため，公営のごみ焼却炉で焼却処分されている。しかし，焼却により排出されるごみ焼却灰は膨大であり，各自治体は処分場の確保に大変苦労している。ごみ焼却灰の再資源化に関しては，セメント原料化が検討されている程度である[1~3]。筆者らは煙道に付着するごみ焼却飛灰の不溶主成分が Si，Al，Ca からなる化合物であることに注目して，水熱処理によるイオン交換材（トバモライト，ゼオライト）への変換を検討した[4~7]。

実験には，岡山県吉備郡真備町（現倉敷市）の公営焼却場より採取した焼却飛灰（F）に，前処理として水洗（水洗処理試料；FW）および800℃でか焼（加熱処理試料；FW800）を施して用いた。F の主成分は NaCl と KCl であり，水洗処理により約半量が溶出した。FW の結晶相としてゲーレナイト [$Ca_2Al_2SiO_7$]，カルサイト [$CaCO_3$]，ラピドクリッカイト [$Ca_2(CO_3)SO_4\cdot 4H_2O$] が検出された。FW800 では，カルサイトとラピドクリッカイトが加熱により分解した。

トバモライト [厳密には Al 置換トバモライト：$Ca_5Na_xAl_xSi_{6-x}(OH)_2O_{16}\cdot 4H_2O$] への変換は，FW800 に 0.5~6.0 M（$mol\cdot dm^{-3}$）の NaOH 水溶液を加え，180℃で 10~48 時間の水熱処理により行われた。図1に示すように，2.0 M の NaOH 水溶液で 20~48 時間水熱処理したときに結晶性のよいトバモライトが主相として生成した。しかし，処理時間が長くなると，ソーダライト [$Na_6(Al_6Si_6O_{24})\cdot 2NaOH$] とカンクリナイト [$Na_6(Al_6Si_6O_{24})\cdot CaCO_3\cdot 2H_2O$] が生成し，トバモライトの結晶性が低下した。

種々の条件下で水熱処理を行い，生成物を検討した結果，表1に示すように，トバモライトは全合成条件下で生成した。しかし，NaOH 濃度および反応時間の増加と共に，トバモライトの結

---

*   Michihiro Miyake　岡山大学　大学院環境学研究科　教授

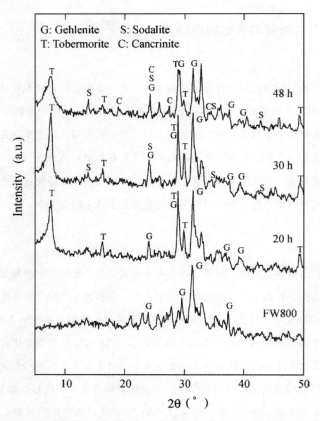

図1 2.0 M の NaOH 添加，180℃，20〜48 時間水熱処理した FW800 の XRD 図

表1 FW800 の 180℃での水熱処理条件と主な生成物

反応時間 /h	NaOH 濃度 /M				
	0.5	1.0	2.0	3.5	6.0
10	T	T	T	T	T
20	T	T	T	T	TSC
30	T	TS	TS	TSC	TSC
48	T	TS	TSC	TSC	TSC

T：トバモライト，S：ソーダライト，C：カンクリナイト

晶性が低下し，ソーダライトとカンクリナイトが生成した。以上より，FW800 から結晶性のよいトバモライトが得られる最適水熱処理条件は，添加する NaOH 濃度が 2 M で，処理時間が 20〜30 時間であることが判明した。F，FW についても FW800 と同様に，水熱処理を行った。その結果，焼却飛灰をトバモライトに再現性よく再資源化するためには，前処理が必須であることが分かった。

第 8 章　固体廃棄物のリサイクルと有効利用

出発原料の FW800 は水溶液中の Cs^+ および NH_4^+ を取り込まなかったが，水熱処理物はそれらを容易に取り込み，1 時間以内に定常状態になった。試薬から合成したトバモライトのイオン交換容量と比較すると，共存不純物が存在するため，水熱処理物の除去量は若干低いが，2 M の NaOH 水溶液での 20 時間の水熱処理物は，Cs^+ および NH_4^+ イオンをそれぞれ約 0.5 mmol·g^{-1} 除去した。

付加価値の高いゼオライト系化合物への変換には，Ca 成分を除去する目的で，FW800 に HCl 処理を施した FW800H を用いた。FW800H に 0.5～3.5 M の NaOH 水溶液を加え，60～120℃で 10～48 時間の水熱処理を行い，生成物を検討した。2.0 M の NaOH 水溶液を添加して，60～120℃で 20 時間水熱処理を行うと，図 2 に示すように，60～100℃でゼオライト A [$Na_{12}Al_{12}Si_{12}O_{48}·27H_2O$]，80～120℃でゼオライト P [$Na_6Al_6Si_{10}O_{32}·12H_2O$]，120℃以上でソーダライトが生成した。ゼオライト P やソーダライトの出現は，反応温度の昇温に伴うゼオライト A の転移に因ると考えられた。

種々の条件下で水熱処理を行い，生成物を検討した結果，表 2 に示すように，ゼオライト A

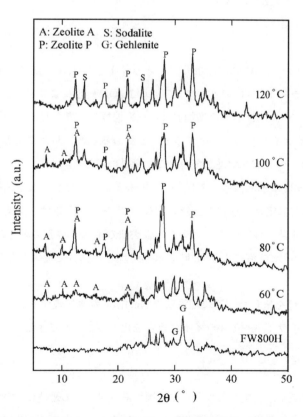

図 2　2.0 M の NaOH 添加，60～120℃，20 時間水熱処理した FW800H の XRD 図

表2 FW800Hの水熱処理条件と主な生成物

反応温度/℃	反応時間/h	NaOH濃度/M			
		0.5	1.0	2.0	3.5
60	10	—	—	A	—
	20	—	A	A	S
	30	—	A	A	S
	48	—	A	AP	S
80	10	—	A	AP	PS
	20	—	AP	AP	PS
	30	—	P	AP	PS
	48	—	P	P	PS
100	10	—	AP	P	S
	20	P	AP	AP	S
	30	P	P	P	S
	48	P	P	P	S
120	10	P	P	P	S
	20	P	P	PS	S
	30	P	P	PS	S
	48	P	P	PS	S

A：ゼオライトA，P：ゼオライトP，S：ソーダライト

は60℃で1.0〜2.0 MのNaOH処理により，ゼオライトPは100〜120℃で0.5〜2.0 MのNaOH処理により，ソーダライトは60〜120℃で3.5 MのNaOH処理により主結晶相として生成することが判明した。さらに，NaOH濃度の増加および反応温度の上昇と共に，変換できる主結晶相は，ゼオライトA→ゼオライトP→ソーダライトへと変わること，および反応時間の増加もゼオライトPやソーダライトの生成を促進していることを見いだした。

出発原料のFW800Hは水溶液中のNH_4^+を取り込まなかったが，水熱処理物はそれを容易に取り込み，1時間以内に定常状態になった。NH_4^+イオンの除去量は，試薬から合成したものと比較すると劣るが，水熱処理物中のゼオライトAおよびPの生成量の増加と共に増加し，100℃で1.0〜2.0 MのNaOH水溶液により48時間水熱処理した試料で最大となり，約1.1 mmol·g^{-1}となった。

以上の結果，前処理を施したごみ焼却飛灰をNaOHで水熱処理することにより，陽イオン除去特性を有するトバモライトやゼオライトに再資源化することができた。

3.3 石炭灰

石炭は可採年数が長く，安定したエネルギー源であるが，その燃焼により膨大な石炭灰，国内では年間約800万トンの石炭灰が火力発電所等から排出されている。石炭灰の大半は，セメント

第8章　固体廃棄物のリサイクルと有効利用

原料や土木資材等として利用されている。しかし，NO_x抑制燃焼により，石炭灰に含まれる未燃炭素分が約6 mass％以上になると，再資源化の障害となり，排出量の約20％が埋め立て処分されている。利用可能な埋め立て処分地の容量を考慮すると，埋め立て処分されている石炭灰の再資源化は緊急の課題である。筆者らは，石炭灰の主成分がSiとAl成分から成る灰分と未燃炭素分であることに着目して，図3に示すような石炭灰の再資源化法，すなわち灰分から得られるゼオライトと未燃炭素分から得られる活性炭とを複合化した高機能材料への再資源化手法を考案した[8〜10]。灰分のゼオライトへの変換に関しては，数多くの研究報告がある[11]。

実験には中国電力水島発電所から提供された灰分約77 mass％（SiO_2；51 mass％，Al_2O_3；26 mass％），未燃炭素分約8 mass％の石炭灰を用いた。活性炭の合成方法を参考にして，石炭灰1gとNaOH 2gとを混合後，N_2雰囲気下750℃，1時間賦活処理を行った。賦活処理後の試料を粉砕し，12〜30 mlのイオン交換水を加え（NaOH濃度約4〜1.7 Mに対応），室温で2時間撹拌後，80℃，24時間水熱処理を行った。

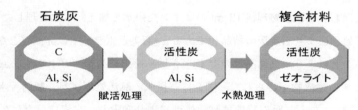

図3　未燃炭素含有石炭灰の再資源化プロセス

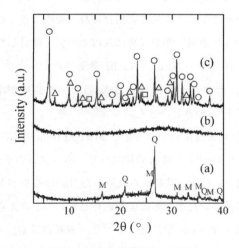

図4　賦活処理，水熱処理前後の石炭灰のXRD図
(a)処理前，(b)賦活処理後，(c)賦活処理および水熱処理後，
M；ムライト，Q；α-石英，○；ゼオライトX，△；ゼオライトA，
□；ソーダライト

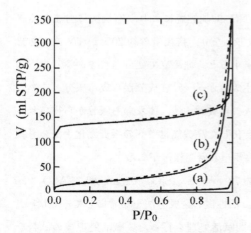
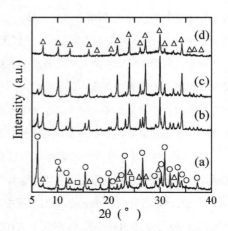

図5 賦活処理，水熱処理前後の石炭灰の N_2 吸脱着等温線
(a)処理前，(b)賦活処理後，(c)賦活処理および水熱処理後

図6 添加水量（NaOH濃度）による生成物の構造変化
(a) 12 ml，(b) 18 ml，(c) 24 ml，(d) 30 ml 添加
○；ゼオライトX，△；ゼオライトA，□；ソーダライト

　図4に賦活処理および賦活処理後12 mlのイオン交換水を加え，水熱処理した石炭灰のXRD図を示す。賦活処理により石炭灰の結晶相であるα-石英とムライトは非晶質となった。非晶質を水熱処理することにより，高結晶性のゼオライトXを主結晶相，ゼオライトAとソーダライトを副結晶相とする生成物が得られた。図5に石炭灰，賦活処理試料，賦活・水熱処理試料のN_2吸脱着等温線を示す。N_2吸着特性は賦活処理により向上し，炭素成分だけの比表面積は約515 m^2/gと見積もられた。水熱処理によりN_2吸着特性はさらに向上した。これらの結果より，本プロセスにより石炭灰をゼオライト・活性炭複合材料へ変換できることが分かった。

　さらに，添加水量（NaOHの濃度）が生成物に及ぼす影響を検討した。その結果，図6に示すように，添加水量の増加（12 ml→30 ml；NaOH濃度の減少）と共に，ゼオライトXによるXRDピーク強度が減少し，ゼオライトAによるXRDピーク強度が増加した。添加水量30 mlで，生成結晶相はゼオライトAのみとなった。

　添加水量12 mlで合成した複合試料100 mgと20〜500 ppmのNi^{2+}，Cd^{2+}または100〜2000 ppmのPb^{2+}水溶液50 mlとを室温で24時間接触させ，複合試料の重金属除去特性を評価した。除去された金属イオン（M^{2+}）と複合試料から脱離したNa^+のモルが$M^{2+}/Na^+ \approx 2.0$であることより，この吸着除去は主にイオン交換反応により進行していると考えられた。吸着挙動の検討より，測定した吸着等温線はLangmuir型に適しており，吸着容量Q_{max}の序列は$Pb^{2+} \gg Cd^{2+} > Ni^{2+}$で，それぞれ約2.6，1.4，1.1 mmol/gと見積もられた。以上の結果，未燃炭素含有石炭灰にNaOH賦活処理と水熱処理を施すことにより，重金属除去性能を有するゼオライト・活性炭複合材料に再資源化することができた。

第8章　固体廃棄物のリサイクルと有効利用

3.4　鋳造廃棄物

車には，エンジンブロックをはじめ数多くの鋳物部品が使用されており，それらを生産する鋳物工場からは，鋳物廃砂をはじめ，様々な多量の鋳造廃棄物が排出されている。これらの廃棄物の多くは土木資材等として有効利用が図られているが，有効利用率の低い廃棄物が多いのも現状である。例えば，コークス炉内で発生するガスの冷却固化体である溶解ダストについては，有効利用法が種々検討されたが，実用化には至ってなく，年間数十万 t が埋め立て処分されている。筆者らは，溶解ダストが有用な遷移元素を多く含んでいることに着目して，それらを利用価値の高い環境浄化材料へ変換できる手法を検討した[12~14]。

実験には，アイシン高丘本社工場から提供された溶解ダストを用いた。蛍光 X 線分析より，溶解ダストの主構成元素は Si，Fe，Zn，Mn であり，その主結晶相は図7(a)の XRD 図に示すように，スピネル型化合物，副結晶相は α - 石英と Zn_2SiO_4 であった。スピネル型結晶は，硫黄系や窒素系の悪臭用の除去剤や高温脱硫剤としての活用が試みられている。この試みより，溶解ダストも悪臭除去剤へ変換可能と期待される。

種々の悪臭ガスを用いて，溶解ダストの除去特性を検討したところ，水分共存下で H_2S 除去性能を示したが，市販の鉄系 H_2S 除去剤の性能（0.27 $g\cdot g^{-1}$ 程度）と比較するとかなり低い。そこで，H_2S 除去性能を向上させるために，溶解ダストを組成と構造の両面から検討した。

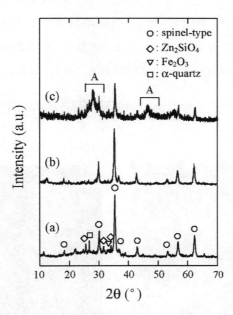

図7　NaOH 処理および H_2S 除去前後の溶解ダストの XRD 図
(a) NaOH 処理前，(b) 5 M NaOH 処理後，(c) 5 M NaOH 処理 + H_2S 除去後，A：FeS，ZnS，MnS のような硫化物

図8(a)に溶解ダストの透過電子顕微鏡（TEM）写真を示す。溶解ダストは，主に半透明状の母体粒子が10～100 nmの不透明微粒子を数個包含した平均粒径200 nm ϕ の球状微粒子であった。半透明部分と不透明部分の構造と化学組成を検討した結果，半透明部分は非晶質の SiO_2 であり，不透明部分のほとんどはMn，Fe，Znから成るスピネル型結晶（$M^{II}M^{III}_2O_4$）で，$ZnFe_2O_4$ の M^{II} および M^{III} 席にMnが固溶した $(Mn_xZn_{1-x})(Mn_yFe_{1-y})_2O_4$ と考えられた。TEM観察結果より，SiO_2 微粒子の中に埋もれて H_2S 除去に貢献していないスピネル型ナノ結晶を H_2S に接触できる状態にしてやれば，溶解ダストの除去性能は向上すると期待された。

非晶質の SiO_2 を除き，スピネル型ナノ結晶を抽出するため，溶解ダストを0.5～5 MのNaOH溶液で100℃，24時間処理した。図7(b)に5 M NaOH処理後の溶解ダストのXRD図を示す。NaOH濃度の増加と共に，副結晶相が消失し，主結晶相のみとなった。また，図8(b)のTEM写真は，球状微粒子が破壊され，半透明の非晶質 SiO_2 が減り，スピネル型ナノ結晶が露出していることを示した。

溶解ダストの H_2S 除去性能は処理濃度の増加と共に劇的に向上し，5 M NaOHで処理した試料の除去性能は，水蒸気の相対圧が $P/P_0= 0.6$ のとき，処理前試料の約3倍（0.26 g・g^{-1}）となり，市販の脱硫剤に匹敵する性能を発現した。

H_2S 除去によるNaOH処理試料の構造変化を検討したところ，図7(c)に示すように，$2\theta = 25$～$30°$ と 45～$50°$ 付近にブロードなピークが出現し，スピネル型結晶のXRDピーク強度が減少した。出現したピークが硫化鉄，硫化マンガン，硫化亜鉛として帰属できることおよび水分存在下のみで除去性能が発現することより，H_2S はスピネル型ナノ結晶表面の吸着水を介した以下のような化学反応により遷移金属硫化物として除去されると考えられた。

$$(-MO)_{solid} + H_2S + H_2O \rightarrow M^{2+} + O^{2-} + S^{2-} + 2H^+ + H_2O \rightarrow MS + 2H_2O, \quad (M= Mn, Fe, Zn)$$

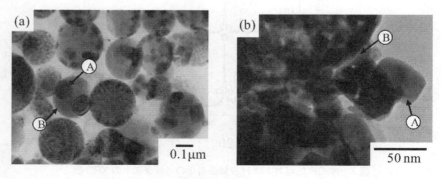

図8　5 M NaOH処理前後の溶解ダストのTEM写真
(a) NaOH処理前，(b) NaOH処理後，A；スピネル型ナノ結晶，B；非晶質 SiO_2

第8章　固体廃棄物のリサイクルと有効利用

　以上の結果，溶解ダストにNaOH処理を施すことにより，H_2S除去剤として利用可能な材料に再資源化することができた。

3.5　おわりに

　水熱処理等により，ごみ焼却飛灰をトバモライトやゼオライトに，未燃炭素含有量の多い石炭灰をゼオライト・活性炭複合材料に，鋳造廃棄物である溶解ダストをH_2S除去材に再資源化できることを紹介した。これらの研究成果は，無機系廃棄物を環境浄化材料として再利用できるという点で，資源循環システムの構築に貢献するものと期待される。

文　　献

1) 高橋寛昭，丸田俊久，栄一雅，笠原勝，*Inorg. Mater.*, **5**, 200-207 (1998)
2) 須藤勘三郎，原田宏，高橋寛昭，セラミックス，**34**, 349-353 (1999)
3) 独立行政法人土木研究所：都市ごみ焼却灰を用いた鉄筋コンクリート材料の開発に関する共同研究報告書 (2002)
4) Z. Yao, C. Tamura, M. Matsuda, M. Miyake, *J. Mater. Res.*, **14**, 4437-4442 (1999)
5) 田村勇，姚冶東，草野文雄，松田元秀，三宅通博，*J. Ceram. Soc. Jpn.*, **108**, 150-155 (2000)
6) M. Miyake, C. Tamura, M. Matsuda, *J. Am. Ceram. Soc.*, **85**, 1873-1875 (2002)
7) 田村勇，松田元秀，三宅通博，*J. Ceram. Soc. Jpn.*, **114**, 205-209 (2006)
8) M. Miyake, Y. Kimura, T. Ohashi, M. Matsuda, *Micropor. Mesopor. Mater.*, **112**, 170-177 (2008)
9) V. K. Jha, M. Matsuda, M. Miyake, *J. Hazard. Mater.*, **160**, 148-153 (2008)
10) V. K. Jha, M. Nagae, M. Matsuda, M. Miyake, *J. Environ. Manage.*, **90**, 2507-2514 (2009)
11) 例えば，N. Shigemoto, H. Hayashi and K. Miyaura, *J. Mater. Sci.*, **28**, 4781-4786 (1993); Y. Suyama, K. Katayama and M. Meguro, *J. Chem. Soc. Jpn.*, **1996**, 136-140 (1996); M. Inada, Y. Eguchi, N. Enomoto and J. Hojo, *Fuel*, **84**, 299-304 (2005) など
12) H. Hattori, M. Matsuda and M. Miyake, *J. Ceram. Soc. Jpn. Suppl.*, **112**, S1347-S1351 (2004)
13) M. Miyake, M. Matsuda and T. Hattori, *J. Euro. Ceram. Soc.*, **26**, 791-795 (2006)
14) T. Hattori, M. Matsuda and M. Miyake, *J. Mater. Sci.*, **41**, 3701-3706 (2006)

〈実用技術編〉

第9章　ホウ素，フッ素およびリンの無害化処理と資源回収技術

1　排水中のホウ素回収リサイクルシステム

石川貴司[*]

1.1　はじめに

　ホウ素は，環境基準，水質汚濁防止法で有害物質として規制されている。このホウ素を含む排水の処理は，一般的に共沈効果による凝集沈殿や濃縮固化等によりホウ素を汚泥側に移行させ産業廃棄物として埋立処理されてきた。しかし，この処理方法では，処理汚泥中のホウ素が安定ではないため，再溶出の懸念があった。また簡易処理として，ホウ素排水を希釈して基準以下にして放流する方法があるが，いずれもホウ素排水の処理としては不十分である。

　当社は，国内唯一のフェロボロン（鉄とホウ素の合金）製造会社であることを活かし，ホウ素排水中のホウ素をホウ酸として回収し，自社にてフェロボロンの原料として再資源化する，環境負荷低減と資源リサイクルの双方を達成する排水処理方法で2000年より事業化している。

　本稿では，当社商品名 B-クルパックによるホウ素回収リサイクルシステムについて紹介する。

1.2　当社ホウ素回収リサイクルシステム

　ホウ素を含む排水からホウ酸として回収する処理装置を販売するとともに，回収したホウ酸も当社でフェロボロン原料として再資源化するため，ホウ素の処理と回収及びリサイクルを当社だけで完結できる。そのフローを図1に示す。

　写真1に示すフェロボロンは，当社北陸工場（富山県射水市）にて鉄とホウ酸を原料として電気炉で溶解し製造している。用途は，①ハイブリッド車のモーターやハードディスク読み書きヘッドの駆動装置などに使われているネオジム鉄ボロン磁石，②変圧器の鉄心などに使われるアモルファス合金，③鉄鋼（焼き入れ性，高温強度を向上）などの原材料として利用されている。

　フェロボロンを製造する電気炉の生産能力はホウ酸として 14000 t/年であり，需給バランスが崩れホウ素リサイクルの環が滞ることはない。

　なお，このホウ素リサイクルシステムは，廃棄物の発生抑制，再使用，再利用に寄与する優れ

---

[*]　Takashi Ishikawa　日本電工㈱　環境システム事業部　郡山工場　技術課

第9章 ホウ素,フッ素およびリンの無害化処理と資源回収技術

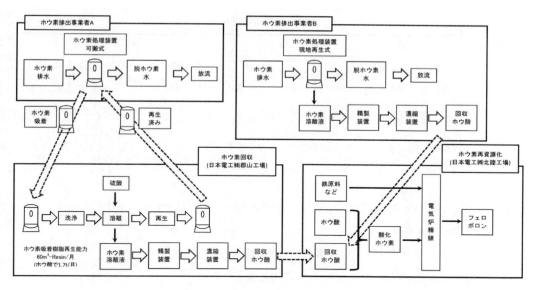

図1 ホウ素回収リサイクルシステムフロー

写真1 フェロボロン

た技術開発等の特徴を有する事業として,財団法人クリーン・ジャパン・センターの平成18年度資源循環技術・システム表彰の経済産業省産業技術環境局長賞を受賞している。

1.3 ホウ素処理に使用するイオン交換樹脂・ホウ素キレート樹脂

ホウ素回収リサイクルシステムは,イオン交換樹脂やホウ素キレート樹脂のような吸着剤と,蒸発濃縮装置などを組み合わせた方法で,排水のホウ素濃度とpH,排水発生量,共存イオン濃度などによりホウ素を吸着させる場合と,ホウ素以外のものを吸着させてホウ素をスルーさせる場合がある。

工業排水・廃材からの資源回収技術

表1 樹脂塔機種名

機種	充填剤	特徴	選択性の例
BC	ホウ素キレート樹脂	N-メチルグルカミンでホウ素を選択吸着する	共存塩濃度が高くてもホウ素吸着
BK	強酸性陽イオン交換樹脂	カチオンを吸着，ホウ酸は吸着しない	$Cr^{3+}>Pb^{2+}>Ca^{2+}>Cu^{2+}>Zn^{2+}>K^{+}>NH_4^{+}>Na^{+}$
BA	弱塩基性陰イオン交換樹脂	ホウ酸は吸着せず他のアニオンを吸着する	$SO_4^{2-}>NO_3^{-}>CL^{-}>CH_3COO^{-}>F^{-}$ （弱酸の H_3BO_3 や SiO_2 は吸着しない）
BB	強塩基性陰イオン交換樹脂	ホウ酸も他のアニオンも吸着する	$SO_4^{2-}>NO_3^{-}>CL^{-}>CH_3COO^{-}>F^{-}$ ＞弱酸の H_3BO_3 や SiO_2

吸着剤としては，次のようなものがあり，B-クルパックの機種を表1に示す。

(1) ホウ素選択吸着剤

　① N-メチルグルカミン系ホウ素キレート樹脂

　② セリウム Ce やジルコニウム Zr などの無機系吸着剤

　③ その他

(2) イオン交換樹脂

　① 強酸性陽イオン交換樹脂

　② 強塩基性陰イオン交換樹脂

　③ 弱塩基性陰イオン交換樹脂

いずれの吸着剤も交換容量があるため，飽和した場合は，酸やアルカリによる再生が必要となり，ホウ素の濃厚液が発生する。このホウ素濃厚液から不純物を除去しホウ酸液として精製し，濃縮してホウ酸固形物として回収し再資源化する。

1.4 ホウ素排水の処理方法

ホウ素排水の処理方法の例として次の3つの方法があり，排水条件に合わせ，低コストの方法を選択する。

1.4.1 低濃度ホウ素で共存イオンが少ない場合

強酸性陽イオン交換樹脂（BK塔）と弱塩基性陰イオン交換樹脂（BA塔）で共存イオンを吸着させ，通過したホウ素を強塩基性陰イオン交換樹脂（BB塔）で吸着させる。BA塔出口の電気伝導率を適正に管理することで，BB塔にホウ素だけを吸着でき，イオン交換樹脂の再生とホウ素のリサイクルが可能となる。さらに出口液も純水となるため工程内で再利用できる。

強塩基性陰イオン交換樹脂はホウ酸を吸着するが，選択性はホウ酸が一番弱く，塩化物イオンなどの共存アニオンが多いとホウ素吸着量が非常に低下するため，ホウ酸を吸着せず他のアニオンを吸着する弱塩基性陰イオン交換樹脂を前段に入れたBK-BA-BBの3塔直列式の処理方法と

第9章　ホウ素，フッ素およびリンの無害化処理と資源回収技術

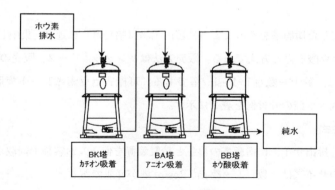

図2　BK-BA-BB処理方法

し，図2に示す。

1.4.2　高濃度ホウ素で共存イオンが少ない場合

強酸性陽イオン交換樹脂（BK塔）と弱塩基性陰イオン交換樹脂（BA塔）でホウ素以外の共存イオンを吸着させ，高濃度のホウ酸液を得て，濃縮させ回収ホウ酸を得る方法である。

1.4.3　低濃度ホウ素で共存イオンが多い場合

共存イオンが多い場合は，イオン交換樹脂よりも高価なホウ素選択吸着剤を用い，排水中のホウ素だけを選択的に吸着させなければならない。ホウ素吸着剤のうち，無機系吸着剤はホウ素吸着量が多い傾向があるが，アルカリで再生し回収物はホウ酸ナトリウムとなる。一方，N-メチルグルカミンのホウ素キレート樹脂は，酸で再生しフェロボロン原料のホウ酸として回収できるため，B-クルパックに採用している。

N-メチルグルカミンのホウ素キレート樹脂のホウ素吸着量は，排水のpHや共存イオン，通水速度にも影響するが，概ね4〜5g/L-Resinである。吸着したホウ素は塩酸や硫酸で溶離し，その溶離液からホウ酸以外の不純物を除去し，フェロボロンの原料としてリサイクルできる純度まで精製する。なお，N-メチルグルカミンのホウ素キレート樹脂は，ホウ素以外にもヒ素AsやセレンSeなどの半金属を吸着する傾向があるが，対象排水がホウ素と同時にヒ素やセレンが含まれることが少なく，回収ホウ酸の純度を低下させることはないが，無機系吸着剤にも陰イオン選択性があり，ホウ素以外の親和性の陰イオンの濃度により純度に影響が出るため，当社のシステムではN-メチルグルカミン樹脂の方がリサイクルしやすい。

1.5　樹脂塔の方式とサイズ

ホウ素キレート樹脂塔とイオン交換樹脂塔は，次の2つの方式がある。

1.5.1 可搬式

可搬式は，飽和した樹脂塔をそのまま当社郡山工場（福島県）に運び，集中して再生（写真2）し，当社で回収ホウ酸を得る方式である。販売方法はレンタル，リース，販売の中から選択でき，樹脂塔のサイズは，数十～数百L-Resin/塔である。可搬式ホウ素キレート樹脂塔の仕様を表2に，得られた回収ホウ酸の分析例を表3に示す。

1.5.2 現地再生式

現地再生式は，排出サイトに樹脂塔の再生と精製装置を備え，お客様で回収ホウ酸を得る方式である。樹脂塔のサイズは，数百L～数 m^3-Resin/塔が可能である。

写真2　集中再生工場

表2　可搬式ホウ素キレート樹脂塔仕様

型式	B350BC	B700BC
充填量	300L-Resin	600L-Resin
大きさ	縦800×横800×高さ1765mm	縦900×横900×高さ2309mm
運転重量	650kg	1200kg

表3　回収ホウ酸分析例

H_3BO_3	%	>99
CL	%	<0.1
SO_4	%	<0.1
Na	%	<0.1
Fe	%	<0.1
Ca	%	<0.1
Mg	%	<0.1

第9章　ホウ素，フッ素およびリンの無害化処理と資源回収技術

1.6　ホウ素排水の処理事例
1.6.1　土壌改質

　土壌改質に伴う浸出水にホウ素が含まれる場合があり，可搬式ホウ素キレート樹脂による処理の実績がある。飽和したホウ素キレート樹脂塔は，当社郡山工場に塔ごと運搬し再生するため，工事現場で再生廃液を処理する設備は不要である。工事期間中のみの使用となるためレンタルでの契約が多い。

　ホウ素処理目標濃度は，放流先の基準や協定により環境基準や排水基準の両方のケースがあり，ホウ素キレート樹脂ではどちらも対応可能である。

1.6.2　地下水

　地下水に自然由来でホウ素を含む場合があり，その地下水を冷却水として使用後に放流する際，ホウ素を吸着させる事例がある。地下水のホウ素濃度が約12mg/Lで，発生量が150m^3/日の20日/月の場合は，可搬式のホウ素キレート樹脂塔B700BCタイプを2塔直列式で使用し，排水基準の10mg/L以下を常時クリアーさせる。交換頻度は約2.5塔/月で，排水処理単価は約200円/m^{3}である。

1.6.3　電子部品

　電子基盤接続用コネクタ製造工程の放流水からのホウ素除去の事例では，ニッケルめっきに含まれるホウ酸のため排水処理後の放流水のホウ素濃度が排水基準の10mg/Lを若干上回っている。ホウ素キレート樹脂を使用し，基準をオーバーしているホウ素を吸着させ放流水のホウ素濃度を10mg/L以下としている。処理前後の排水の分析結果を表4に示す。

1.6.4　光学用ガラス

　ガラス研磨排水に含まれるホウ素除去の事例では，導入当時のホウ素の基準が上乗せの2mg/Lと厳しく，SS除去後の排水の共存イオンが非常に少ないことから，ホウ素キレート樹脂ではなく，強酸性陽イオン交換樹脂BK→弱塩基性陰イオン交換樹脂BA→強塩基性陰イオン交換樹脂BBの3塔直列式で純水とし，研磨工程で再利用することで無排水の処理としている。処理前

表4　ホウ素キレート樹脂処理水の分析結果

		排水	処理水
B	mg/L	12	< 1
CL	mg/L	860	930
SO$_4$	mg/L	2900	2800
Na	mg/L	2000	2000
Fe	mg/L	< 1	< 1
Ca	mg/L	18	17
Mg	mg/L	< 1	< 1
pH	−	7.0	7.5

表5　BK-BA-BB 3塔式処理水の分析結果

		排水	処理水
B	mg/L	19	<1
CL	mg/L	10	<1
SO_4	mg/L	2	<1
Na	mg/L	8	<1
Fe	mg/L	<1	<1
Ca	mg/L	1	<1
Mg	mg/L	<1	<1
電気伝導率	μS/cm	100	3
pH	-	7.5	6.0

後の排水の分析結果を表5に示す。

　ホウ素はホウ酸の形態で存在しており，BK，BA塔では吸着せず，そのままリークし，BKとBA塔ではホウ素以外のイオンが吸着するため，ホウ酸水溶液としてBB塔に通液され，ホウ素吸着量は，10～11g/L-Resinでホウ素キレート樹脂の2倍程度高くなり，ランニングコストも安価となる。

1.6.5　ディスプレイ用ガラス

　ディスプレイ用ガラス部材メーカーでの放流水のホウ素濃度を8mg/L以下とする事例では，放流水のホウ素濃度が10～15mg/LでpH8，排水発生量が3m^3/Hの24H/日である。排水処理フローは，凝集沈殿処理→砂ろ過→活性炭→重金属キレート樹脂→pH調整槽→放流で，共存塩濃度が高い排水からホウ素だけを選択的に除去するためホウ素キレート樹脂を使用する。

　ホウ素キレート樹脂は，可搬式B700BCタイプを2塔直列式とし，1塔目出口からホウ素がリークし飽和した時点で，メリーゴーランド方式で交換する方法をとり，2塔目出口の処理液ホウ素濃度は常に1mg/L以下となる。なお，ホウ素キレート樹脂1Lあたりのホウ素吸着量は排水のpHが8でホウ素吸着に最適な弱アルカリのため約5g/L-Resinと良好で，B700BCの交換本数は3～4塔/月で，排水処理単価は約400～500円/m^3である。

1.6.6　めっき

　ホウ素を含むめっき液としてニッケルめっきや3価クロムめっきがあり，その排水処理後の放流水のホウ素除去に導入実績がある。この事例として，環境省の環境技術実証事業の非金属元素排水処理技術分野（ほう素等排水処理技術）で，平成17年度に当社ホウ素キレート樹脂塔でめっき排水の処理を実証した結果（実証番号070－0501）が環境省の環境技術実証事業のウェブサイトで公開されている。

　3カ月の試験結果は，排水の平均ホウ素濃度21mg/L，平均排水量341m^3/月で，可搬式のホウ素キレート樹脂塔B700BCを使用し，処理水のホウ素濃度は常時0.1mg/Lとなった。B700BC

第9章　ホウ素，フッ素およびリンの無害化処理と資源回収技術

の交換本数は 2.7 塔/月で，排水処理単価は約 1000 円/m^3 であった。

1.6.7　段ボール

段ボール製造工程で，でんぷん糊にホウ酸やホウ砂を添加するため，洗浄排水中にホウ素が含まれることがある。排水処理後の放流水のホウ素濃度を低減するためホウ素キレート樹脂による処理事例がある。

1.6.8　産廃処分場

管理型産業廃棄物埋立処分場の浸出水にホウ素が含まれることがあるが，該当地域の条例や住民協定等で放流水のホウ素濃度を 0.1～10mg/L 以下にしなければならないケースがあり，浸出水の排水処理後の放流水のホウ素処理として，ホウ素キレート樹脂塔による処理事例がある。可搬式 B700BC タイプを 3 塔直列式とし，放流水のホウ素濃度 1～3mg/L を 0.1mg/L 以下まで処理できる。

1.6.9　ホウフッ化物処理

ホウフッ化物イオン（BF_4）は，フラックス洗浄水やホウフッ化めっき水洗水などに含まれるが，ホウ酸を吸着する N-メチルグルカミンのホウ素キレート樹脂では吸着しない。消石灰による凝集沈殿処理でも除去することが難しく，その前段で加熱してホウ素とフッ素に分解させる方法が提案されているが，東京都立産業技術研究所の研究報告に，アルミニウム塩を添加することで常温にてホウ素とフッ素に分解可能で，マグネシウム塩も添加し凝集沈殿処理することで，ホウ素とフッ素を排水基準以下にする方法が載っている[1]。

この方法を応用して，マグネシウム塩の添加量を少なくし，固液分離後に残留するホウ素をホウ素キレート樹脂で選択的に吸着する方法で，発生する汚泥量を少なくすることができる。図 3 に処理の例を示す。

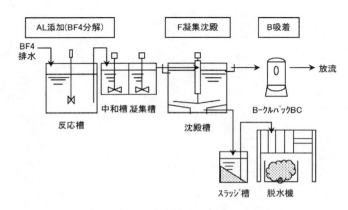

図 3　BF4 分解とホウ素吸着塔の処理例

1.7 ホウ素分析計

当社では，ホウ素処理装置の付帯設備として，排水および処理水のホウ素濃度の自動分析計を上市している。発色試薬と緩衝液を加え吸光度によりホウ素を分析するもので，4カ所の試料を無人で連続測定できるパッケージタイプである。測定可能ホウ素濃度は標準で0～200mg/L，分析時間は1試料あたり約15分である。

1.8 おわりに

当社のホウ素回収リサイクルシステムにおいて，回収したホウ酸は，有価物として排出事業者にコスト還元されるが，ホウ素吸着量の増加，再生薬品の低減，エネルギーコストの削減などにより，リサイクル費用をより一層低減できるよう技術開発を継続中である。

文　献

1) 大塚健治ほか，東京都立産業技術研究所研究報告―工場排水のふっ素除去，第7号（2004）

2 めっき廃液中のホウ素及びフッ素の処理と回収

福田　正*

2.1　はじめに

　これまでフッ素は生活環境項目として規制されてきたため，処理設備の稼働実績も多い。一方，ホウ素については一部の都府県で規制されているものの国の基準が無かったため，排水処理の実施例は殆ど報告されてなかった。平成13年（2001）に一律基準値が公示され，電気めっきなどの特定業種については，3カ年の暫定期間を経て平成16年7月より施行されることになっていたが，ホウ素の処理技術が確立されていないなどの理由によって，暫定期間が延長される状況である。

　全国鍍金工業組合連合会（全鍍連）によるめっき工場排出水のホウ素，フッ素濃度などに関する調査結果[1]によれば，7%の事業所でホウ素が，9%の事業所でフッ素が一律基準値を満たしていないという結果になっている。その原因をめっき種別にみると，ホウ素については殆どがニッケルめっき工程からの排出によるもので，めっき槽の極板やろ過機など設備の保全時や，加工量の急激な増加時に発生することが指摘されている。

　他方，フッ素化合物の排出要因の多くはアルミ前処理加工，化研加工など前処理工程であることが分かった。しかし，基準値を満たしていない事業所の多くは都市部に在り，これらの事業所は「節水」や「排水のリサイクル化」が進んでいることが推測されることから，高度な排水のリサイクル化が影響している結果ともいえる。

　鉛，シアン，六価クロムなどの有害物の基準値に比べフッ素，ホウ素の一律基準値はそれぞれ8，10 mg/Lであることから，作業工程内の工夫によって対処することが可能なケースもあると思われる。また，めっき浴液のホウ素，フッ素化合物濃度の低減化，代替品への変更などについても検討すべきであろう。

2.2　ホウ素，フッ素の排出源と濃度

　ホウ素およびフッ素はホウ酸，フッ酸，ホウフッ酸などの化合物として広く表面処理剤の成分として使用されている。

　表1にホウ素，フッ素を含む主なめっき浴とホウ素，フッ素の濃度を示す[2]。ホウ素化合物のうちホウ酸はニッケルめっきを始め，酸性亜鉛めっき（塩化カリ浴），亜鉛／コバルト合金めっきなどの浴成分として，フッ素化合物はフッ酸，ホウフッ酸として錫，鉛めっき浴の成分として使用される。

---

*　Tadashi Fukuta　㈱三進製作所　相談役

表1 ホウ素,フッ素化合物を含むめっき液のホウ素(B),フッ素(F)濃度

めっき液種	ホウ素,フッ素化合物濃度 [g/L]	ホウ素(B) またはフッ素(F) 換算濃度 [g/L]
電気ニッケル	H_3BO_3 : 35~45	7~8 (asB)
ホウフッ化錫	$Sn(BF_4)_2$: 50~200 HBF_4 : 100	20~40 (asB) 140~190 (asF)
ホウフッ化鉛	$Pb(BF_4)_2$: 250~350 HBF_4 : 40~50 H_3BO_3 : 10~20	15~21 (asB) 100~134 (asF)
はんだ	HBF_4 : 80~120 H_3BO_3 : 10~20	12~18 (asB) 70~104 (asF)

ニッケルめっき液のホウ酸濃度は,35~45 g/L(ホウ素換算で7~8 g/L)であり,水洗工程の工夫や浴液のホウ素濃度の更なる低減化によって対処することも可能であるが,ホウフッ化錫や鉛めっき浴では種類によって100~200 g/L以上のフッ素イオンが含まれることから,排水中にも相応の濃度で含まれることになる。

全般にホウフッ化浴のフッ素濃度は高いため処理が必要になる。全鍍連の調査資料[3]では,専業めっき事業所の約60%がニッケルめっきを保有し,約24%が錫,はんだめっきを保有していることから,ホウ素,フッ素対策は重要な課題となっている。

2.3 ホウ素及びフッ素処理
2.3.1 ホウ素処理

前項で述べたように,ニッケルめっき浴のホウ酸濃度は35~45 g/Lであり,ホウ素(B)としてはニッケル濃度の1/10と見てよい。また,ニッケル系排水の全排水量に占める割合(希釈率)から判断して,通常のニッケル系洗浄排水による基準値超過は考えにくい。前述の全鍍連調査[1]では,

① めっき槽,陽極,ろ過機などの洗浄時に発生する比較的高濃度の廃液
② 加工量の増加による汲み出し量の増加

などが原因とされているが,めっき槽や付帯設備の洗浄排水の処分方法などを工夫することによっても,改善されるものと考えられる。

排水からホウ素を分離除去する方法としては,イオン交換樹脂による吸着分離法,凝集沈殿分離法,溶媒抽出法などがある。低濃度排水にはイオン交換樹脂法の適用も可能であるが,イオン交換樹脂の再生溶離液には濃縮されたホウ酸が排出されるため,この処置を検討せねばならない。また,凝集沈殿分離法はスラッジが多量に生成するなど問題点が多い。

第9章　ホウ素，フッ素およびリンの無害化処理と資源回収技術

(1) イオン交換樹脂法

ホウ素吸着材としてイオン交換樹脂，酸化ジルコニウム，活性アルミナ，活性炭などが検討されているが，最も吸着性能が良く実用的な吸着材は，N-メチルグルカミン型のホウ素選択性吸着イオン交換樹脂である。しかし，イオン交換樹脂の総交換容量は 3.5 g (B) /L-R 程度であり吸着量はかなり少ない。

また，イオン交換樹脂の再生で発生する廃液には，濃縮されたホウ酸が含まれているため，自社内で処理する場合はホウ酸の固形化処理が必要になってくる。

図1に市販のグルカミン型ホウ素選択性樹脂を使用して，ニッケルめっき排水のニッケル分離後の処理水を吸着処理した結果を示す。処理前のホウ素濃度：14 mg/L，pH：9.0，SV（通液速度）：10 の条件で通液した場合，160 Bed-volumes までは処理液のホウ素濃度は 2.0 mg/L 以下で，180 Bed-volumes では 6.0 mg/L，200 Bed-volumes では処理前とほぼ同じ濃度の 13.0 mg/L となった。この間の吸着量は約 2.8 g/L-R（as B）であった。このように吸着容量の小さいことが普及を遅らせている理由にもなっている。

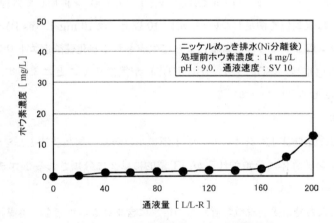

図1　イオン交換樹脂法によるホウ素吸着

(2) 凝集沈殿分離法

ホウ酸は酸性域では BO_3^{3-}，アルカリ域では $B(OH)_4^-$ のイオン状で存在しており，pH 調整だけではいずれの pH 域においても沈殿しない。凝集沈殿分離法は凝集沈殿剤としてカルシウム塩，アルミニウム塩，マグネシウム塩を用いるが，その他鉄塩やニッケル塩の併用による方法も報告されている。また，多価アルコールとの反応を利用して，ぶどう糖やマンニットとカルシウム塩を併用する処理法も有効である。しかし，これらの処理法はホウ素に対して過剰の処理剤を添加せねばならず，その結果，ホウ素を含むスラッジが多量に発生することが難点である。

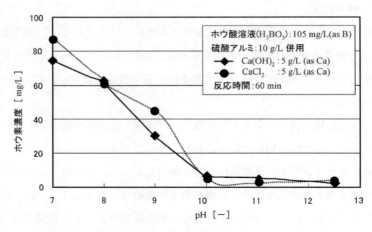

図2 硫酸アルミとカルシウム塩併用によるホウ素処理

図2にホウ素105 mg/Lを含む排水にアルミニウム塩（$Al_2(SO_4)_3 \cdot 14$-$18H_2O$）として10 g/L, これにカルシウム塩（$CaCl_2$, または$Ca(OH)_2$）5 g/L（as Ca）を併用して処理した結果を示す。pH値が10以下では規制値を満足しないが，pH：10以上では10 mg/L（as B）を下回っている。

本法はカルシウム塩とアルミニウム塩によって生成される水化硫酸塩エトリンゲイト $\{Ca_2Al_2(SO_4)_3(OH)_2 \cdot 26H_2O\}$ の（SO_4^{2-}）と（$B(OH)_4^-$）が置換することによって，難溶性のBoro-Ettringiteを生成させるといわれている[4]。

(3) 溶媒抽出法

抽出剤としては①脂肪族1,3-ジオール，②1価アルコール，③脂肪族1,2-ジオール，カテコールおよびサリケニン誘導体に分類されるが，工業的には②に分類される2-エチルヘキサノール（EHA）が多く用いられている。

羽野らは，石炭火力発電排煙脱硫装置からの排水に含まれるホウ素を，溶媒抽出法で回収するプロセスについて報告している[5]。抽出剤として2-ブチル-2-エチル-1,3-プロパンジオール，溶媒としてEHAを用いることにより効率的に抽出することが可能になった。また，坪井らは製鋼ダストからのレアメタルの抽出回収について報告しているが[6]，いずれも大規模な処理を対象としており，小規模なめっき排水には適合しない。

2.3.2 フッ素処理

フッ酸の処理法としては，従来からカルシウム塩による凝集沈殿分離法が一般的であり実績も多い。その他，イオン交換樹脂による吸着分離法なども適用できる。

また，イオン交換樹脂による硝酸やフッ酸廃液の精製回収法（Acid retardation）が注目されるようになった。表2にフッ素処理法と適用条件を示す。

第9章　ホウ素，フッ素およびリンの無害化処理と資源回収技術

表2　フッ素処理法の特徴と適用

処理方法	処理概要と特徴	適用
カルシウム塩添加凝集沈殿法	・カルシウム塩を添加して凝集沈殿処理 ・簡単な処理法 ・錯塩は処理が難しい ・スラッジの発生多い	・フリーのフッ素が対象 ・低濃度～高濃度に適用 ・大容量も可
カルシウム塩＋アルミニウム塩添加凝集沈殿法	・BF_4^-をAlF_6^{3-}に変えた後，カルシウム塩で沈殿処理 ・常温では進み難い（長時間要）スラッジの発生多い	・フリーのフッ素及びBF_4^-処理も可能 ・大容量も可
加温処理法	・カルシウム塩のみ或いはアルミニウム塩併用で加熱処理 ・反応時間が短かい ・熱源が必要	・フリー及びBF_4^-処理も可 ・小容量向き
イオン交換樹脂法	・フリーフッ素用，錯塩用のフッ素選択樹脂の利用 ・低濃度まで処理可能。フッ素を含む再生廃液が発生	・高精度の要求にも対応可 ・低濃度液が対象 ・大容量も可
その他の方法	・活性アルミナ吸着 ・マグネシア系吸着剤 ・フッ素処理剤など	・それぞれ特徴があり，種々の適用例あり

(1) **イオン交換樹脂法**

フッ素選択性イオン交換樹脂によってF^-あるいはBF_4^-を吸着分離する方法である。しかし，ホウ素と同じようにイオン交換樹脂の飽和，再生によって生じる再生廃液のF^-，BF_4^-の固形化処理が必要になる。

図3に市販のフッ素選択性イオン交換樹脂による，フッ酸排水の処理例を示す。処理前のF^-濃度：32 mg/L，通液前のpH値：4.8，通液速度（SV）：10で処理した結果を示す。通液量80 Bed-volumesまでは処理液のF^-濃度は5 mg-F/L以下となった。

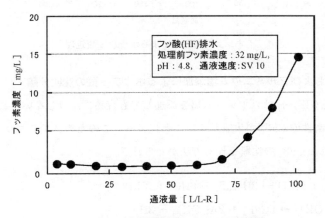

図3　イオン交換樹脂法によるフッ素処理

(2) 凝集沈殿分離法

フッ素含有排水の処理はカルシウム塩添加による沈殿分離法が一般的であり，フッ素イオン（F^-）はカルシウムイオン（Ca^{2+}）と反応してフッ化カルシウムを生成し沈殿する。

$$2F^- + Ca^{2+} \rightarrow CaF_2 \downarrow \tag{1}$$

生成した CaF_2 の溶解度は25℃で16 mg/L であるので，Fとしての溶解量は約8 mg/L になる。カルシウムの添加量を増せば更に低減できるはずであるが，共存物の影響などで8 mg/L 以下にすることは容易でない。

2.3.3 ホウフッ化物の処理

ホウフッ化物としてのフッ素処理法にはイオン交換樹脂法，アルミニウム塩・カルシウム塩併用凝集沈殿処理法，加熱凝集沈殿処理法その他各種吸着法がある。

(1) イオン交換樹脂法

図4に市販の選択性イオン交換樹脂によるホウフッ酸排水の処理例を示す。濃度53.4 mg/L（as F），通液前のpH値：3.8，通液速度（SV）：10で処理した結果，220 Bed-volumes までは F^- 濃度は5 mg/L 以下を維持し，この間の交換吸着量（フッ素換算）は11.7 g/L-R となっている。

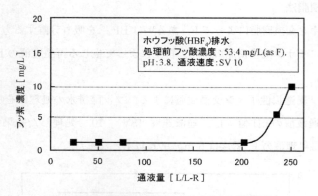

図4 イオン交換樹脂法によるホウフッ酸処理

(2) カルシウム塩およびアルミニウム塩添加によるホウフッ酸の沈殿分離

ホウフッ化イオン（BF_4^-）はカルシウム塩を添加しても容易に沈殿しない。これは BF_4^- の錯塩が安定しており不溶性の CaF_2 が生成しないことによる。このためアルミニウム塩を添加し，BF_4^- 錯塩を分解した後 CaF_2 の沈殿を作る方法がとられる。

$$3HBF_4 + 2AlCl_3 + 9H_2O \rightarrow 2H_3AlF_6 + 6HCl + 3H_3BO_3 \tag{2}$$

$$2H_3AlF_6 + 6Ca(OH)_2 \rightarrow 6CaF_2 + 2Al(OH)_3 + 3H_2O \tag{3}$$

第9章 ホウ素, フッ素およびリンの無害化処理と資源回収技術

(2)式の反応は安定な BF_4^- イオンを分解し, アルミニウムとフッ素の錯体に変える反応で常温では反応が遅い。また, (3)式の反応はアルミニウムとフッ素の錯体をフッ化カルシウムに変える反応で, 常温でも比較的早く反応が進むといわれている。この方法ではアルミニウム添加量が反応に影響するため, 添加量を増すことによって反応時間を速めることができる。

ホウフッ酸を含むはんだめっき排水の処理例を図5に示す。処理前のフッ素濃度:1800 mg/L, カルシウム添加量:3.0 g/L(一定, 理論反応量の約1.5倍), 反応温度:15℃で処理した結果, アルミニウム塩の添加量の増加とともに反応が早くなり, Al/F 比が1.18では反応時間が24時間で処理液中の残存フッ素量は18 mg/Lまで低下した。

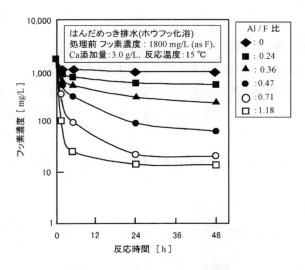

図5 Al塩およびCa塩添加法における反応時間と残存フッ素濃度

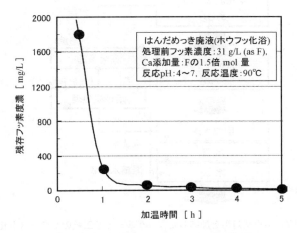

図6 加温処理法によるホウフッ酸の処理

(3) 加温処理法によるホウフッ酸の処理

常温では，ホウフッ酸系排水に水酸化カルシウムを添加しても，フッ化カルシウムの生成速度は非常に遅く実用的でない。しかし，高温（90℃以上が望ましい）ではBF_4^-の錯体が分解しフッ化カルシウムが沈殿する。処理は回分式になるため高濃度，少容量の廃液が対象となる。図6に錫／亜鉛合金めっき廃液（F：31 g/L）の処理結果を示す。カルシウム添加量をモル比でフッ素の1.5倍とし，pHを4〜7に固定しながら反応温度を90℃に保持した。最初の0.5時間で処理液の残存フッ素濃度は1800 mg/Lまで低減し，除去率は約95％となった。また1時間では約99％まで分解する。フッ素濃度が100〜200 mg/L以下では分解速度が遅くなるが，高濃度廃液の処理法としては有効である。

2.4 ホウ素，フッ素化合物の回収

2.4.1 ニッケルめっき汲み出し液の濃縮回収によるホウ酸の排出抑制

ホウ酸については，イオン交換樹脂法による再生液からのホウ酸の再利用法が報告されている[7]。本項では，ニッケルめっき工程をクローズド化してホウ酸を排出抑制するシステムについて述べる[8]。

この方法を図7に示す。二重ニッケルめっきの場合，光沢ニッケルめっきの第1水洗液（回収

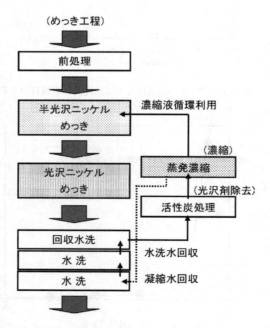

図7 ホウ素対策を加味したニッケルめっき工程のクローズド化

第9章 ホウ素，フッ素およびリンの無害化処理と資源回収技術

液）を濃縮して，半光沢ニッケルめっき槽に戻すことによって，ホウ酸の排出抑制とニッケルの循環利用による資源リサイクルが可能となる。半光沢ニッケルめっき槽に回収するためには，一部の光沢剤成分を除去する必要があるが，特殊活性炭によって効率よく吸着することができる。100 L/h の濃縮回収量により，従来はニッケル水洗工程からホウ素 10～15 mg/L を含む洗浄排水が 450～500 L/h 排出されていたが，本システムによって最終水洗槽で数 mg/L のホウ素が検出されるものの，排水量はほぼゼロになる。この結果，ホウ素対策と同時に約 85％のニッケルが回収できた。

2.4.2 Acid retardation 法（イオン交換樹脂法）による廃フッ酸の精製回収

電気めっきなど表面処理ではピックリング，エッチング液としてフッ酸，硝酸などを使用しているが，70～80％の有効酸を残した状態で廃棄されており，環境負荷低減対策としても循環利用することが望ましい。従来から酸回収法として拡散透析法，電気透析法などが提案されてきたが，操作上の面で問題が多かった。

Acid retardation といわれるイオン交換樹脂による遊離酸の回収法は，操作が容易でピックリング，エッチング液などの精製回収法として普及されてきた。とくに製鋼業など大規模な製造ラインでは経済的な回収法として利用されている。

ある種のイオン交換樹脂に金属塩を含む酸溶液を通液すると，先に金属塩を含む溶液がリークし，遅れて遊離酸がリークする現象がみられる。次に水で再生展開（通水）すると，金属塩が先に溶離し遅れて遊離酸が溶離してくる。この現象を Acid retardation と呼んでいる。

銅，アルミニウムなどの金属を含む硝酸および酸性フッ化アンモニウム混合液（ディスマット液）の処理例を図8に示す。処理した結果，Bed Volume［B.V］0.8～1.0 までは金属塩溶液が優先して流出される（廃棄または廃液処理）。通液処理を 1.2 B.V で終了し，水再生に切り替えた

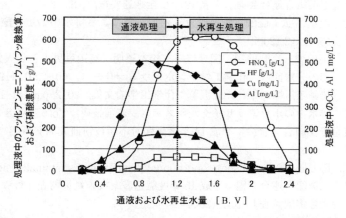

図8 Acid retardation による硝酸，フッ化アンモニウム混合廃液の精製回収

後 B.V 2.0 程度までの処理水は高濃度の遊離酸（有効酸）が流出する（回収，酸を補給して循環利用）。この通液／水再生の操作を繰り返すことによって，金属の分離率は50％程度であるが70〜80％の酸が回収できる。

2.5 おわりに

米国の著名な環境経済学者 Herman E. Daly は，著書[9]で「持続可能な発展は，収率（harvest rates）が再生率（regeneration rates）に等しくなければならない，といっているし，廃棄物排出率（waste emission rates）は（最大でも）自然界同化収容力（natural assimilative capacities）と等しくなければならい，ともいっている。

めっき業は多種の有害物を扱っているため，事業が係わる排水，大気，廃棄物など環境に関する規制が他の業界に比べ極端に多い。その作業環境の中で安全に操業できる「環境保全システム」を構築せねばならない。

また，めっき業で発生する混合スラッジ量は年間約6万5千トンといわれており[10]，その発生量の95％以上が埋め立て処分されている。埋め立て処分場の枯渇に加え，省資源の観点からも更に資源の有効利用を促進したいものである。

文　献

1) 全国鍍金工業組合連合会編；平成21年度全鍍連要覧，p.76 (2009)
2) ㈳表面技術協会編；表面技術便覧，p.p 203-256 (1998)
3) 全国鍍金工業組合連合会編；平成19年度全鍍連要覧，p.83 (2007)
4) 工藤聡，坂田昌弘；硫酸アルミニウムと消石灰による排水中のホウ酸の凝集沈殿処理，日本化学会誌，No.2 (2002)
5) 羽野忠，平田誠，高梨啓和，国分修三，松本道明，高田尅男；石炭火力発電所脱硫廃水からのホウ素の分離回収，化学工学シンポジウムシリーズ，60 (229), (1997)
6) 坪井泉，梁鐘奎，欅田栄一，駒沢薫；化学工学論文集，20, 2, p.p 141-147 (1994)
7) 早川智；排水中のホウ素リサイクルシステム，表面技術，Vol.55, No.8 (2004)
8) 全国鍍金工業組合連合会；平成14年度課題対応新技術研究開発事業 委託業務成果報告書 (2003)
9) Herman E. Daly; Toward some operational principles of sustainable development (1990)
10) 全国鍍金工業組合連合会編；平成15年度製造産業技術対策調査「めっきスラッジのリサイクルに関する実態調査」，p.12 (2004)

3 工業排水からのフッ素・リンの回収技術

横山　徹*

3.1 はじめに

　第5章で述べた通り，近年，有価物の回収・再利用が必要とされてきており，製造プロセスにおいても，有価物の回収の実用化例が増えてきている。その傾向は，水処理の分野，特に工業排水処理においても顕著に現れてきている。

　各工場では，その業種によって様々な工業原料（フッ素，リン，アンモニア，レアメタルを含む重金属など）を使用し，これらの一部が工業排水中に混入して環境中に排出される。これら排水は，業種にもよるが大水量であることが多く，その処理に膨大なコスト，大規模な設備が必要となり，企業の収益に大きな影響を与えている。特に，排水処理，産廃処分コストの低減は，どの業種においても重要な課題となっている。

　また，世間の環境意識が向上している昨今においては，工場排水による環境への負荷や，産業廃棄物を排出することによる沿岸部の埋め立てなどに対し厳しい目が向けられ，企業イメージの向上，地球温暖化の防止といった観点からも，廃棄物の低減が求められている。

　これら廃棄物処分のコストに加え，工業原料そのもののコストも近年では増加してきている。日本では，工業原料の多くを海外からの輸入に頼っており，中国の関税引き上げに代表される輸入価格の高騰や，世界的な資源の枯渇が懸念されていることから，これらの工業原料の調達コストが全体の収益を圧迫することも多く見られる。

　以上のように，処理コストの低減，環境負荷の低減，資源リサイクルといった課題に対応する手法の一つとして，排水中からの有価物回収技術の適用が挙げられる。排水中から目的の物質を回収することによって，産業廃棄物量を減らすだけでなく，それを有価物として売却することによる利益も確保できるため，回収プロセスを導入する工場が増加してきている。

3.2 工業排水の水処理システム

　前述のように，各産業の工場からは大量の水が排出されている。これらの排水の処理方法としては End of pipe 処理が主流であり，図1のように総合排水処理設備に送られて処理される。この処理方法の問題点としては，以下の点が挙げられる。

- 処理対象物質に対する除去技術を，直列につなげる処理となる（Ex. P除去→BOD除去→難分解性物質除去）
- 処理対象となる水量が多くなり，装置が大型化する。

＊　Toru Yokoyama　オルガノ㈱　開発センター　第二開発部

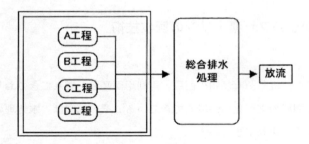

図1　従来の工業排水処理システム

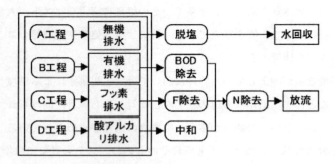

図2　最近の工業排水処理システム（電子産業の一例）

・処理対象物質濃度が薄くなり，処理効率が低下する。
・排水回収や有価物回収が困難となる。
・新規の処理対象物質が出た場合に，全水量対応となりやすい。

　これらの問題への対応として，最近では排水を分別し，個々の処理対象物質の最適処理技術を導入するケースが増えてきている（Ex.有機排水，フッ素排水，酸アルカリ排水など，図2参照）。排水を分別することにより，それぞれの処理対象物質に適した処理技術を適用させることができ，また共存物質が少なくなることにより，対象物質の回収・リサイクルの実現性が高いシステムを構築することが可能である。このように，各工場において低コスト，省エネ，省廃棄物，安定水質のために試行錯誤がなされている。

　こうした取り組みが進むにつれて，工業排水からの有価物回収技術は発展してきており，アンモニアの回収，重金属類の回収，水の回収，エネルギー回収など様々な技術が実用化されている。本稿では，この中から特にフッ素とリンの回収技術について記載する。

3.3　フッ素の処理・回収技術

　工業原料としてのフッ素は，主に蛍石（フッ化カルシウム）を原料として用い，フッ酸などの

第9章　ホウ素，フッ素およびリンの無害化処理と資源回収技術

工業用薬品が製造されている。蛍石の供給は中国，タイ，メキシコなどからの輸入に頼っており，近年では輸入価格が大幅に高騰してきていることなどから，フッ酸・フッ素系素材メーカーにとって，原料コストを圧迫する要因となっている。

　フッ素の排出源は，半導体・電子関連およびその周辺産業，鉄鋼業，金属材料，光学系材料産業等であり，特に，半導体・電子関連産業の工場では，ウェハの洗浄薬品やエッチング薬品としてフッ酸やバッファードフッ酸（主原料フッ化アンモニウム）が多量に使用される。これらの薬品は数％の高濃度で使用され，そこから発生する廃液としては，高濃度フッ酸廃液と，ウェハやウェハ製造装置の水洗浄により発生した低濃度のフッ素含有排水に分けられる。高濃度のフッ酸廃液は廃棄物として処分され，数十～数百 mg-F/l の低濃度のフッ酸排水は各工場の排水処理設備で処理されるのが一般的である。

3.3.1　従来のフッ素処理技術

　フッ素含有排水の処理は，従来から凝集沈殿法が行われてきた（図3）。この方法では，まず，排水に消石灰を添加してフッ化カルシウムを生成させる。このフッ化カルシウムは微細なためこのままでは固液分離できないことから，更に無機凝集剤と高分子凝集剤を併用添加してフロックを形成させ，沈殿分離させる。沈殿分離した汚泥は脱水して脱水ケーキとして廃棄物処理されている。

　この凝集沈殿処理の環境の視点から見た課題は，フッ化カルシウムと凝集剤の成分を含む脱水ケーキが多量に発生することである。

　一部の脱水ケーキは，セメント原料として回収される場合もあるが，費用をともなううえ，セメント製造量の低下とともにその回収に限界が来ており，継続が困難になってきている。一方，

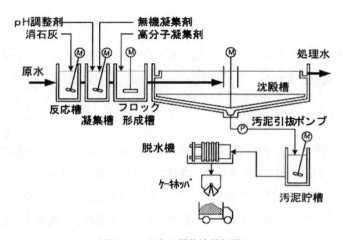

図3　フッ素の凝集沈殿処理

使用済みの高濃度フッ酸は，鉄鋼業などの他産業で再利用するなどの対策も取られているが，最終的に廃棄処分される点で最適な処分方法とは言いがたい。

こういった状況の中で最近注目されている処理方法が，晶析法を用いたフッ化カルシウムの回収技術である。廃液や排水中のフッ素にカルシウムを添加して，フッ化カルシウムの結晶を生成させ，このフッ化カルシウムの結晶をフッ酸製造原料として回収するものである。この資源循環型のリサイクルシステムの概念図を図4に示す。

このリサイクルシステムの技術的要は晶析装置であり，以下に既に実用化されている晶析装置「エコクリスタ」について紹介する。排水のフッ素濃度に応じて，流動床型と攪拌槽型の2タイプがあるが，本稿では高濃度フッ酸廃液からのフッ素回収を目的とした攪拌槽型について述べる。

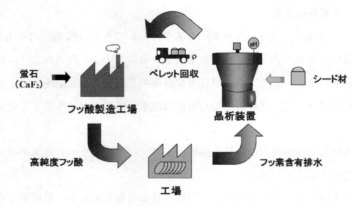

図4　フッ素リサイクルシステム概念図

3.3.2　晶析装置

(1) 原理

原水中のフッ素イオンとカルシウム剤（塩化カルシウム，消石灰）として注入したカルシウムイオンの反応は(1)式で表される。

$$2F^- + Ca^{2+} \rightarrow CaF_2 \tag{1}$$

この反応は凝集沈殿法でも晶析法でも同じである。凝集沈殿法では，フッ化カルシウムの微細粒子を生成させ，これを凝集フロックに捕捉させて分離するが，晶析法では，予め数～数$10\mu m$のシード材（種晶）を液中に存在させることで，シード材表面にフッ化カルシウムを晶析させ，粒状の結晶（ペレット）に成長させる。この粒状結晶は凝集沈殿法で生成される微細なフッ化カルシウムと異なり，凝集剤を加える必要は無く，容易に固液分離できる。概念図を図5に示す。

第9章　ホウ素, フッ素およびリンの無害化処理と資源回収技術

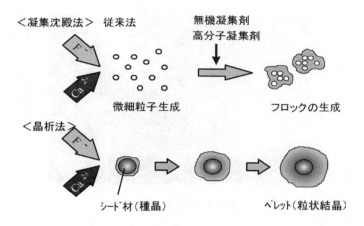

図5　フッ化カルシウム生成の概念図

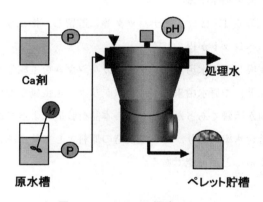

図6　エコクリスタ概略フロー

　微細粒子の発生を抑制しながら, フッ化カルシウムの結晶化を促進する重要な晶析条件としては, 反応 pH や混合攪拌が挙げられる。フッ化カルシウムが生成する反応 pH は 3〜12 の間であるが, 原水中のリン酸やシリカなどの共存イオンは処理水水質やペレット純度に影響を与えるため, 処理水水質の低減やペレットの高純度化などの目的に応じた至適な pH としなければならない。また, ペレットの流動状態やフッ素とカルシウムの混合状態が悪いと, ペレット同士の固着, 反応槽内のスケーリングや微細粒子の発生などの問題が発生するため, 充分な混合攪拌が必要である。

(2)　プロセスフロー

　図6に本装置の概略フローを示す。原水はカルシウム剤とともに晶析反応槽に供給され, 攪拌機の攪拌力によって速やかに拡散する。同じく攪拌機の攪拌力によって反応槽内を流動している

工業排水・廃材からの資源回収技術

写真1　引抜きペレット

シード材の表面に析出し，徐々に成長し，粗大化していく。成長したペレットを反応塔下部から抜き出し，同時にシード材を補給する。

抜き出したペレット（写真1）はコンテナバック等に貯留し，搬出する。含水率5～10％の低含水率フッ化カルシウムペレットが得られる。

従来の凝集沈殿法で生成した脱水汚泥は，フッ化カルシウムを主成分とするものの，無機凝集剤（鉄，アルミニウムなど）や原水由来の不純物（シリカ，重金属など）や水分を多量に含んでいるため，回収・再利用が困難であった。しかし，本晶析装置によって得られるフッ化カルシウムの結晶は，高純度，低含水率であり，フッ酸製造の原料として使用される天然蛍石の代わりの原料としてリサイクルすることが可能である。

3.4　リン回収技術

リンは，人体にとって必須元素の一つであり，その存在量は食料などの人間活動に由来する割合が大きい。工業的には，肥料として大量に使用されているほか，先端産業においてもリン酸が液晶や半導体のエッチング剤として使われたり，リンを含む化合物が自動車の塗装下地などに使われたりしており，我々の生活になくてはならない重要な元素である。

リン資源の枯渇については古くから論じられており，その寿命はあと60～100年程度であると言われている。この問題に対応すべく，下水汚泥からのリン回収技術については研究が進んでいるが，下水中には様々な共存物質が多く含まれるために，下水からの回収リン鉱石は純度が低く，工業用リン酸の原料としては使用できない。そのため，肥料用としての適用が検討されているが，安全衛生面のハードルは高く，仮に肥料取締法の規制をクリアしたとしても，下水からの回収物を食物に使用するという衛生面の不安から，なかなか実用化に踏み切ることができていないのが現状である。

第9章 ホウ素，フッ素およびリンの無害化処理と資源回収技術

　一方，液晶などの工場で使用されているリン酸は，前述のように排水の切り分けが進んだ昨今においては，共存物質が少なく濃度が高い排水として排出されることが多く，下水に比べてはるかに回収しやすい状態で存在する。純度の高い人工リン鉱石として回収することができれば，肥料用ではなく工業用のリン鉱石として再利用することができるため，法の規制を受けず，実用化が現実的となる。

3.4.1　従来のリン処理技術

　リンは通常ではフッ素と同じように凝集沈殿法によって処理されることが多いため，工業排水からリンを回収することによって，廃棄物量の削減，ランニングコストの低減，資源リサイクルの促進を達成することができるようになる。

　反応原理は，基本的にはフッ素と同様にカルシウム剤を注入することにより，リン酸カルシウムを生成させることによる。

$$2PO_4^{3-} + 3Ca^{2+} \rightarrow Ca_3(PO_4)_2 \tag{2}$$

　従来の凝集沈殿法では，pH8以上で上記の反応を行うことによりリン酸カルシウムを生成し，これを凝集フロックに捕捉させて分離する。この方法だと，凝集剤を使用するためにリン酸カルシウムの純度が低下し，有価物としての回収が困難になる。凝集剤を使わない場合は，粒子が微細であるために沈殿槽で沈降分離することが困難になり，やはり回収が困難になる。

　この問題を解決するために，3.3で紹介した晶析法と同様の技術を用いて，リン酸カルシウム（主成分はヒドロキシアパタイト，HAP）やリン酸アンモニウムマグネシウム（MAP）として回収する技術も考案されている。しかし，前者は溶解度が低く微細な粒子が発生しやすい点，後者はアンモニウムやマグネシウムの添加が必要な点から技術的なハードルが高く，更にコスト面や法的な面の理由により，回収・リサイクルまで実施されるのは難しい場合が多い。

3.4.2　リン酸回収システム

　そこで考案されたのが，3段反応凝集沈殿法である。図7に，システムのフロー図を示す。この方法は，pHによって生成するリン酸カルシウムの性状が異なることを利用した方法である。リン酸とカルシウムの反応は，アルカリ性では(2)の反応が起こるが，酸性側では(3)や(4)の反応が起こる。

$$2PO_4^{3-} + Ca^{2+} + 4H^+ \rightarrow Ca(H_2PO_4)_2 \tag{3}$$
$$PO_4^{3-} + Ca^{2+} + H^+ \rightarrow CaHPO_4 \tag{4}$$

　酸性側で生成させたリン酸水素カルシウムは，溶解度は高いが沈降濃縮性と脱水性に優れた性状を持つ。そのため，まず低いpHでリン酸水素カルシウムを生成させた後，その後段の反応槽

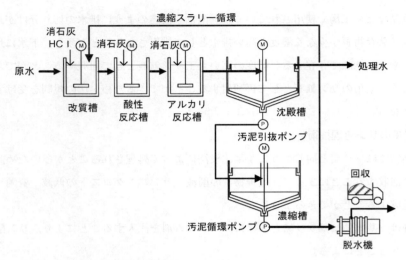

図7　リン酸回収システムフロー

で pH を上げて溶解度の低いリン酸カルシウムを析出させて液側のリン酸イオン濃度を低減する。そのままでは沈降濃縮が困難であるので，この汚泥を引抜き，前段の反応槽に返送して循環させる。酸性条件下でこのスラリーを反応させることにより，沈降濃縮性に優れた改質リン酸カルシウムを生成させることができる。また，生成した微細なリン酸カルシウムの粒子も，沈殿させて回収することができるのも利点である。

この方法で生成した改質リン酸カルシウムは，凝集剤を使用することなく沈降分離することが可能であるので，純度の高い性状の人工リン鉱石を得ることができる。回収された人工リン鉱石の純度は天然のリン鉱石よりも高く，不純物の点でも全く問題のない性状のものとなる。

3.5　おわりに

以上に紹介した技術を用いることで，半導体・電子関連産業から大量に排出されるフッ素やリンを廃棄処分することなく有価物として回収することができる。これは，工場のランニングコストの低減及び環境負荷の低減の両面に寄与するものであり，今後関連産業に広がっていくことが望まれる。

4 表面処理分野のりん酸塩処理と有効利用

小林典昭*

4.1 はじめに

鋼材の塗装前処理技術としては，りん酸塩処理，特にりん酸亜鉛処理が一般的に用いられてきた。塗装前処理としてのりん酸亜鉛処理の用途は，自動車車体の電着塗装下地が最も多く，自動車車体に用いられる金属材料，および電着塗料の改良と共に，りん酸亜鉛処理技術も改良が重ねられてきた。1970～1980年代にかけては，自動車車体の防錆性能向上の要求と共に車体材料には亜鉛めっき鋼板の採用が拡大された。

りん酸亜鉛処理技術も防錆性の向上を目的に改良を繰り返し，トライカチオンタイプと呼ばれるZn-Ni-Mn含有タイプの処理液に，被処理物を浸漬するフルディップ方式が採用され，現在に至っている。

近年は，塗装前処理技術にも品質向上やコスト低減に対する要求だけでなく環境対応との両立が求められ，発生する廃棄物の3R（Reduce，Recycle，Re-use）技術の開発が行われている。Reduce技術としては，発生源に着目して廃棄物を低減させる薬剤が開発されている。また，Recycle，Re-use技術については発生した排水汚泥およびスラッジを原料として再利用するシステムが構築されている。

4.2 従来の塗装前処理工程

1980年代に採用され，現在も使用されているフルディップ方式の塗装前処理工程の薬品を表1に示す。脱脂処理には通常アルカリ脱脂剤が用いられ，被処理物に付着した油分や鉄粉等の異物

表1　塗装前処理工程

工程	薬剤タイプ	処理温度(℃)	処理時間(秒)	主成分
予備洗浄		35未満		脱脂工程の約1/10
予備脱脂	アルカリ脱脂剤	40	30～60	アルカリビルダー
脱脂	アルカリ脱脂剤	40	120	界面活性剤
第1水洗		常温		脱脂工程の約1/10
第2水洗		常温		脱脂工程の約1/100
表面調整	Tiコロイド	常温	120	Ti，縮合りん酸
皮膜化成	トライカチオン	42	90～120	Zn, Ni, Mn, PO_4, NO_3, F
第3水洗		常温		化成工程の約1/10
第4水洗		常温		化成工程の約1/100
第5水洗		常温		化成工程の約1/1000
DI水洗		常温		

* Noriaki Kobayashi　日本パーカライジング㈱　中京事業部　浜松出張所　係長

を除去する。脱脂剤の主成分はアルカリビルダーと界面活性剤である。表面調整処理は緻密で均一なりん酸亜鉛処理皮膜を得るために行われ，一般的にチタンコロイドタイプの薬剤が使用されている。化成処理はトライカチオンタイプの薬剤を使用し，耐食性および塗装密着性の向上を図っている。

4.3 塗装前処理工程から発生する廃棄物

フルディップ方式の塗装前処理工程の概略フローを図1に示す。塗装前処理工程には，目的に応じて酸やアルカリ性の薬剤が使用され，各々の工程後には，被処理物に付着した薬剤を洗浄するために水洗処理が行われている。一般的に，水洗工程は節水のため多段工程が用いられ，進行方向後方の水洗工程に給水され，オーバーフローした水は順次前工程に送られ，最終的に排水処理設備まで送られる（図1）。排水処理工程に送られる水洗水の水質は，脱脂，化成処理液の1/10〜1/20程度の濃度である。

現状の排水処理では各工程の排水を混合させた後，中和凝集処理を行い，排水中の金属成分やりん酸成分などを沈殿させ，上澄み液と排水汚泥に分離する。上澄み液については活性炭・砂ろ過塔を通液し，排水基準値内に浄化した後に工場外に放流される。また，排水汚泥は脱水機などで水分を低下させた後に産業廃棄物として処理される。図2に排水処理場から発生した汚泥の成分比を示す。約40％が汚泥中に含まれる水分および有機物等の強熱減量分である。その他の含有成分は，排水中和工程で使用されるCaが約25％，前処理工程で使用される薬剤に含まれるPおよび重金属成分等が約30％含まれている。

また，化成工程からは，皮膜形成反応の副生成物である化成スラッジが，湯洗工程および脱脂工程からは被処理物に付着していた油分および鉄粉等が廃棄物として発生する。

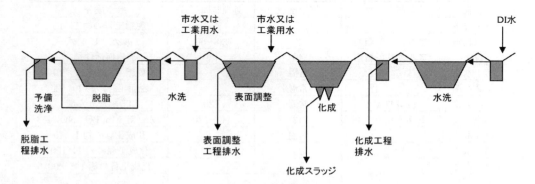

図1　塗装前処理工程の概略フロー

第9章 ホウ素，フッ素およびリンの無害化処理と資源回収技術

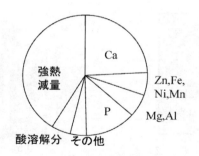

図2 前処理工程排水汚泥の成分比率

4.4 Reduce 技術（発生源の観点から）

主に塗装前処理工程より発生する廃棄物の発生源は以下の場所である。
・被処理物に付着した薬剤を除去するための洗浄水（脱脂，化成後の水洗工程）
・皮膜形成反応時に発生する化成スラッジ

産業廃棄物低減を目的に薬剤の開発が行われてきた。以下に，発生源である薬剤に着目した環境対応技術を紹介する。

4.4.1 低温・低スラッジ型化成処理薬剤

りん酸亜鉛処理において，皮膜形成反応の副生成物であるスラッジの発生は避けられない。スラッジの主成分はりん酸鉄であり，廃棄物として処分される。スラッジは，環境対応としてのゼロエミッション達成に対する弊害となるばかりか，廃棄物処理のためのコストが発生する。そこで，スラッジの発生量低減を可能とする低温・低スラッジ型化成処理剤が開発された。

りん酸亜鉛処理工程で発生するスラッジは素材のエッチング反応によって溶出した鉄分がりん酸鉄として析出した物である。低温・低スラッジ型化成処理剤[1]は，りん酸亜鉛処理液の処理温度と遊離酸度（FA）を下げることによって，被処理素材のエッチング量を低減し，低温化と低スラッジ化を同時に図る手法である。図3にりん酸亜鉛処理液の遊離酸度（FA）および温度とエッチング量の関係を示す。

単純な低温化（42→35℃）では化成処理性が低下する。そこで，りん酸亜鉛処理液中のZn濃度を高めることによって化成性を確保し，スラッジ発生量の低減を可能にした。図4にりん酸亜鉛処理液中の遊離酸度（FA），およびZn濃度と得られるりん酸亜鉛皮膜の皮膜重量の関係を示す。

低温・低スラッジ型の薬剤を使用したラインでは，従来品と比較して，約20％程度のスラッジ発生量の低減が達成されている。

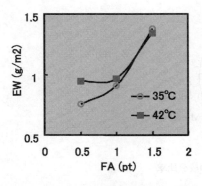
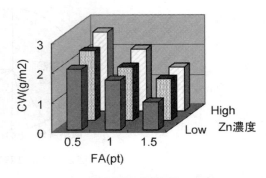

図3　ＦＡおよび温度とエッチング量の関係　　　図4　処理条件と皮膜重量の関係

4.5　Recycle, Re-use 技術（発生した廃棄物に着目して）

主に塗装前処理工程より発生する廃棄物は以下のものである。

- 排水処理場（脱脂・化成後水洗の排水, 表面調整オートドレン水の混合液）にて発生した中和汚泥
- 皮膜形成反応時に発生した化成スラッジ

上記のような, 発生した廃棄物についての環境対応技術を紹介する。

4.5.1　りん酸原料化システム

現在, 化成工程で用いられているりん酸亜鉛化成処理剤はりん鉱石から製造した食品グレードの正りん酸を用いて製造している。一般に, 皮膜化成処理工程においてはエッチング→皮膜析出が主反応であるが, 水系化成型薬剤の特徴として被処理物に付着した余剰の化成剤は次工程の水洗工程で洗浄する必要がある。この水洗水には, Zn, PO_4, NO_3 等が含まれるため排水処理後放流する必要があり, 一般的にはアルカリ系の薬剤で中和処理後, 凝集沈殿処理が施されている。

この中和凝集スラッジは産業廃棄物として処理されているのが現状である。中和凝集スラッジの主成分はりん酸カルシウムである。そのスラッジをりん酸の出発原料であるりん鉱石の代用として利用した, 循環型のリサイクルシステムを構築した（三井化学・日産自動車・日本パーカライジングの共同開発）。図5にりん酸原料化システムの概略フローを示す。化成排水には PO_4, NO_3, 金属成分が含まれており, この排水に対して $Ca(OH)_2$ を添加して中和することによって, 主に下記の反応が起こる。

$$3H_3PO_4 + 5Ca(OH)_2 \rightarrow Ca_5(PO_4)_3OH + 9H_2O$$

中和・凝集によって発生したスラッジの主成分である Ca および PO_4 は, それぞれ 40%, 45% 程度であり（スラッジ乾燥後）, りん酸原料として再利用可能である。またろ過水については, Na や NO_3 等の溶解成分が存在しており, 水洗水として直接使用することは困難であるが,

第9章 ホウ素，フッ素およびリンの無害化処理と資源回収技術

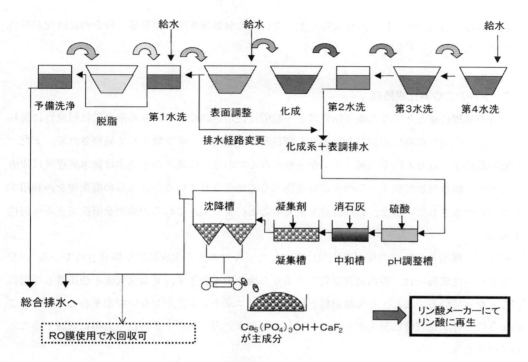

図5 りん酸原料化システム概略フロー

後段に逆浸透膜（RO膜）等の高度処理設備を設置することによって水のリサイクル化も可能である。

4.5.2 クローズドシステム

前処理工程の排水は，凝集沈殿などの処理方式で国及びその地域の排水基準内に浄化し，工場外に排出するのが一般的である。地域によっては無排水でなければ工場を認可しないケースや，企業責任の立場よりクローズド化（無放流水方式）を求められるケースが増えてきた。そこで，当社においても各種クローズド処理方式の開発に取り組んでおり，農機具ライン，オートバイ部品ライン，プレハブ建材ライン等に実用化されている。当社のクローズド方式は表面処理排水を減圧蒸留方式にて水を再利用する方式，塗装オーブンなどを利用した熱風蒸発方式，逆浸透膜を利用した排水からの水再利用方式等がある。

しかし，上記にて実施されているクローズドシステムは，各水洗排水に含まれる成分が廃棄物として発生する。したがって，発生する廃棄物のゼロ化を目指して，排水中に含まれる成分のリサイクルも含めた成分回収型のクローズドシステムの要望が強くなってきている。この成分回収型クローズドシステムは，現在研究が進められているが，皮膜形成時に生じる各種反応副生成物を排水中から選択的に除去する必要があるため，各種機能性分離膜の組み合わせ等による対応が

必要である。あわせて，反応副生成物を生じない塗装前処理薬剤の開発等，複合的に研究が進められている。

4.6 ジルコニウム化成処理

塗装前処理技術としてりん酸亜鉛処理が一般的に使用されてきた。りん酸亜鉛は耐食性に優れているが，皮膜形成時に溶出した鉄がりん酸鉄として沈殿し，廃棄物として処理される。また，化成処理液中にはりん酸や金属イオンを多量に含んでおり，化成後の水洗水は排水処理後に放流されるが，排水処理で発生する汚泥は廃棄物として処理されている。これらの廃棄物を再利用する手法が提案されているが，薬剤設計を変えることによって，これらの問題を解決できる可能性がある。

そこで，環境負荷物質の使用を大幅に低減したジルコニウム化成処理が開発されている[4]。ジルコニウム化成処理は，環境負荷物質であるりん酸を全く含まず，重金属元素の使用量も極端に少なくなっている。また，りん酸亜鉛と比較して，エッチング量が少ない特徴を有している。このように，化成処理時に発生するスラッジおよび排水処理に発生する汚泥を大幅に低減することが可能となる。

4.7 今後の展開について

今後，環境関連技術に関しては，益々3R (Reduce, Recycle, Re-use) が求められる。Reduceに関しては，薬剤に含まれる環境負荷物質の低減，無水洗型の薬剤の採用など従来の延長線上で開発が進んでいくものと考える。これに対してRecycleに関しては，複数の成分が共存するため廃棄物発生工程ごとに回収し，処理薬剤として再利用することが好ましい。また，Re-useについても，廃棄物発生場所ごとに処理を行い再使用することが好ましい。しかし，廃棄物発生場所が分散しているため，回収するにあたり，エネルギー消費等の総合的な環境負荷を考慮しながら開発が進んでいくと考えられる。

文　献

1) 中山隆臣，松下忠，塗装技術，2001-10 増刊 -83
2) T. Nakayama, K. Shimoda, Y. Takagi, T. Matushita, SAE, 2001-01-645 (2001)
3) 小嶋隆司，防錆管理，Vo.l45, No.12-No.12-461 (2001)
4) 兒玉貴裕，永嶋康彦，粉体下地用環境対応型化成処理皮膜の開発，パウダーコーティング，Vol.9, 55-57 (2009)

第10章　難処理排水からの資源回収

1　イオン交換樹脂を用いた節水型めっきプロセス

内田正喜*

1.1　はじめに

　イオン交換装置が表面処理工程からの水洗排水系の循環処理（水のリサイクリング）に導入されて以来約35年，この処理技術は省資源及び環境保護の問題解決に対して多大な貢献をし，現在では多くの表面処理工場に導入され，標準的な設備となっている。その一方では近年のエレクトロニクス分野の目覚ましい発展により関連部品の高密度化が更に進み，表面処理工程で再使用される水洗水の純度においてもその要求水質が次第に高度なものとなってきた[1]。

　また，最近のISOやエコアクション21などに見られるような企業の環境配慮活動は，更に水資源の回収とクローズド化が進み，今では表面処理工程排水からの循環処理は「質」「量」共に高水準で処理できる装置およびシステム設計が要求されている。

　ここでは，イオン交換樹脂による表面処理工程排水，特に水洗排水系のリサイクル処理を中心に基本要素と回収事例などについて述べる。

1.2　イオン交換樹脂法によるめっき水洗排水系処理の特徴

　イオン交換樹脂法による水洗排水系処理の特徴は，①水洗排水の再利用により水資源の有効活用が可能で回収率では95～98％に達する，②リサイクルされた水（リサイクル水）は脱イオン水として得られる（電導度：0.5～5 mS/m），③再生溶離液は少量のため排水処理設備が小型化できる，などのメリットがある。

　イオン交換樹脂法による表面処理排水のリサイクル処理は，分別型と総合型に大別することが出来る。

　分別型リサイクル方式は，一槽または同種のめっき槽の水洗排水を対象にイオン交換装置を設置する方式であって，水洗水の回収と同時に再生溶離液中の重金属などの回収も可能である。この重金属の回収を含めたリサイクル方式の例としては，クロムめっき水洗排水において実用化されている。

　総合型リサイクル方式は，表面処理工場のすべての水洗排水を一括処理するイオン交換装置を

---

*　Masayoshi Uchida　日本フイルター㈱　開発部　主任

設置する方式で、めっき槽・水洗槽が多い工場でのリサイクルに適し、水の回収率も高くなる。また、分別型リサイクル方式と比べ、分別にかかる設備の削減や運転管理が簡易になるなどの利点がある。

なお、いずれの方式でもイオン交換樹脂を用いた処理であるため、水洗排水のリサイクルでも樹脂そのものの性質を考慮し、以下項目の遵守が基本となる。

① **水洗排水に含まれる塩濃度を低くする**

イオン交換装置は、水洗排水の塩濃度が高いとイオン交換樹脂の飽和が早くなり、再生費用が高くなって経済性が低下する。そのため、水洗槽は複数設けてカスケード的な洗浄方式にし、最終段の水洗排水のみをイオン交換装置へ送液させる必要がある。

② **非イオン性物質の流入を防ぐ**

イオン交換の障害を起こすため、油、界面活性剤などの有機物は流入させないようにする。また、必要に応じて油分分離槽や活性炭吸着塔などにより前処理を行う。

③ **酸化性物質の流入を防ぐ**

イオン交換樹脂の交換基の分解や樹脂自体の三次元網目構造を酸化分解によって切断し、膨潤を引き起こす原因となるため、酸化性物質の分別が必要である。

1.2.1　イオン交換樹脂の種類

イオン交換樹脂は直径0.3～1.2mmのスチレンとジビニルベンゼンの縮重合体によって作られた三次元網目構造をした球状粒子の高分子基体にイオン交換基を結合させたもので、水洗排水のリサイクルに用いられる樹脂は、その特性により次の4種類に大別する事ができる。

① **陽イオン交換樹脂**
　・強酸性陽イオン交換樹脂
　・弱酸性陽イオン交換樹脂

② **陰イオン交換樹脂**
　・強塩基性陰イオン交換樹脂
　・弱塩基性陰イオン交換樹脂

また、樹脂の構造によりゲル型、ポーラス型、マクロポーラス型にも分別され、表面処理排水に使用されるイオン交換樹脂は、耐酸化性、耐有機物汚染性が大で物理的強度に優れたマクロポーラス型が多く用いられる。

1.2.2　総交換容量と有効交換容量

イオン交換樹脂は一定量のイオンと吸着すると、それ以上吸着できない飽和状態となり、この時のイオン吸着量を交換容量と呼び、「eq/l－Res」（当量/l－樹脂）の単位で表される。交換容量には、総交換容量と有効（貫流）交換容量の2種類がある。総交換容量はイオン交換樹脂に固

第10章 難処理排水からの資源回収

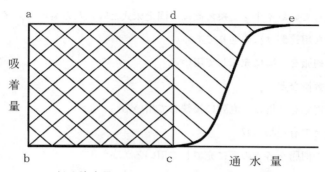

総交換容量：a-b-c-e-a で囲まれた面積部分
有効交換容量：a-b-c-d-a で囲まれた面積部分

図1 総交換容量と有効交換容量

有の値（カタログ値）であるのに対し，有効交換容量は対象液の濃度，再生剤や交換塔の構造によって異なり，イオンが漏洩し始めるまでの交換容量で，図1に総交換容量と有効交換容量の関係を示す。

有効交換容量は運転条件およびイオン交換塔の構造などによっても変わり得るが，もっとも顕著な変化は再生剤量（再生レベル）によって生じる。再生レベルが高いほど処理水質は向上するが，有効交換容量は比例して大きくならないので，経済性を考慮した再生レベルから有効交換容量が決められている。

1.3 イオン交換装置

表面処理工場からの排水を分類すると，処理工程毎に発生する水洗水（常時排水）とめっき浴液更新毎に排出される老廃液とに分けられる。

排水のリサイクル対象としては排出量的に大部分を占める水洗水であり，リサイクルのためのイオン交換装置はこの水洗排水をイオン交換樹脂の充填された塔（カラム）に通し，排水中に含まれる各種の陽・陰イオンを水素イオンと水酸化物イオンとに交換し，脱イオン水（リサイクル水）として再び各水洗槽へ送るシステムを基本としている。

1.3.1 運転方式の種類

一般的にイオン交換樹脂はカラムに充填して使用され，目的に応じて陽イオン交換塔および陰イオン交換塔を各種組み合わせてイオン交換装置が構成されている。

イオン交換装置としてはイオン交換樹脂層の状態から，固定床式・浮遊床式・移動床式の各方式に区分され，また設置方法から固定型，移動型（ボンベタイプ），カートリッジ型に区分することもできる。

現在，最も普及しているイオン交換装置は，固定床式と呼ばれるもので，イオン交換樹脂の組み合わせとその主な用途例は次の通りである。

　　単床式：同一樹脂を一塔に充填して用いる
　　　　　　軟水装置など
　　多床式：同一樹脂を二塔以上直列に接続して用いる
　　　　　　金などの有価物回収
　　複床式：異種の樹脂を各々の塔に充填して用いる
　　　　　　水洗水の水回収など
　　混床式：異種の樹脂を同一の塔に混合して用いる
　　　　　　純水の製造など

　表面処理排水のリサイクルには，図2に示すようなイオン交換塔の配列が用いられている。この様に種類の異なるイオン交換塔を複数並べる方式を複床式イオン交換装置という。

　表面処理工程からの水洗排水は，強酸性陽イオン交換樹脂塔（H型）で陽イオンを水素イオンと交換除去し，さらに弱塩基性陰イオン交換樹脂塔（OH型）に通してCl，SO_4，NO_3などの鉱酸形成の陰イオンを交換除去して脱イオン水となる。また，必要に応じて残留している炭酸，ケイ酸，シアンなどの弱酸を強塩基性陰イオン交換塔（OH型）で交換除去してより純度の高い脱イオン水にする事もできる。

　弱塩基性樹脂は強塩基性樹脂と比べて容易に再生されるため再生剤量が節約できる利点があり，弱酸を含まないもしくは除去する必要がない場合は，強酸性陽イオン交換塔 — 弱塩基性陰イオン交換塔で得られた脱イオン水でリサイクル可能である。

　一般的な樹脂塔の設置判定は，強酸性陽イオン交換樹脂塔から常時微量のナトリウムイオンや

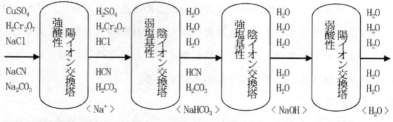

処理水質	弱塩基性陰イオン交換塔	強塩基性陰イオン交換塔	弱酸性陽イオン交換塔
pH	5前後	8〜9.5	6.5〜8
電導度（mS/m）	5以下	2以下	1以下

図2　複床式イオン交換装置とその水質

第10章 難処理排水からの資源回収

カリウムイオンが漏洩するため，強塩基性陰イオン交換樹脂塔後の水質はアルカリ性を示し，そのため水洗水の pH 値が中性であることが要求される場合には弱酸性陽イオン交換樹脂塔（H型）を後段に設置して，漏洩しているナトリウムイオンやカリウムイオンを交換除去する方式が採用される。

なお，実用的な複床式イオン交換装置は，イオン交換樹脂層への通水方法や再生方法から次の3方式に分類される。

(1) 固定床順流再生方式

イオン交換樹脂層に対して排水と再生剤の流れ方向が同一であり，装置的に最もシンプルであり，歴史的に古い一般的な方法である。再生後は処理水出口近くの樹脂層に未再生の樹脂が残るため，処理水質が向流法に比べて悪く，また再生剤を過剰に使用するという欠点をもつが，懸濁物質の汚染に対して比較的鈍感である（逆洗操作により物理除去が容易）という利点を持ち，小型〜中型装置に多く採用されている。なお，飽和したイオン交換樹脂塔の再生中にもリサイクル水を得るためには，同じ規模のイオン交換装置を並列に設置する必要がある。

(2) 浮遊床向流再生方式

順流再生方式では再生終了時に塔下部のイオン交換樹脂に未再生の部分が残り，運転再開時には未再生部分からのイオンの漏洩によって処理水質が低下するという欠点があり，これを改善したのが向流再生方式である。図3に順流再生と向流再生の優位性を示した。

向流再生方式の原理は古くから知られていて多くの利点を持ちながら長い間実用化されなかった歴史があるが，その理由としては初期の向流再生方式では通水が下向流で再生が上向流となっていたため，再生時に水より比重の大きい再生薬品の均一な注入と分散が理論通り進まなかったことおよびイオン交換樹脂の固定化のための機構が複雑であったことに起因している。現在で

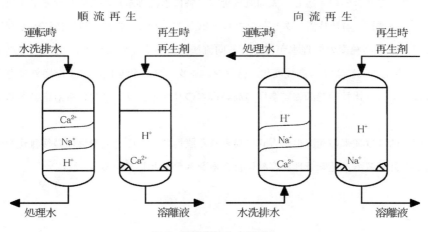

図3　順流再生と向流再生

は，上向流運転で下向流再生の浮遊床向流再生方式が開発され，実用化されている。

イオン交換樹脂を用いた水洗排水のリサイクル装置では，水洗排水に含まれる懸濁物質がイオン交換樹脂を汚染し，圧力損失の原因や不可逆的な閉塞の危険を助長するためイオン交換樹脂の逆洗が重要である。

向流再生方式は再生効率が極めて高く，再生薬品の使用量は理論量の110～180％で，順流再生方式の約半分で再生を行うことができ，再生後の運転では出口側のイオン交換樹脂は高レベルで再生されているために安定した高純度のリサイクル水が得られる。また，浮遊床式では運転流速が大きく取れるため，コンパクトで設置空間の節約が図れる利点がある。

(3) 移動床方式（連続イオン交換方式）

単塔設置の固定床式および浮遊床式イオン交換装置においては，イオン交換樹脂の再生時にはリサイクル水を得ることが出来ない。そのため，通常はイオン交換装置を並列に設置して交互運転が行われている。再生時のために同規模のイオン交換装置を併設するという課題を解消するため，浮遊床式と向流再生方式の利点を活かして開発されたのが連続方式の移動床式イオン交換装置である。予備のイオン交換装置を必要とせず，負荷量の変動に対しては時間当たりの再生工程数を変えることで対応できる利点を持つ。

ただし，連続再生を行うためには運転塔から逆洗塔および再生塔，また再生塔から運転塔へ順次樹脂を移送していく必要があり，この樹脂移送と各塔での再生操作を制御するには複雑な機構が必要であり，連続処理ゆえにいずれかの塔で不具合が発生した場合には即装置全体の処理不良に直結しやすい欠点がある。

1.3.2 水洗排水リサイクルイオン交換装置

上述したイオン交換装置の運転方式が各種ある中で，それらの利点，課題および実際の運転操作時の安定性など総合的に考慮し，表面処理排水（特に水洗排水）からのリサイクル処理に特化したイオン交換装置（当社装置：クリーンフローRC）について，特長を以下に述べる[2]（図4, 5）。

本装置は，より高純度の処理水が得られる向流法の長所を生かしつつ，更に進んだ上向流運転 ― 下向流再生方式により，高純度化，低ランニングコスト化を図り，また塔外に逆洗機構を追加することにより比較的懸濁物質濃度の高い排水のリサイクリング化にも対応できるようにしている。

また，機械的には従来の向流再生方式に見られる設備コストの上昇や機構の複雑化を改善し，簡素化による低コストと運転管理が容易に行えるシステムとしている。

第10章 難処理排水からの資源回収

図4 めっき水洗排水リサイクルイオン交換装置

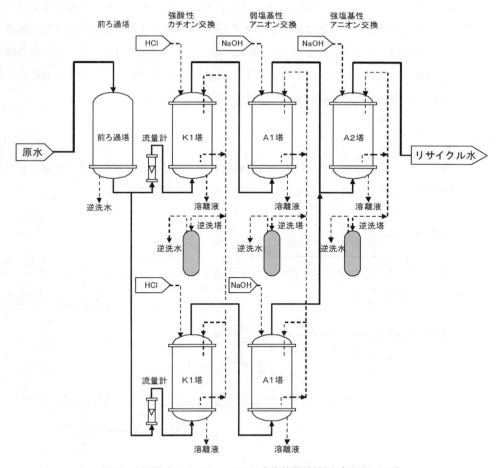

図5 水洗排水リサイクルイオン交換装置接続例(並列:5型)

1.4 水洗排水リサイクルイオン交換装置による処理事例

1.4.1 工場の概要

A社はICリードフレーム外装はんだめっきを行っており，周辺を農業用灌漑用水池に囲まれ，放流水はそこへの流入を免れないため，たとえ無害化した排水でも，放流は一切避けねばならない事情から無排水処理を行うに至り，排水量的に大部分を占める水洗排水について本装置によるリサイクル処理を行うこととなった。

1.4.2 処理対象水及び処理フロー

処理対象水はめっき水洗排水で，その排水量は336m^3/d（14m^3/h）であり，設計基準値は処理水質が1mS/m以下，その後段処理の混床式イオン交換塔後で0.1mS/m以下である。

A社の処理フローを図6に示す。はんだ系水洗排水は，4価のスズ対策のための処理を行った後に，水洗排水系と合流，合流後の水洗排水は本装置を用いてリサイクルを行う。再生周期は30～40時間で推移し，イオン交換装置は並列式がとられている。酸アルカリ系廃液及び樹脂再生時の溶離液は化学処理を行い，重金属水酸化物と上澄み水に分離する。水酸化物は脱水処理，上澄み水は精密ろ過膜による処理後逆浸透膜で脱塩処理を行い，透過水はめっき工程の回収槽及びイオン交換装置の補給水としてリサイクルを行う。逆浸透膜濃縮水はドライヤーで晶析塩を蒸発乾固させている。なお，この工場の水回収率は，97.5～98.5％である。

1.5 まとめ

表面処理工程からの排水リサイクルに関しては排出される水量が多い水洗排水を対象としたリサイクル事例が多く，装置的にも前後処理のシステム的にも成熟している。

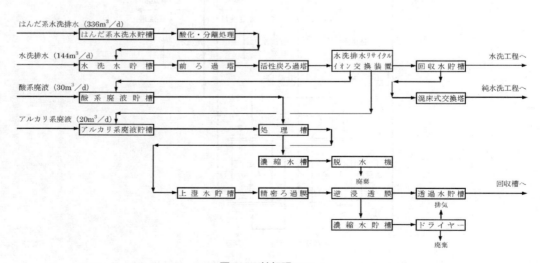

図6 A社処理フロー

第10章 難処理排水からの資源回収

一方，各種排水や廃液が合流した総合系排水からのリサイクルに関しては，既に含まれるめっき液由来のイオン類や各種有機添加剤の他，一部生活排水なども含まれてしまうため，単純にそこから直接的にイオン交換法によって高水準の水回収を行うことは皆無であり，塩濃度は上昇するが各種除害処理およびpH調整によって重金属類などを固形物除去した清澄水（放流水）からの回収となる。従って，総合系放流水からの水回収では事前に十分な濁質成分を除去する事，逆浸透膜装置などによって塩濃度を下げ，高純度化処理として最終的にイオン交換装置による処理が好ましいと言える。

なお，このような表面処理工程からの水回収に関しては単純な各種装置の組み合わせだけではなく，回収を目的とした表面処理工程の上流側からの工夫によって，回収される水質や水量はもとより，装置の継続的な安定運転を大きく左右する事が多い。つまり，上流側での個別回収やリサイクルに適さない排水系に関しては分別処理とするなど，工程単位でのシステムアップが理想である。また，処理後のリサイクル水の要求水質は利用用途によって異なるため，必要以上の高度処理にならないよう適材適所の処理とする事も回収コストを抑える点で重要である。

文　献

1) 全国鍍金工業組合連合会編，めっき工場排水の処理と管理（1985）
2) 日本フイルター㈱；クリーンフローRC技術資料

2 工業排水等の水処理と資源回収

知福博行[*1]，前背戸智晴[*2]

2.1 はじめに

近年ではゼロエミッションを目指した廃棄物削減の取り組みが行われており，排水処理の分野でも「処理・処分」に代わり，「回収・リサイクル」をともなう排水処理技術が要望されている。これら顧客ニーズに応えるため，セメンテーション技術[1]を利用して排水中から有価金属を金属（合金）状態で回収できる技術を開発した。セメンテーション技術自身はスクラップ鉄を利用して古くから銅鉱業で利用されてきたが，回収物には鉄が混入しており純度の高い銅は得られなかった。

本技術では，セメンテーション技術に超音波技術を融合させることにより，排水中からより高純度で金属を連続的に回収することを可能にしている。本報ではこの新しい回収技術を廃液中のインジウム（In）の回収へ適用した結果と，排水中の銅（Cu）の除去へ適用した結果の概要について以下に述べる。

インジウムはフラットパネルディスプレイ（FPD）や太陽電池等で使用される透明導電膜であるITO（Indium Tin Oxide）の原料であり，資源の安定供給のため経済産業省等でリサイクル技術開発[2,3]や国家備蓄についての議論なども行われている。ITOターゲット材についてはほぼ100％リサイクルが行われているが，FPD工場のエッチング廃液や廃液晶パネルからのインジウム回収については現状ではまだリサイクルが行われていない。

2.2 処理技術概要

水溶液中に存在する還元電位が貴な金属イオン（イオン化傾向の小さな金属イオン）は，卑な金属イオン（イオン化傾向の大きな金属イオン）によって還元析出させることが可能で，銅イオン（Cu^{2+}）を含む水溶液中に鉄（Fe）をいれることで以下の反応が生じ，水溶液中の銅イオンが鉄により還元されて金属銅として析出する。この操作をセメンテーションという[4,5]。

$$Fe + Cu^{2+} \rightarrow Cu + Fe^{2+}$$

金属イオンが水溶液中で単純な水和イオンとして存在している時には標準電極電位から還元の可能性がわかる。いくつかの金属イオンについて，水溶液中における標準電極電位[6]を表1に示す。回収処理に使用することが可能な金属粒子としては，現実的には一般的に流通している鉄，

[*1] Hiroyuki Chifuku ㈱神鋼環境ソリューション　水環境・冷却塔事業部　技術部　計画室
[*2] Tomoharu Maeseto ㈱神鋼環境ソリューション　商品市場・技術開発センター　課長

第 10 章　難処理排水からの資源回収

亜鉛，アルミニウムに限られる。表1より水溶液中の金属イオンが銅であれば鉄，亜鉛，アルミニウムのいずれを使用しても還元の可能性があること，インジウムであれば亜鉛もしくはアルミニウムを使用することで還元の可能性があることがわかる。

インジウムをアルミニウム粒子を用いて回収する場合の模式図を図1に示す。アルミニウムがアルミニウムイオン（Al^{3+}）となって溶液中に溶け出し，溶液中のインジウムイオン（In^{3+}）がアルミニウムが失った電子を受け取ってインジウム金属に還元されてアルミニウム粒子表面に析出する。インジウムが表面に析出したアルミニウム粒子を超音波処理することで析出したインジウムを剥離させる。剥離したインジウムはリアクター内を通過する上向流によりリアクターから持ち出され，後段のフィルターで回収される。インジウムの場合は剥離したインジウム同士が凝集するため比較的粗いフィルターで容易に回収が可能である。一方，銅は凝集することがないた

表1　水溶液中における標準電極電位 E°（25℃）

電極反応	E°/V
$Mg^{2+} + 2e = Mg$	−2.37
$Al^{3+} + 3e = Al$	−1.662
$Zn^{2+} + 2e = Zn$	−0.7631
$Fe^{2+} + 2e = Fe$	−0.440
$Cd^{2+} + 2e = Cd$	−0.4019
$In^{3+} + 3e = In$	−0.3382
$Co^{2+} + 2e = Co$	−0.287
$Ni^{2+} + 2e = Ni$	−0.228
$Sn^{2+} + 2e = Sn$	−0.1375
$Pb^{2+} + 2e = Pb$	−0.1288
$(2H^+ + 2e = H_2)$	(0.0)
$Cu^{2+} + 2e = Cu$	+0.337
$Ag^+ + e = Ag$	+0.7991
$Pd^{2+} + 2e = Pd$	+0.915
$Pt^{2+} + 2e = Pt$	+1.19
$Au^{3+} + 3e = Au$	+1.50

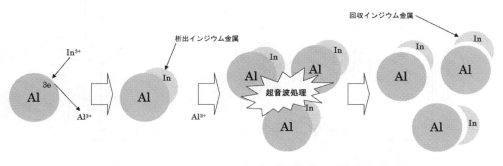

図1　セメンテーション法での有価金属析出，分離原理模式図

め剥離した銅微粒子に適合したフィルターを使用する必要がある。本技術の特徴はこのように金属粒子表面に析出した回収対象金属を高純度の金属（合金）の形で回収できることにある。

2.3 処理装置概要

図2にビーカー試験装置を，写真1に循環型処理試験装置外観を，図3にその処理フローを，写真2にパイロット試験装置外観写真を示す。循環型処理試験装置はバッチ処理であり，最大50Lの処理が可能である。パイロット試験装置は処理対象金属によっては連続処理が可能であり，最大処理流量は15m³/hである（インジウム回収処理時は循環処理となる）。

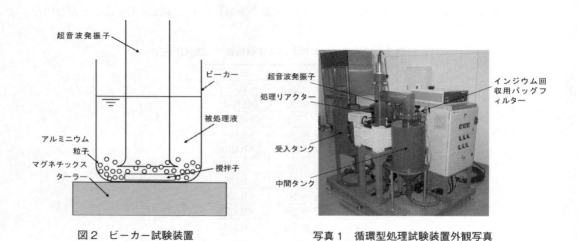

図2　ビーカー試験装置　　　　　写真1　循環型処理試験装置外観写真

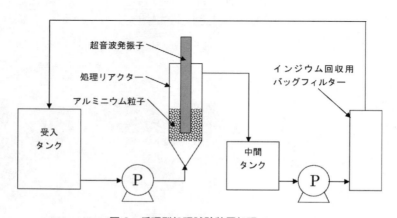

図3　循環型処理試験装置処理フロー

第 10 章　難処理排水からの資源回収

写真 2　パイロット試験装置外観写真

2.4　処理結果概要
2.4.1　エッチング廃液からのインジウム回収処理

　FPD の ITO エッチング処理プロセスではエッチング液として無機酸や有機酸が使用されているが，現状は主に有機酸のシュウ酸エッチング液が採用されている。このエッチング廃液にはインジウムが数百 mg/L，スズがその約 1/10 の濃度で含まれているが，含有濃度が低いことから排水処理系の生物処理や凝集沈殿処理等のスラッジに含有された状態で廃棄処理されている。エッチング廃液の実廃液を入手できなかったことから，シュウ酸にインジウムとスズを溶解させた模擬液を用いた試験結果について述べる。

(1)　処理試験方法

　エッチング廃液として 5wt％シュウ酸水溶液にインジウムとスズを溶解させた表 2 に示す組成の模擬廃液を使用した。無機酸のエッチング廃液についてはアルミニウム粒子と亜鉛粒子のいずれを用いてもインジウム回収処理は可能であるが，シュウ酸エッチング廃液の場合には不溶性のシュウ酸亜鉛が生成し，回収物の純度が悪化するためアルミニウム粒子を用いて処理を行った。

　ビーカー試験では図 2 のように模擬廃液とアルミニウム粒子をビーカーに入れ，設定した条件下で撹拌しながら超音波を印加して処理を行った。循環型処理試験装置では被処理廃液をポンプでアルミニウム粒子が充填されているリアクターへ上向流で送り，設定した条件下で超音波を印加することで析出したインジウムを剥離させた。剥離させたインジウムは水流によりリアクター

外へ排出させ，後段のバッグフィルターで回収した。循環処理を継続することで被処理液中から高い回収率でインジウム合金を回収した。

(2) **処理試験結果**

循環型処理試験装置を用いて行った試験結果を図4に示す。この試験では90％以上の高いインジウム回収率が得られ，SEM写真（写真3）に示したように数10から100μm程度の微細な

表2　シュウ酸エッチング模擬廃液組成

	シュウ酸濃度 (wt%)	インジウム濃度 (mg/L)	スズ濃度（mg/L）
シュウ酸エッチング模擬廃液(a)	5	340	35
シュウ酸エッチング模擬廃液(b)	5	320	33

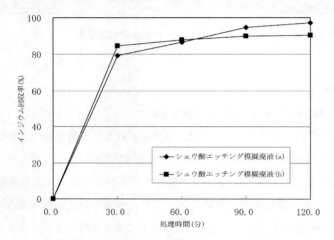

図4　シュウ酸エッチング模擬廃液からのインジウム回収試験結果

写真3　シュウ酸エッチング模擬廃液から回収したインジウムのSEM写真

第 10 章　難処理排水からの資源回収

インジウムが凝集した回収物を得た。セメンテーション処理により析出したインジウムが剥離した直後は微細な状態で浮遊し，循環処理を継続している間に微細なインジウム同士が凝集し，SEM 写真のようなスポンジ状のインジウム塊としてバッグフィルターで回収される。実際にバッグフィルターで回収されたインジウム塊は数 mm の大きさになっており，回収するインジウム量が多い場合は 10mm を超えることもあった。

2.4.2　廃液晶パネルからのインジウム回収処理

液晶パネルには ITO 膜が用いられており，試験に使用した廃液晶パネルでは 400mg/kg 前後のインジウムが含有されていた。廃液晶パネルとしては工場のオフスペックで廃棄される液晶パネルや廃家電として回収される液晶テレビ，液晶モニター等が考えられる。液晶テレビ，プラズマディスプレイといった FPD は 2009 年に家電リサイクル法の対象品目として追加された。現在はまだ廃棄される FPD テレビの量は多くないが，FPD テレビの普及率は 2009 年に 50％を超え[7]急速に市場が拡大しており，将来的には家電リサイクル工場における液晶パネルからのインジウム回収技術が必要になると考えられる。

ここでは実際に廃液晶パネルから酸を用いた湿式法でインジウムを溶出させ，その溶出液からインジウムを回収した結果について述べる。

(1)　処理試験方法

① 廃液晶パネルからのインジウム溶出処理

廃液晶パネルからのインジウム溶出処理には図 5 の様な循環型溶出処理装置を使用した。微細に破砕された廃液晶パネルがポリプロピレン製フィルターが取り付けられている樹脂容器（40L）内に充填され，この樹脂容器が大型樹脂容器（100L）内に設置されている。樹脂容器（40L）底部は溶出液を排出するために多孔板となっており，廃液晶パネル層を通過した酸溶液は底部から排出されローラーポンプで循環される。この循環処理を継続することで廃液晶パネルから酸溶液中へインジウムを溶出させた。酸溶液としては塩酸を使用した。

② インジウム回収処理

ビーカー試験では図 2 のように溶出液とアルミニウムもしくは亜鉛粒子をビーカーに入れ，設定した条件下で撹拌しながら超音波を印加し処理を実施した。循環型処理試験装置ではインジウムを溶出させた酸溶液をポンプでアルミニウムもしくは亜鉛粒子が充填されているリアクターへ上向流で送り，設定した条件下で超音波を印加して析出したインジウムを剥離させ，液とともにリアクター外へ排出させ，後段のバッグフィルターでインジウムを回収した。

(2)　処理試験結果

① 廃液晶パネルからのインジウム溶出処理試験結果

廃液晶パネル中に含有されるインジウム量を分析した結果，400mg/kg であった。表 3 に溶出

工業排水・廃材からの資源回収技術

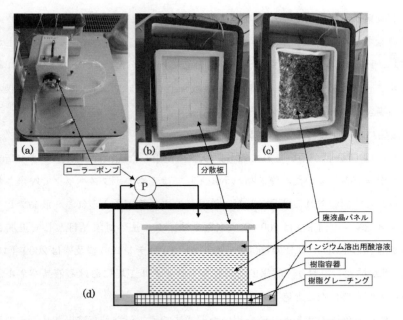

図5 廃液晶パネルからの循環型溶出処理装置写真および模式図

表3 廃液晶パネルからのインジウム溶出試験結果

	酸溶液中のインジウム濃度 (mg/L)	酸溶液量 (L)	廃液晶パネル量 (kg)	廃液晶パネルからのインジウム溶出率 (％)
①	750	13	24	100
②	670	14	24	98

試験結果例を示す。廃液晶パネル重量に前記インジウム含有量（400mg/kg）を乗じて廃液晶パネルに含まれるインジウム量（A）を算出し，回収された酸溶液量に酸溶液中のインジウム濃度を乗じて酸溶液中のインジウム量（B）を算出した。(B/A)×100を溶出率として計算を行った結果，表3に示すように98％以上の高いインジウム溶出率が得られた。ただし，このインジウム溶出率は破砕された廃液晶パネルのサイズと溶出処理に使用される酸溶液の濃度および温度の影響を受ける。本溶出試験では破砕サイズ5mm以下，室温で0.5～10％の塩酸水溶液を用いて溶出処理を行ったが，いずれも高いインジウム溶出率が得られた。

② 廃液晶パネル溶出液からのインジウム回収処理試験結果

図6に溶出液からのインジウム回収試験結果を示す。①②③はそれぞれ1，5，10％の塩酸溶出液で亜鉛粒子を用いビーカー試験にてインジウム回収処理を行った結果である。また，④は0.5％の塩酸溶出液で亜鉛粒子を用い，⑤は1％の塩酸溶出液でアルミニウム粒子を用いて循環型処理試験装置にて回収処理を行った結果である。いずれの結果も89％以上の高いインジウム回収率が得られた。回収されたインジウムのSEM写真を写真4に，エネルギー分散型蛍光X線

第10章 難処理排水からの資源回収

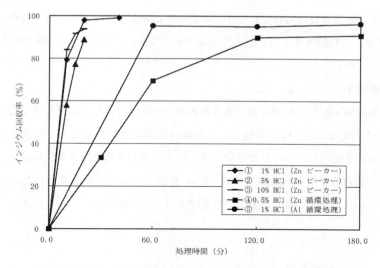

図6 廃液晶パネル溶出液からのインジウム回収処理試験結果

写真4 廃液晶パネル溶出液から回収したインジウムのSEM写真

分光法（EDS）の分析スペクトルを図7に示す。写真4より本試験での回収物はエッチング液からの回収物よりは微細ではあるものの，還元析出し剥離したインジウムが凝集してスポンジ状のインジウム塊となっていることがわかる。また，図7から回収されたインジウムはインジウム主成分の合金となっている。

2.4.3 排水中からの銅除去処理

(1) 処理試験方法

図8に処理フローを示す。国内の非鉄金属製造工場の実排水の一部を鉄粒子が充填されたパイロット試験装置へ送り連続処理（1パス処理）を行った。被処理液入口と処理液出口でサンプリングを行い，サンプル中の銅濃度を測定することで溶解性銅の除去率を算出した。パイロット装

置にはフィルターが備え付けられているが、本工場では非溶解性の銅について最終の排水処理設備において銅含有の有価物スラッジとして回収されていることから、還元析出した銅をフィルターでは回収しなかった。

(2) 処理試験結果

パイロット装置試運転時に模擬排水（硫酸銅水溶液）にて運転した結果を表4に示す。模擬液での試験は鉄粒子充填高さ2mで実施し、おおむね装置計画値を満足する結果が得られた。次に、表5に実排水を処理して得られた試験結果を示す。試験期間中の溶解性銅除去率は平均で約85％であり、装置計画値（鉄粒子充填高さ1.5m）を満足する除去率が得られた。一方で溶解性銅を還元するために溶出した溶解性鉄は析出銅量の1〜1.5倍（pH＝5〜7）であった。また、

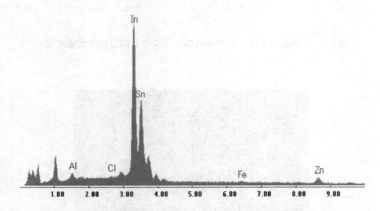

図7　廃液晶パネル溶出液から回収したインジウムのEDS分析スペクトル

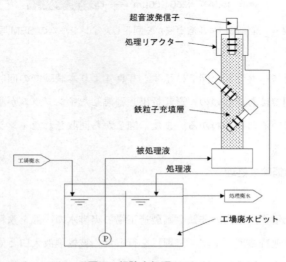

図8　銅除去処理フロー

第 10 章　難処理排水からの資源回収

表 4　銅除去処理結果（実験および試運転）

項目	溶解性銅除去率(％)	処理条件		
		原水中の銅(mg/L)	処理温度(℃)	鉄粒子充填高さ(m)
実験結果	88	95〜120	15.5〜17.2	1.5
装置計画値	84.6 (95.8)	100	15〜20 20〜40	1.5 2.0
試運転	93.7〜95.8	108	20〜21	2.0

表 5　銅除去試験結果

項目	原水溶解性銅(mg/L)	処理水溶解性銅(mg/L)	溶解性銅除去率(％)
実排水処理	0.5〜19	0.2〜3.8	平均 85.1 81.0〜95.7

超音波発振子による摩耗等の影響で増加した SS 性鉄は 0.3mol/L（約 17mg/L）であった。したがって，両者の和が処理後の排水中の全鉄濃度の増加となる。

2.5　おわりに

セメンテーション技術と超音波技術を融合させて開発した処理技術をエッチング廃液からのインジウム回収処理，廃液晶パネルからのインジウム回収処理，および，排水中からの銅除去処理へ適用した結果について紹介した。本技術はインジウム，銅以外にもレアメタルや有価金属の回収に適用が可能であるので，電子産業分野以外にも資源のリサイクル技術として展開を図っていきたい。

文　　献

1) 芝田準次，資源と素材，**113 (12)**, pp.948-951 (1997)
2) 上和野満雄ほか，月刊ディスプレイ，**8 (8)**, pp.83-93 (2002)
3) 西田秀来，月刊ディスプレイ，**8 (4)**, pp.36-46 (2002)
4) Biswas, A. K., Devenport, W. G., Pergamon Press, pp.272-278 (1976)
5) 江口元徳，矢沢彬，湿式製錬と廃水処理，pp.214-218，共立出版 (1975)
6) 日本化学会編，化学便覧　基礎編II，pp.474-476，丸善 (1984)
7) 内閣府経済社会総合研究所 景気統計部，消費動向調査（全国，月次）平成 21 年 3 月実施調査結果，p.10 (2009)

3 液晶・半導体工場廃液からのレジスト剥離剤回収

太田裕充*

3.1 はじめに

　液晶パネルや半導体の電子デバイス製造のリソグラフィー工程では，ガラスやSiウエーハなどの基板上にレジストを塗布し，パターン形成，エッチング，レジスト剥離を複数回繰り返して微細回路を形成している。この工程はデバイスの種類等によるが，液晶パネルで約5回，半導体では約20回程度繰り返すことになる。ここで不要となるレジストは，液晶ではモノエタノールアミン（以下MEA略記）などのアミン系，半導体では同様なアミン系や硫酸／過酸化水素などの無機系の薬液を用いてレジスト剥離するが，どの剥離剤も毒性・危険性が強く，環境負荷が大きいものである。

　現在の液晶製造は，液晶TVなどは大画面化傾向にあり，それに伴いマザーガラス基板も大型化し，この大型化した基板上に低コストで高性能なパターンを形成する必要がある。この高性能化へ向けた一環でAlからCuへと配線材料などの構成材料の見直しが進んでおり，それに伴い剥離剤もそれに併せた見直しが進んでいる。また，構成材料見直しの際には，環境への負荷が少ないものが求められている。

　本稿では，従来のレジスト剥離剤と我々が提案している新しい剥離剤のリサイクル運用の違いについて述べる。

3.2 従来のレジスト剥離技術

　レジスト剥離には，アミン系や無機系の薬液などのウエット溶剤によるもの，また一方で酸素プラズマなどのドライアッシングを用いた方法がある。半導体製造では，レジストの状態や配線などの下地に対する影響を考慮しながら，これらを用途に応じて使い分けをしている。また，一方の液晶製造では，主にアミン系を使用しているとの報告[1]がある。さらに液晶製造のアミン系には非水溶性と水溶性の2種類があり，使用済み剥離剤は回収して精製を行ってリサイクル使用をしている。次にこのアミン系剥離剤の技術についてまとめる。

3.3 アミン系レジスト剥離の特長とリサイクル技術
3.3.1 非水溶性アミン系剥離剤

　原料は，主成分にMEAやN-メチルピロリドン（以下NMP略記），溶媒にジメチルスルホキシド（以下DMSO略記）が使用されている。剥離後に直接純水リンスを行うと，液性がアルカ

＊　Hiromitsu Ota　野村マイクロ・サイエンス㈱　技術開発部

第10章　難処理排水からの資源回収

リ性になってしまうために金属配線（Al, Cu など）を腐食してしまう。そこで，IPA でリンスが必要であることは知られている[2]。

使用済み剥離剤は，廃棄物処理もしくは蒸留設備[3]でリサイクル精製をして再使用している。リサイクル精製は，液晶パネル工場に蒸留設備を設置し，使用済み剥離剤を回収して工場内の蒸留設備でリサイクル精製を行うオンサイトの場合と，剥離剤メーカーが使用済み剥離剤を液晶パネル工場より回収しリサイクル精製を行ってリサイクル剥離剤を供給するアウトサイトの2つのパターンがある。

3.3.2　水溶性アミン系剥離剤

主成分は MEA などのアミン類，溶媒に DMSO と水が用いられている。成分中のアミンと水により液性がアルカリ性なので非水溶性アミン系と同様に金属配線が腐食してしまう。それを防止するために剥離剤中に金属防食剤[4]を添加している。しかし，水溶性なので剥離後の IPA 洗浄が必要ないメリットがある。この水溶性アミンは，濃度管理システムを用いながら液中のアミン類や水分，防食剤などの濃度管理を行い，それらの薬液を補充しながらレジスト剥離に使用する報告[5]がある。

これら2種類のアミン系剥離剤は混合系なので，レジスト剥離使用時にアミン類や水分などの濃度管理が必要となる。また，使用済み液は産廃処理や複雑な蒸留精製の処理方法しかなく，廃棄物の管理が必要となる。現在の液晶デバイスの大型化による構成材料の見直しの際には，地球温暖化の観点からも環境負荷が少ないレジスト剥離剤が求められ，我々は新しいレジスト剥離剤とそれのリサイクル運用を提案している。

3.4　新しいレジスト剥離「炭酸エチレン」の技術

環境負荷が少なく安全性の高い剥離剤に炭酸エチレン[6〜9]（以下 EC 略記）がある。この EC は環状炭酸エステルであり（図1）非常に極性の高い有機溶剤で，ポジ型レジストとの構造的な相性が良い。またレジスト剥離速度も早いことなどの特長から，FPD プロセスのアレイ製造工程に導入されはじめている。また，近年大学においても，EC によるレジスト剥離について研究報告[10,11]がある。

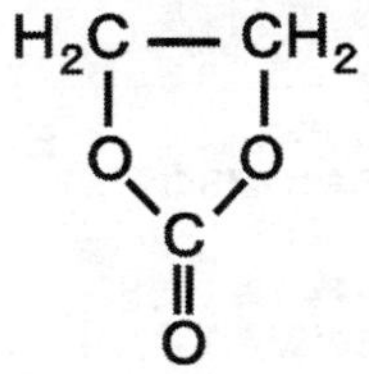

図1　EC分子構造

3.4.1 安全性・環境面

ECと主なアミン剥離剤の主成分との基本的な物性値を比較した。ECは，沸点・融点・引火点が高く，毒性や弱く消防法に該当しない（表1）。さらに，常温で固体であるが水に対する溶解性が高く，純水リンスが容易である。また，環境負荷を考える上で，1kgを製造するのにかかるCO_2排出のエネルギー量を生成熱から試算すると，ECはアミン系より製造にかかるエネルギー量を1/3に抑える事が出来る（図2）。このような観点から，ECは安全性や環境面に優れている。そのうえ，ECは土壌改質剤にも用いられ生物分解性があるので，生物処理で容易に廃液処理が可能なことは知られている。

表1　レジスト剥離剤の物性比較

剥離剤	NMP	MEA	EC
b.p. (℃)	202	171	246
m.p. (℃)	-24	10.5	36
f.p. (℃)	95	93	152
v.p. (hPa)	5.3 (60℃)	0.7 (20℃)	0.03 (36.4℃)
ラット LD_{50} (経口)	4.2g/kg	3.3g/kg	10g/kg
臭気	アミン臭	アミン臭	無臭
消防法	第4類 第3石油	第4類 第3石油	非該当

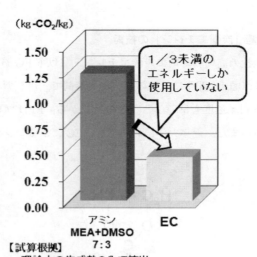

図2　1kgあたり製造のCO_2排出量比較

更に，ECはオゾンガス（以下オゾン略記）で分解しにくい剥離剤であることが特長である。このオゾンを利用した技術を活用することで，レジスト剥離後にECに溶解したレジストをオゾンで分解し，ECをリサイクル運用する事が可能であり余分な産廃処理が無くなる。

3.4.2 金属配線への影響

アミン系剥離剤は，剥離後の純水リンスの際にIPA置換洗浄や特殊な金属防食剤の添加などの操作が必要であった。ECは中性物質なので従来のAlは勿論の事，次世代のCu配線に対してもダメージがほとんどないことが報告[12]されている（図3）。

これによると，非水溶性アミン系のAlのエッチングレートは，0.02 Å/min以下であった。ECはAl溶出がなく0 Å/minであった。また，Cuのエッチングレートは非水溶性アミン系が約20 Å/minと早く，一方ECは0.02 Å/min以下であった。このことよりECはアミン系に比べ従来のAl金属配線は勿論の事，次世代向けのCu配線にもダメージがなく，それぞれの金属配線に適用したレジスト剥離が可能である。

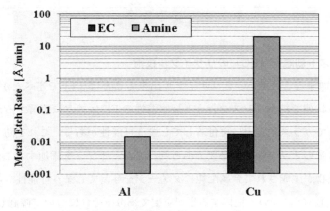

図3　各剥離剤による金属エッチングレート

3.4.3 レジスト剥離能力

LCDのフォトリソ工程のレジスト塗布膜厚は1.0～2.5μm程度で，処理時間は概ね1分程度が要求される。ECのレジスト剥離速度については，この膜厚のものであれば十分処理出来る能力があることが報告[13]されている。

これによると，膜厚1.5μmのレジストを80℃のECで，20秒［剥離速度4.5μm/min］剥離され（表2），またオゾンを添加したECも剥離速度は新液と殆ど変らないことが分っている（表3）。

表2 ECの液温によるレジスト剥離速度

EC液温 (℃)	剥離時間 (Sec)	剥離速度 (μm/min)
60	100	0.9
80	20	4.5
100	10	9.0
120	5	18.0

表3 オゾン添加後のレジスト剥離速度

レジスト 分解量 (g/L)	オゾン添加 時間 (min)	EC 100℃によるB$^+$1×10^{14}注入 レジスト膜 [1.5μm] の剥離	
		剥離時間 (Sec)	剥離速度 (μm/min)
0 (新液)	0	10	9
1	60	9	10

3.5 新しいレジスト剥離剤「EC」のリサイクル技術

ECにオゾン添加することでECをリサイクル出来ることは3.4.1で述べたが，EC中にレジストが溶解している状態で純水リンスを行うと，水溶性のECは純水に溶解するが，非水溶性のレジストは再析出してガラス基板上に再付着してしまう可能性がある。これを防ぐためにレジストを完全に分解する量のオゾン添加が必要であった。また，オゾンを添加することでEC中にレジストの分解副生成物が生成されて金属配線にダメージを与えてしまう可能性もあった。これらの懸案に対し，次の①，②について把握する事が重要であり，それについて確認した報告[14]がある。

① オゾンによるECの耐オゾン性とレジスト分解の最適化

② オゾンによるレジスト分解の最適条件下の副生成物把握

3.5.1 ECの耐オゾン性及びレジスト分解条件の最適化の確認

ここでは，EC 50gに濃度10g/Nm^3，0.3L/minのオゾンを30分間添加して，その前後をHPLC分析で行いRetention time（以下RT略記）のピークに変化がない事を確認している（図4）。これにより，ECは耐オゾン性がある事が判っている。

また，レジスト0.2wt%含有のEC 50gに同条件のオゾンを添加した結果，レジスト主成分のノボラック樹脂のRT30，54minのピークがオゾンを添加することで，54minは消滅し，30minは減少した（図4）。

ここで，オゾン添加時間を5，10，15，30分と変化させ，RT 30，54minピーク高さをプロッ

第 10 章　難処理排水からの資源回収

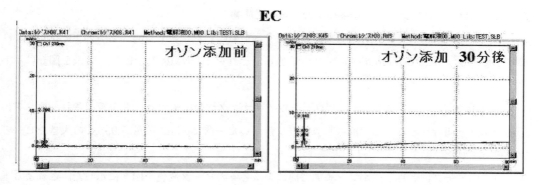

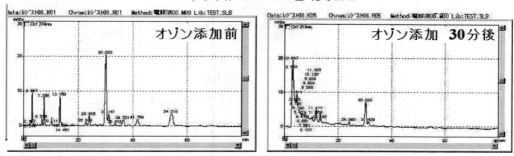

図4　オゾン添加前・後の HPLC クロマトグラム結果

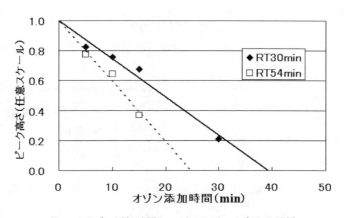

図5　オゾン添加時間とレジストピーク高さの関係

トすると，オゾン添加時間と各ピーク高さは比例関係であった（図5）。ピーク高さ0とグラフが交差する点がレジスト分解終了時間で，ここから分解に必要なオゾンの最適な条件を把握する事が出来る。

3.5.2 レジスト分解条件の最適条件下の分解副生成物

レジスト分解条件下での分解副生成物を把握するために，レジスト 5wt％含有の EC 50g に，濃度 70g/Nm³，流量 0.3L/min のオゾンを添加し，それを 1H-NMR で分析した結果を図6に示す。

オゾン添加前は，2，4，7ppm にブロードのノボラック樹脂由来のピークが確認され，オゾン添加を 150 分間行うとこれらは消滅し添加前に無かったギ酸 8ppm，酢酸 1.9ppm の大きなピークが確認された。

これらのピークに着目し，オゾン添加時間による各々のピーク変化を図7に示した。これより

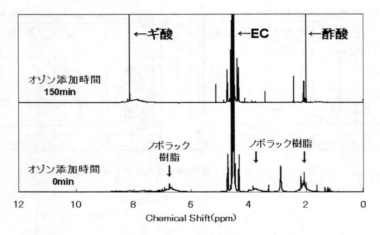

図6　1H-NMR 分析結果

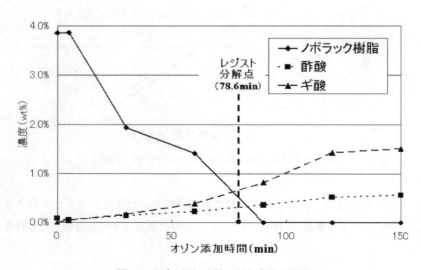

図7　オゾン添加時間と副生成物の関係

時間経過とともに，ノボラック樹脂が消滅し，副生成物としてのギ酸と酢酸が増加していることが判る。また，HPLC分析より得られるオゾン最適条件下からレジスト分解点を確認すると，ノボラック樹脂は約0.5wt%と8割以上消滅し，副生成物のギ酸，酢酸1wt%未満程度の増加であった。適正な条件下でECのオゾンによるリサイクル運用行えば，この分解副生成物を極めて少なく抑えることが可能であり，LCD製造工程の金属配線に対してダメージのないプロセス提案が出来る。

3.6 ECのリサイクル技術を用いたレジスト剥離システム

3.6.1 液晶製造向け

我々はオゾンによるECのリサイクル技術を用い，ECを使用したFPD製造のアレイ工程のレジスト剥離装置をエス・イー・テクノ㈱と共同で開発を進め実用化した（図8）。このレジスト剥離装置は，装置内にオゾンによるリサイクル機構を設け，ECでレジスト剥離を行いながらリサイクルが可能である。従って，従来の非水溶性アミン系のような複雑な蒸留装置システムは不要である。この装置では，剥離洗浄時の基板持出量分のECの補充が必要にはなるが，ECは繰り返して使用ができるので廃液が殆ど出ない。仮に装置内のECを廃液処理する場合は，生物処理を行えば容易に処理が出来る。

3.6.2 半導体分野のレジスト剥離技術

従来，半導体工場におけるスピンコーターカップ用塗布の洗浄は，メチルエチルエトン，キシレン等の危険性の高いシンナー系剥離剤を使用して，多くの工場が外注化を行っている。この剥離剤は使い捨てであり，常に産業廃棄物処理が必要となっていた。

我々はここにECを適用し，更に塗布カップ専用の洗浄装置「RCクリン」を用いて環境に適したカップ洗浄を具現化した（図8）。RCクリンは，①EC洗浄（レジスト剥離），②純水洗浄（リ

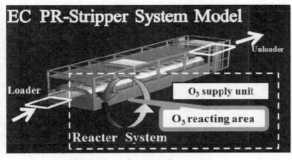
液晶向けレジスト剥離システム

カップ洗浄機「RCクリン」

図8　ECを用いたレジスト剥離システム

ンス），③乾燥まで自動で行う。また装置内部にオゾンによるリサイクル機構を内蔵しているので，ECに溶解したレジストをオゾン分解して洗浄効果を維持することができ，繰り返し使用が可能なので，廃棄物が極小量となる。これにより，工場内でのカップ洗浄が可能となり，予備カップの保有数軽減，工程管理の容易化，ノウハウの社外流出防止など多くのメリット生み出した。

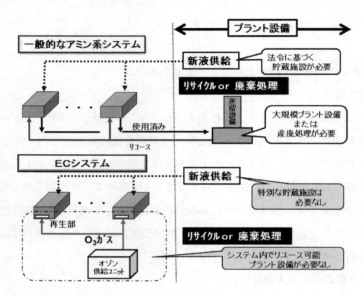

図9　アミン系とECシステムの違い

3.7　おわりに

　炭酸エチレンは安全性の高く，取扱いが容易であり，消防法に非該当なので特別な貯蔵設備を必要としないレジスト剥離剤である。更に洗浄装置システム内でオゾンを用いたリサイクル運用が可能であるので，蒸留設備のような大規模なプラント設備を必要としない（図9）。この炭酸エチレンの技術を用いることで液晶・半導体工場からレジスト剥離剤の廃液の削減ができ，環境負荷の低減ができる。

文　　献

1)　田中ほか，液晶ディスプレイ製造技術ハンドブック，㈱サイエンスフォーラム，p.207〜210, 1992年4月

第 10 章　難処理排水からの資源回収

2) 五十嵐勇樹，月刊ディスプレイ 2006 年 10 月号，p.40〜45，テクノタイムズ社，2006 年 10 月 1 日
3) 足立教夫，特開 2003-236328，日本特許庁，2002 年 2 月 13 日
4) 西嶋ほか，特開 2008-286881，日本特許庁，2007 年 5 月 15 日
5) 西嶋ほか，ディスプレイの大型化に対応するフォトレジスト材料と剥離技術，技術情報協会，Ⅲ，2006 年 11 月 27 日
6) 村岡久志，特許 3914842，日本特許庁，2002 年 8 月 7 日
7) 村岡久志，特願 2002-229697，日本特許庁，2002 年 3 月 6 日
8) 飯沼ほか，東亞合成研究年報，東亞合成㈱，TREND2004 第 7 号，p42〜45，2004 年
9) 太田裕充，電子材料 2006 年 12 月号，p.49〜53，工業調査会，2006 年 12 月 1 日
10) 小林ほか，平成 19 年度応用物理学会北陸・信越支部学術講演会 2D-02，p48，応用物理学会 北陸・信越支部，2007 年 11 月 30 日
11) 五十嵐ほか，平成 20 年度応用物理学会北陸・信越支部学術講演会 1D-02，p20，応用物理学会 北陸・信越支部，2008 年 11 月 21 日
12) 太田ほか，第 56 回応用物理学会関係連合講演会 No.3 2a-ZD-11，応用物理学会，p.1329，2009 年 3 月 30 日
13) 佐藤ほか，第 49 回応用物理学会関係連合講演会 28p-E-8 Vol.2，応用物理学会，p.793，2002 年 3 月 27 日
14) 柳ほか，日本オゾン協会第 18 回年次研究講演会，特定非営利活動法人日本オゾン協会，p.93〜96，2008 年 5 月 26 日

4 シリコンの回収・再資源化

米原崇広*

4.1 はじめに

半導体や太陽電池に用いられるシリコンウェーハは，形成されたシリコンインゴットからウェーハに加工されるまでに多くの機械加工工程を経て製品となる。詳細の順序や工程の名称は工場ごとで異なるが，シリコンインゴットを加工する工程は表1に示すような工程を経て加工され，ウェーハ化される[1]。特に，円筒加工，角加工，ブロック切断，スライス，バックグラインドの各工程では，研磨時に多量のシリコンスラッジが冷媒と共に排出される。結晶インゴットからウェーハになるまでに，半導体で90%以上，太陽電池で70%以上が加工クズとして排出される。多量に排出される加工クズは，廃棄費用として製品原価を上昇させることから，出来るだけ減容化し，冷媒と分離される必要がある。

また，近年のシリコン産業構造の変化に伴ってシリコンの価格は乱高下し，特に純度6N以上の純度のポリシリコンに至っては2007年のレアメタルショックも影響し2004年の$40/kgから2008年には最大で$300/kgまで価格が上昇した[2]。ここまで価格上昇すると，太陽電池はウェーハ価格が$3/wafer（150mm×150mm）以下が求められるため，原料価格上昇が与えるダメージは強い。それゆえに太陽電池製造メーカーではできるだけシリコンを回収・再利用し，原料価格の上昇に備える動きが強まっている。

4.2 排水中からのシリコンスラッジの分離

4.2.1 シリコンスラッジ含有排水の組成

表1のような工程から排出される排水において，全ての工程でシリコンスラッジの回収はでき

表1 半導体・太陽電池製造における単結晶シリコンインゴットおよびウェーハの機械加工工程
◎○：工程あり　◎：シリコンスラッジ排出が多い工程

加工工程	円筒加工	角加工	ブロック切断	スライス	面取り	ラッピング	エッチング	ポリッシング	バックグラインド	ダイシング
冷媒	水	水	水	クーラント	水	アルカリ	アルカリ	アルカリ	水	水
半導体	◎	—	◎	◎	○	○	○	○	◎	○
太陽電池	—	◎	◎	◎	○	○	○	—	—	—

* Takahiro Yonehara　野村マイクロ・サイエンス㈱　技術開発部

第10章　難処理排水からの資源回収

ない。シリコンスラッジ回収が可能な工程は固形物としてシリコンが含有されている工程であり，円筒加工，角加工，ブロック切断，面取り，バックグラインディング，ダイシング等の機械刃を使用した工程である。ポリッシング，ラッピング，エッチングなどの工程は，薬剤を使用したシリコンの化学溶解工程であり，分子レベルで化学変化を起こし，溶解するような工程からのシリコン回収は不可能である。機械加工時に発生する排水を分析すると，表2に示すような結果になる。なお，表2は加工時に使用する冷媒が水である場合における分析結果である。pH，TOC，金属元素含有濃度などは加工水に起因する要素が強い。この時に用いられる水は，外周刃や内周刃などでシリコンインゴットが加工される際に発生する切断熱を冷却する事が主目的として用いられるため，薬品添加は行わない。通常，円筒研削やブロック切断などのウェーハになる前の工程では水道水や工業用水が用いられる場合が多い。ところが，バックグラインディングやダイシングなどは既にウェーハ上に回路が形成されており，汚染防止のために超純水が使用される。純度の高い水が使用されるのは，ウェーハ状にスライスされた後のウェーハ表面が直接接触する工程以降である。そのため，排水中の含有成分のバラツキは使用する加工水のレベルに左右される。SS，シリカ，粒子径は加工工程由来に起因する要素が強い。粒子径は工程によって使用される切断刃（外周刃，内周刃，ワイヤーソーなど）の太さや研削砥石の番目によって左右され，SS濃度は冷却に用いられる水量によって左右される。

4.2.2　排水からの水の回収・分離

半導体や太陽電池を製造する工場では，シリコンウェーハの洗浄に超純水を用いる。超純水製造には費用が掛かることと，多量に廃液を排出すると産業廃棄物費用がかさむことから，できるだけ水を回収し再利用するニーズは多く，さまざまな水処理方法が用いられている[3]。シリコンスラッジを回収する場合においては，水を分離する目的でも使用される。以下に代表的な水処理機器を挙げる。

表2　シリコンスラッジ排水の含有成分

成分	濃度
SS	20～1200ppm
pH	6.5～8.0
TOC	1～20ppm
シリカ	50～130ppm
粒子径	0.1～40μm
Ca	1～70ppm
K	≦1～2ppm
Na	≦1～5ppm
Mg	≦1～3ppm
Al	≦1～5ppm
その他金属	1ppm以下

工業排水・廃材からの資源回収技術

(1) 凝集沈殿

最も汎用的で導入実績の多い装置が凝集沈殿装置である。凝集沈殿の概要を図1に示す。凝集沈殿は凝集剤の添加と反応槽（沈降分離槽）のみの構成で装置が単純なため，価格が安く運転管理が容易である利点がある。反面，SS成分の沈降速度がネックとなり水とシリコンスラッジを分離する時間が長いため，反応槽が大きくなりやすいという弱点を持つ。

(2) 浸漬膜

凝集沈殿の弱点（水とシリコンスラッジの分離速度が遅い）を改良する目的で導入されるのがMBR（Membrane Bio Reactor）に代表される浸漬膜である。図2に浸漬膜の構造を示す。浸漬膜により，迅速な固液分離，沈殿槽の容量低減を図ることができ，既設の凝集沈殿槽を活用した設備改良も可能となる。反面，膜処理技術の中では比較的濾過速度が遅い，設置面積が大きい，常時エアバブリングが必要といった弱点がある。

(3) セラミック膜

設備設置場所が小さい場合，特に屋内設置が求められる場合は，凝集沈殿や浸漬膜では槽が大きくなり設置できない場合がある。セラミックフィルターは樹脂製のフィルターと比較して剛性に優れる事から，膜間差圧（入口圧力－出口圧力）を高く設定して固液分離を行う事が利点である。反面，導入コストが非常に高い，ポンプ電力費が高い，一度閉塞するとなかなか回復しないなどの弱点がある。

(4) 中空糸膜

中空糸膜は，浸漬膜とセラミック膜の中間的存在として比較的安価で且つ，設置場所を小さく保てるという利点を有する。ストローのような管状構造を持っているのが特徴である。排水中のシリコンスラッジ（SS）成分を100ppm以上有する排水の場合，ストローの外側から排水を導入し，内側に向かって濾過を行う外圧式が多く導入される。内圧式も存在するが，限外濾過のよ

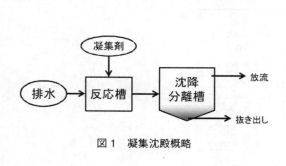

図1　凝集沈殿概略

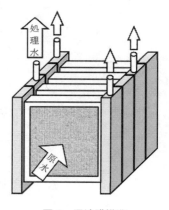

図2　浸漬膜構造

第 10 章　難処理排水からの資源回収

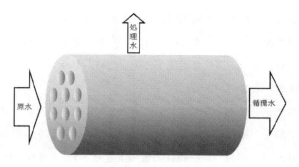

図3　セラミックフィルター

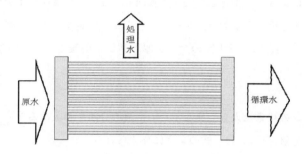

図4　中空糸膜モジュール

うな精密濾過の場合に適応される。一般的な材質として浸漬膜同様にポリスルホンが使用される。近年は強度を高めるためにPVDF（PolyVinylidene diFluoride）を材質とした中空糸膜が開発されている。

4.2.3　排水からのシリコンスラッジの回収・脱水

4.2.2項で述べたような水とシリコンスラッジの分離技術では，主に水を取り除くことに主眼を置く。その時の水の回収率は最大で98％に達する。ここで，水分離装置にて残されたシリコンスラッジ排水は，排水中に含まれるシリコンスラッジ濃度は1000ppm程度が最大であるので，濃縮されて残った排水中のシリコン濃度はおよそ5％となる。しかし，シリコンスラッジを回収する観点から見るとまだ多量の水を含んでいる。そこで，シリコンスラッジを回収する事を主眼に置く場合には更に脱水を行う必要がある。脱水においては脱水速度が速い点を主眼に置く。また，脱水機からの汚染を防ぐためには接液面積が少ない構造をとる事や，部材からの溶出を防ぐ工夫としてセラミック系の部品の使用やフッ素コーティングの施行などが行われる。代表的な脱水機を次に挙げる。

(1)　フィルタプレス

代表的なケーク濾過機の一つであるフィルタプレスは，多くの汚泥処理に適応される。特に横

型のものは脱液性能が良く，装置を大型化できる利点がある。反面，原液供給側から濾過が進行するため，ケークの厚さが一定にならず，同じ枠内でもケークが下に厚く上に薄く進行するため一様な濾過性能が得難い。また，適度な濃度が必要なため，シリコンスラッジ排水は前述の膜処理装置などで一旦濃縮される必要がある。

排水中のシリコンスラッジは濾過の際にケーク濾過を起こす。シリコンスラッジは水中で徐々に水と反応して表面の酸化が進行し，水素，酸素，ケイ素の化合体からなる硅酸質の表面を持つと考えられるため，硅酸粒子が持つ高圧縮性物質のような挙動[4]を示すと考えられる。さらに，0.1〜40μmの粒子径を持つ微粒子である事から，偏析ケーク濾過のような現象も確認されている。このような理由により，厚密化したケーク表面では速やかに液圧降下を引き起こし，偏析ケークの抵抗増加を起こす原因となるので，ケーク厚さを厚く設定することは難しい。また，脱水されたシリコンスラッジの含水率は上記のケーク厚さ制御が困難なこともあり40〜70％と安定しにくい。

(2) 遠心分離

水の比重とシリコンの比重は大きく異なるため，遠心分離を導入するケースが増えている。遠心分離における分離速度は(1)式のように与えられる[5]。

$$v = D^2/18 \cdot (\sigma - \rho)/\eta \cdot r \cdot \omega^2 \ (\mathrm{cm/s}) \tag{1}$$

D：粒子径（cm），η：液粘度（$\mathrm{g\ cm^{-1}\ s^{-1}}$），$\sigma$：粒子密度，$\rho$：溶液密度，$r$：半径（cm），$\omega$：角速度（rad/s）

シリコンスラッジ排水の場合は，粒子径を表2より，液粘度をほぼ水と同等，粒子密度をシリコンの密度，溶液密度を水中のシリコンスラッジ含有濃度と考えるとおよそ遠心分離機の能力が算出される。遠心分離機の仕様にもよるが，1μmの微粒子を除去するには1500Gの遠心力を与えると2分程度で分離できるので効率的である。しかし，粒子径が0.1μmでは沈降速度が100倍遅くなるために微細粒子の除去は完全に行われず，目に見えて清澄な濾液を得るには不向きである。

4.3　回収したシリコンスラッジの問題点

4.3.1　加工時の汚染

半導体などで使用される単結晶シリコンインゴットは11N（99.999999999％）と非常に高純度なシリコンが用いられるが，高純度なインゴットが様々な加工工程を経て排出した排水中のシリコンスラッジは高純度とは言い難い。表3は排水中のシリコンスラッジが含有する金属濃度の分析例を示している。このように，シリコンスラッジは非常に多くの金属を含有した状態で排出さ

第10章 難処理排水からの資源回収

れる。こういった金属が混入すれば，再利用には純度が足りず，産廃処理することになる。例えば図5に示すように太陽電池で使用されるシリコンウェーハにおいて，混入する金属が悪影響を及ぼす濃度が分かっている[6]。タンタルやモリブデン，ニオブなどは元々が存在しにくい元素であるため混入に気を使わなくとも良い金属種であるが，鉄，マンガン，クロム，コバルト等は装置や部材などから混入しやすい元素であるため，混入しない配慮が必要である。しかしながら硬いシリコンの結晶を加工するに当たって，これらの金属を含有しない物質で加工する事はかなり難しい。クロム，コバルト，バナジウム，ニッケルなどは機械刃の強度を増すために添加される物質であることから，混入を防ぐためには加工する刃の材質にも十分考慮する必要がある。

シリコンを汚染する要因は加工機由来のみではなく，前述にも挙げたように加工水も問題がある。カルシウムやマグネシウムなどは工業用水や水道水に含まれるため，これらが存在すると容易にシリコンを汚染する。例えば加工水中に含まれるカルシウム濃度が65ppmの場合，シリコンに吸着・濃縮されるとシリコンスラッジ中のカルシウム濃度が1200ppmと18倍濃縮される。そのため，シリコンスラッジを純度良く回収するには加工水の高純度化も必要である。純水装置

表3 回収したシリコンスラッジの不純物含有濃度

成分	濃度
Fe	5～2000ppm
Cu	5～150ppm
Ca	1～1500ppm
K	1～200ppm
Na	1～200ppm
Mg	1～200ppm
Ni	1～100ppm
Cr	1～300ppm
Al	1～300ppm

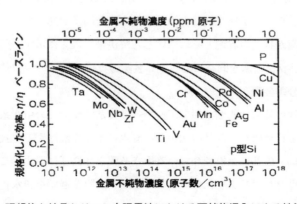

図5 理想的な結晶シリコン太陽電池における不純物混入による性能劣化

で精製された加工水は純度が高いため回収する価値がある。故に，シリコンスラッジを綺麗なまま回収するためには，純水を使用してシリコンスラッジを汚さないようにすることと共に純水も回収できる装置が必要になる。

4.3.2 回収時の汚染

シリコンスラッジが汚染を受ける要因は加工時だけの問題ではない。排水処理を行う場合においても注意が必要である。注意するポイントは『薬品を使用する工程』である。水処理工程において使用される代表的な薬品は，凝集沈殿における凝集剤として，ポリ塩化アルミニウム，硫酸アルミニウム，塩化第二鉄，ポリアクリルアミド系有機剤などが挙げられる。また，膜処理において使用される薬品は次亜塩素酸ソーダ，苛性ソーダ，塩酸，硫酸等がある。特に凝集沈殿方式を用いる場合は凝集剤の添加は必須であるため，それが汚染の原因となる。凝集剤は凝集沈殿法の最も核となる要素であるが，シリコンスラッジも同時に汚してしまい，更には混入後の分離も困難なためにシリコンスラッジ回収を主眼においた場合は使用できない。同様な観点から，浸漬膜は濾過槽がシリコンスラッジ排水槽と同じため，CIP洗浄時に使用される薬品からのシリコンスラッジへの汚染は避けられない。セラミック膜や中空糸膜などの膜処理においては，水の分離目的では薬品を使用しないため薬品のシリコンスラッジへの汚染は少ない。ただし，シリコンスラッジによって閉塞した膜を洗浄する際に薬品を使用するため，洗浄時の薬品がシリコンスラッジへ混入しないよう専用の洗浄ラインを設け，洗浄後のフラッシングも行う工夫が必要である。

4.4 再資源化に向けた課題と対策（水およびシリコンスラッジの再資源化）

4.4.1 問題点の抽出と解決方法

シリコンスラッジを回収するにあたって，回収設備で起こる汚染はできるだけ避けるべきである事は前項で述べた。また，特に膜処理設備を導入する場合には，シリコンスラッジ粒子の大きさは$0.1\mu m$と細かい粒子も存在するために，膜の孔径を選定する際には十分注意が必要である。孔径とシリコンスラッジの粒子径が同じものを選定すると閉塞が速くなり，膜の寿命を縮める。

以上から各回収設備が抱える課題とそれに応じた解決策を表4に示す。

4.4.2 シリコンスラッジと水を同時に回収する装置の実導入例

(1) 縦型中空糸膜分離装置

一般的な中空糸膜の特徴は4.2.2項で示した通りであるが，この中空糸膜では膜の閉塞時において通常薬品洗浄を行う所を，薬品の代わりに温水によって洗浄する方式を採用している。装置外観写真を写真1に，内部に充填されている中空糸膜を写真2に示す。ここに示した中空糸膜は膜材質にポリスルホンやポリフッ化ビニリデンを用い，膜濾過面を親水化処理する処理を行っている。孔径は$0.1\mu m$未満であり，微細なシリコン粒子に対しても閉塞を起こしにくい。親水

第10章 難処理排水からの資源回収

化処理と孔径の微細化により,膜表面上で微粒子が詰まりにくくなるため,簡単なバブリングのみで連続運転が行える。また,セラミック膜のように送液部に循環ラインが必要なクロスフロー式での通水ではなく,循環ラインが必要ないデッドエンド方式を採用しているのが特徴である。

(2) 縦型遠心分離機

脱水においては縦型遠心脱水機を採用し,内部構造は図6に示すような単純構造かつ高強度なSiCスクレーパーを採用している。接液面積が少ないこと,強度が高く金属溶出が少ない材質(SiC)を使用する事により,金属汚染が起こらない構造となっている。

縦型中空糸膜と縦型遠心分離の組み合わせにおける大きな特徴は次の3点が挙げられる。

① 回収するシリコンスラッジと水の純度を維持したまま回収できる。

薬品注入によるシリコンスラッジへの汚染が発生しない事でシリコンスラッジは純度を保つ

表4 各処理装置の問題点と解決策

工程	処理方法	問題点	解決策
水の分離・回収	凝集沈殿 浸漬膜	凝集剤,pH調整剤添加によるシリコンスラッジ汚染	無薬注で濾過
	凝集沈殿 浸漬膜	設置スペース大	縦型中空糸膜の採用
	浸漬膜,中空糸膜,セラミック膜	微細粒子による閉塞	$0.1\mu m$以下の孔径を有するフィルター
	セラミック膜 中空糸膜	クロスフローの場合 電力増大,太い配管設備が必要	デッドエンド濾過
シリコンスラッジの脱水・回収	フィルタプレス	含水率不安定(40〜70%)	30%台を保持
	フィルタプレス	処理時間長(4〜5時間)	脱水90分に短縮
	フィルタプレス	設置スペース大	縦型遠心分離の採用

写真1 熱再生型膜分離装置外観写真

写真2 熱再生型膜分離装置内部モジュール

ことができる。また，詰まりが発生した場合の洗浄も薬品洗浄の頻度は1回/1年程度で良いため，中和設備の負担が少ない。

② 回収時間が短い

中空糸膜により濾過面積が多く稼げるため，設置面積当たりの透過水量を多く設定できる事，ケーク濾過を起こさないうちに遠心分離で回収を行う事で，液中膜とフィルタプレスの組み合わせと比較して回収時間を約1/3に短縮できる。

③ 設置面積が小さい

中空糸膜，遠心分離機がいずれも縦方向設置を必須とした構造であることから，凝集沈殿とフィルタプレスの組み合わせと比較して設置面積は約1/2に縮小できる。これにより，回収装置の設置場所をスラッジが発生する生産ラインの傍に置く事ができ，既設の設備に対してのリプレイスも比較的容易である。

縦型中空糸膜装置と縦型遠心分離装置の組み合わせでは，水とシリコンスラッジの同時回収が可能となり，シリコンスラッジを有価物資源として回収できるだけでなく，水も回収する事ができる。図7にシリコンスラッジと水を同時に回収するための処理フロー例を示す。シリコンスラッジは遠心脱水機で回収され，再び加工工場に戻り，加工水は熱再生型中空糸膜分離装置で回収され，加工工場にて再利用される。

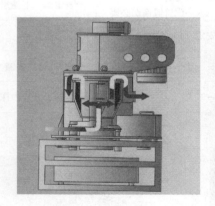

図6 縦型遠心分離構造

4.5 おわりに

水とシリコンスラッジを効率よくかつ純度良く回収する装置構成においての要点は，添加薬品を使用しない，素早く回収する，水を回収する事に主眼を置いた装置とシリコンスラッジを回収する事に主眼を置いた装置をそれぞれ別個に組み合わせ，お互いの弱点を補うように構成を組

第 10 章　難処理排水からの資源回収

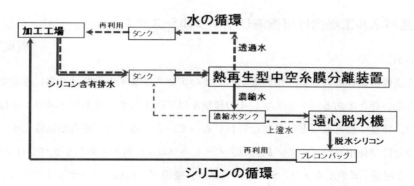

図7　熱再生型中空糸膜＋遠心分離による水およびシリコンスラッジの循環フロー

む，などの要件を満たすことが重要である。そうすることで回収した物の再利用価値が高まり，単なる処理装置から利益を生み出す製造装置へと変貌させる事ができる。

文　　　献

1) 大見忠弘ほか，シリコンの化学，p.229-315，リアライズ（1996）
2) 曲暁光，NEDO 海外レポート，**1015**，p.48（2008）
3) 久保田昌治ほか，水ハンドブック，p.239-249，丸善（2003）
4) 杉本泰治，沪過，p.128-186，地人書館（1992）
5) 高松武一郎ほか，現代の化学工学Ⅱ，p.137，朝倉書店（1989）
6) 加藤嘉英ほか，工業用金属シリコンを用いた太陽電池用高純度シリコンの量産化製造技術の開発，まてりあ，41巻，1号，p.54-56（2002）

5 液晶パネル工場向け現像液リサイクルシステム

板東嘉文[*]

5.1 はじめに

　発展する高度情報社会の中で，情報表示としてのディスプレイの役割は非常に重要で且つ，なくてはならない存在である。ディスプレイの種類を以下図1示す。薄型ディスプレイは高画質，低消費電力，軽量，長寿命などの優れた特長をもっている。特に消費電力が格段に小さい為，非常に多くの分野で使用されている。例えば，ノートパソコン，ディスクトップパソコンモニター，テレビ，携帯電話，ビデオカメラ，デジタルカメラ，携帯ゲーム機，オーディオプレイヤー，カーナビゲーション等である。なかでもテレビはデジタル放送での高画質，大画面の薄型テレビ市場になり，従来のブラウン管から液晶やプラズマへの置き換えが急速に進んでいる。

5.2 液晶ディスプレイ

5.2.1 基本原理

　液晶ディスプレイの基本原理を図2に示す。背面に設置されたバックライト（冷陰極管やLED）から放出された光をその前面に光学的特性のある液晶の性質を利用して光透過や光遮断して映像を映し出す。画像をカラー化するために光の3原色（赤R・緑G・青B）を配列したカラーフィルターを用いることで液晶ディスプレイのカラー画像が得られる。

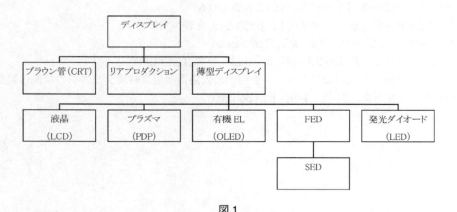

図1

LCD：液晶ディスプレイ，PDP：プラズマディスプレイパネル，OLED：有機エレクトロルミネッセンスディスプレイ，FED：電界放出型ディスプレイ，SED：表面伝導型電子放出素子ディスプレイ

---

　　* Yoshifumi Bandou　三菱化学エンジニアリング㈱　ITファシリティ事業部
　　　　　　　　　ITファシリティ部　技術開発グループ　部長代理

第 10 章　難処理排水からの資源回収

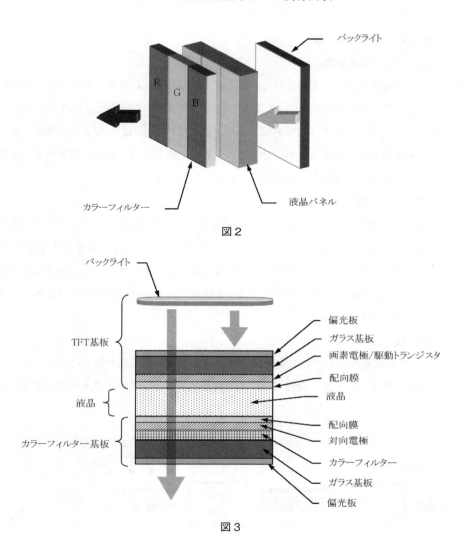

図2

図3

5.2.2　基本構造

　基本構造例を図3に示す。カラーフィルター基板と TFT（Thin Film Transistor：薄膜トランジスタ）ガラス基板の間に液晶を封入して液晶パネルを作り，液晶パネルの最後面にバックライトを配置して液晶ディスプレイを構成する。カラーフィルター基板はガラス基板上に偏光板，カラーフィルター，透明導電膜，配向膜が形成される。TFT 基板はガラス基板上に偏光板，画素電極，駆動トランジスタ，配向膜で構成される。

5.3 液晶ディスプレイ生産工程
5.3.1 液晶ディスプレイ生産工程

　液晶の生産工程は次の3つに大別される。第1はガラス基板上に薄膜トランジスタの回路を作るTFTアレイ工程，第2はTFTアレイ工程で完成したTFTアレイ基板とカラーフィルター工程で生産したカラーフィルター基板を貼り合せ，液晶材料を注入し，偏光板等のフィルム材も張り合わせ，セル基板が完成する。第3は前述の工程で完成したセル基板に駆動トランジスタ及びバックライトユニットを接続して表示モジュールとして完成させる。

5.3.2 TFTアレイ工程

　半導体メモリー等のシリコンウェハー上に回路を作る場合と同様に，TFTアレイ工程においても成膜，フォトリソグラフィ，フォトエッチングの各工程を繰り返してガラス基板上にTFT回路を作る。この工程はTFTアレイを形成する為に必要な配線パターンに合わせてフォトマスクパターンが必要で，現在は5枚のフォトマスクが主流であり，最新技術では4枚のフォトマスクでも一部で生産されている。

5.3.3 現像工程

　TFTアレイを形成するにあたって重要なフォトリソグラフィ工程を図4に示す。ガラス基板に配線用の金属を蒸着し，その上全面にレジスト塗布装置でレジストを塗布する工程がレジスト

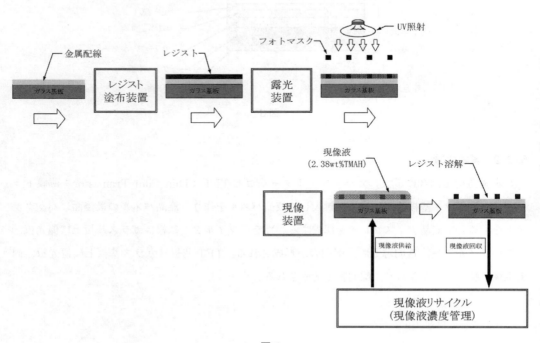

図4

第10章　難処理排水からの資源回収

塗布工程である。そして，TFTアレイを形成するフォトマスクパターンを露光装置内で光を照射し，配線パターンを転写する工程が露光工程である。この時，レジストに光が照射された部分と照射されていない部分ができる。次に薬液の化学反応を利用して必要なフォトマスクパターン部分を残し，不要な部分を溶解除去する工程が現像工程である。この工程ではアルカリ性の薬液である現像液を使用する。例えば，光が照射されたレジスト部分は現像液に溶解し，光が照射されていない部分は現像液に溶解せず，ガラス基板上にフォトマスクパターン部として残る。

5.4　現像液リサイクル

5.4.1　リサイクルの必要性

　図4に示したフォトリソグラフィ工程中の現像工程は液晶や半導体の生産で使用される生産方法で重要且つ，基本となる生産工程であり，ウェットプロセスとして確立されている。この時に使用される薬液は現像液（化学名：水酸化テトラメチルアンモニウム水溶液 Tetra Methyl Ammonium Hydroxide　通称，TMAH）で，含有量として2.38wt％が使用される。液晶メーカーはテレビ等の薄型大画面ディスプレイ市場でシェア拡大と生産効率化，生産コスト削減の為にガラス基板サイズの大型化を図っている。一方で，ガラス基板サイズの大型化により生産工程で使用される薬液や超純水等は増加し，生産工程から排出される排水処理物も大量に排出される。環境負荷低減と有効利用の観点からも生産安定化を図りながら現像液をリサイクルする技術は重要である。

　前述5.3.3項及び図4に示した通り，レジスト塗布工程，露光工程後，現像装置はガラス基板上に現像液を供給し（ガラス基板全面に現像液を盛る様な感じ），一定時間放置後，ガラス基板上の現像液を排液，超純水洗浄，高圧高流量エアーで液切りされる。排液された現像液にはレジストが溶解している。現像液を再利用せずにこのような工程を繰り返し行うと生産枚数に比例して現像液の使用量も増える。現像液の使用量を減らす為には現像装置で使用した現像液を回収し，生産工程で再利用する必要がある（以下，便宜上，本項では現像工程で回収再利用する現像液を「回収現像液」とする）。現像工程で回収現像液を使用する場合，重要な事は生産の安定化である。これは言い換えれば，ガラス基板を何枚処理しても線幅は一定にすることであり且つ，新液現像液の使用量を削減することである。

5.4.2　生産への影響因子

　線幅に影響を与える大きな要素として，レジストの厚み，露光強度，現像液濃度等が挙げられる。本項では現像工程で関与する現像液濃度について述べる。現像工程に回収現像液を使用する場合，新液現像液と同等の線幅安定性が求められる。線幅への影響に対する検討項目とその対応技術について以下表1に示す。

表1

検討項目	影響因子	対応技術	
現像液濃度	濃度管理・調製 線幅への影響度	リアルタイム濃度測定・管理・調製	多成分濃度計
回収現像液劣化	空気中の炭酸ガスとの反応 線幅への影響度	真の現像液濃度測定 炭酸ガスとの反応生成物濃度測定	濃度分析技術 現像能力最適化
溶解レジスト	溶解レジスト濃度 線幅への影響度	溶解レジスト濃度測定	現像能力最適化

線幅への影響に対して特に重要視した検討内容は現像液,回収現像液中の反応生成物,溶解レジストそれぞれの濃度が与える影響である。先ず,回収現像液中の反応生成物とはTMAHが空気中の炭酸ガスを吸収した生成物であり,本項ではこの生成物を炭酸塩とする。回収現像液中の炭酸塩濃度のみが高くなった場合(レジストが溶解した場合,回収現像液は茶褐色に変色する),見た目には判らないが滴定法による濃度分析では真のTMAHと異なる変曲点を示す。また,実際の生産工程で回収現像液中の炭酸塩濃度が高くなる原因として1つは現像装置内でガラス基板上に現像液を供給する際に,空気と接触する。もう1つは現像装置がアイドリング状態中(ガラス基板処理待ち)でも定期的に回収現像液をポンプで循環させる為,空気と接触する。次に溶解レジストはTMAHによって溶解したレジスト分であり,回収現像液中のレジスト濃度は徐々に高くなる。

5.4.3 評価試験結果

前述5.4.2項より現像液,炭酸塩,レジスト各成分をそれぞれ個別に濃度調製したサンプル液を調合し線幅への影響度について評価試験を行った。その結果を図5に,また,まとめを表2に示す。

(1) 現像液

図5より,現像液濃度に対する線幅への影響ではTMAHのみ濃度の異なるサンプル液を調合(炭酸塩濃度30ppm以下,レジスト無し)して評価試験を行った。新液現像液(2.38wt%TMAH,炭酸塩濃度30ppm以下,レジスト無し)に対してTMAH濃度が2.38wt%以下になると線幅は徐々に太くなり,2.38wt%以上では線幅が徐々に細くなる傾向を示した。

(2) 炭酸塩

図5より,現像液中の炭酸塩濃度に対する線幅への影響では炭酸塩濃度のみ濃度の異なるサンプル液を調合(2.38wt%TMAH,レジスト無し)して評価試験を行った。新液現像液に対して炭酸塩濃度が高くなると線幅は比例して太くなる傾向を示した。

(3) 溶解レジスト

図5より,現像液中の溶解レジスト濃度に対する線幅への影響ではレジスト濃度のみ濃度の異

第10章　難処理排水からの資源回収

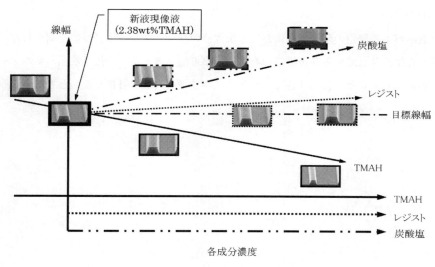

図5

表2

	線幅への影響度	濃度状況	線幅状況
現像液	大きい	TMAH濃度2.38wt%以下の場合	太くなる
		TMAH濃度2.38wt%以上の場合	細くなる
炭酸塩	大きい	炭酸塩濃度が高い	太くなる
溶解レジスト	小さい	レジスト濃度が高い	太くなる （炭酸塩より小さい）

なるサンプル液を調合（2.38wt%TMAH，炭酸塩濃度30ppm以下）して評価試験を行った。新液現像液に対してレジスト濃度が高くなると線幅は比例して太くなる傾向を示した。但し，炭酸塩濃度の場合より線幅への影響は小さい。

(4) 現像液リサイクルシステム

前述の結果より，リサイクルシステムとして運転する場合の技術ポイントは

①回収現像液中の各成分である真のTMAH濃度，炭酸塩濃度及び溶解レジストをリアルタイムに精度良く濃度測定する。

②各成分濃度測定結果から，炭酸塩と溶解レジストが存在している状態で新液現像液と同等の線幅が保持できる様な真のTMAH濃度をリアルタイムに求める。

③上記②より求めた真のTMAH濃度に調製する為に回収現像液の濃度管理・調製をリアルタイムに行う。

5.5 おわりに

本節では液晶パネル製造の現像工程における現像液のリサイクル技術について紹介した。液晶パネル工場から排出されている各種排液は有効利用が可能と考える。今後は液晶パネルメーカーと協業しながら生産プロセスに入り込んだリサイクル技術の向上を目指したいと考える。

第11章　廃棄物処理と有効利用技術

1　焼却灰からの資源回収と有効利用

松岡庄五[*]

1.1　はじめに

　中部リサイクル株式会社は「ゼロエミッションファクトリー」をコンセプトに掲げ，平成11年の創立以来，主として一廃・産廃焼却灰を電気抵抗炉により還元溶融して再資源化する事業を進めてきた。

　ごみ焼却灰に含有されている金属資源のうち鉄は磁選スクラップとして売却，磁選されない銅・金・銀等の金属は溶融メタルとして売却，溶融スラグは主として道路路盤材として売却，さらに溶融飛灰は亜鉛・鉛原料として売却される。このようにごみ焼却灰は還元溶融による再資源化がゼロエミッションで達成されている。

　近年「産業のビタミン」として注目されているレアメタルは価格高騰および資源セキュリティーの面から，資源循環およびリサイクルシステムの必要性が高まりつつある。

　電気・電子製品等のレアメタル含有量の高い先端技術製品からのリサイクルはすでに各所で取り組まれつつあり，次に民生品として使用後廃棄され一般廃棄物のごみ焼却灰中に広くかつ薄く分散された低濃度のレアメタルを含んだ廃棄物からの回収の可能性が検討課題となってきた。

　当社ではこれまでも広く薄く焼却灰中に分散された銅，金，銀等の金属資源の回収再資源化に取り組んできた。この技術を使ってごみ焼却灰に含まれるレアメタルの回収の可能性を検討するため，平成19年12月から20年3月の間で国立環境研究所　大迫政浩室長の指導でJOGMEC（㈱石油天然ガス・金属鉱物資源機構）との共同スタデイを行い，レアメタルの含有量とその炉内挙動を調査した。

　その調査結果と，溶融メタル，溶融飛灰の山元還元による商業ベースでの資源回収実績（2008年度）を比較する。

1.2　処理フロー

　処理フローを図1に示す。

---

　[*]　Shogo Matsuoka　中部リサイクル㈱　製造・技術担当　取締役

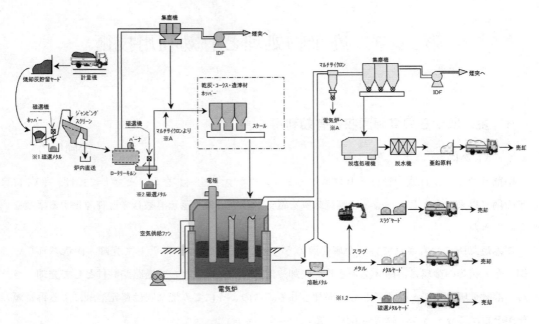

図1　中部リサイクル再資源化フロー

1.3　電気抵抗炉（サブマージドアーク炉）の特徴（図2）

　原料の焼却灰は磁選・乾燥処理を行い，ばいじんは脱塩・造粒の予備処理を行ったあと，適量の炭材（コークス等）とスラグ品質を調整するカルシウム分（石灰石等）を混合して炉内に装入する。炭材中のC分と灰中の金属成分は炉内温度1,500〜1,600℃近くの高温で接触すると，

$$MO + C \rightarrow M + CO$$

の反応で金属酸化物を還元する。

　還元された金属のうち銅，金，銀，白金，パラジウム等は溶融メタルとなって炉底に溜り，6時間ごとの出銑で溶融スラグとともに排出される。これを比重分離したのち，溶融スラグは徐冷して結晶化スラグとなり溶融メタルは急冷して薄板状のインゴットになる。

　一方，亜鉛，鉛等の揮発しやすい金属は排ガスとともに炉内原料層を通過，排ガスに随伴して集塵機へ捕集され溶融ダストとなる。さらに脱塩処理をして再度，炉へ装入されて亜鉛：50％以上に濃縮して亜鉛原料となる。

1.4　貴金属を含む金属回収実績

　2008年度の焼却灰処理実績と再資源化製品生産量を表1に示す。

第 11 章　廃棄物処理と有効利用技術

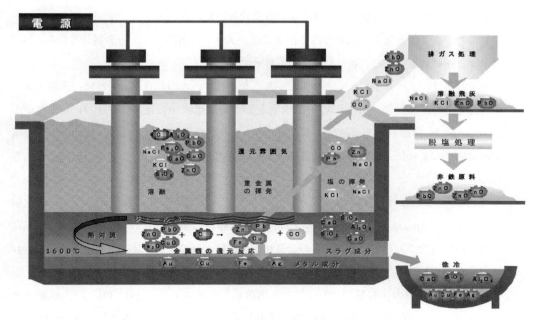

図 2

表 1

年間溶融処理量 (w.t)	年間製品生産量			
	溶融スラグ	金属回収量		
		磁選鉄	溶融メタル	亜鉛・鉛原料（溶融飛灰）
22,846t 一廃：産廃 ＝66％：34％	11,476t	1,012t	964t 〔内含有純分〕 銅　：111t 銀　：665kg 金　：40kg 白金：8kg パラジウム：13kg	374t 〔内含有純分〕 亜鉛：135t 鉛　：19t 銅　：0.6t 金　：0.5kg 銀　：50kg アンチモン：0.2t ビスマス　：0.4t

1.5　「ごみ焼却灰に含まれるその他の希少金属（レアメタル）の回収」の共同スタディ[1]

(1) 目的

① 溶融スラグ，溶融メタル及び溶融飛灰に含まれるレアメタルの含有量の把握。

② 電気炉の還元状態及び，溶融温度等の条件変化によりレアメタルが溶融飛灰側又は溶融メタル側へ濃縮する挙動（移行率）の把握。

(2) 結果（処理物及び生成物のレアメタル含有量分析結果）
① 処理物である焼却灰と生成物である溶融飛灰，スラグ，溶融メタルの金属分析結果を図3に示す。比較のため鉱石（粗鉱）の品位も併せて示す。
② 溶融飛灰及びメタル中に多くの金属類が高く含まれているのが分かる。特に，溶融メタル中にはCu, Ni, Sb, V, Mo, W, Au含有量が，溶融飛灰中にはZn, Pb, Biの含有量が高い。Agは，溶融飛灰と溶融メタル，両方ともに含有量が高い。これは，焼却灰中の金属が溶融処理によって，溶融飛灰又は溶融メタルに選択的に移行されることが原因だと考えられる。
③ 処理物（焼却灰）からはAu, Ge, In, Pd, Pt, Te, Tlが検出されなかったが（測定限界値以下，＜1mg/kg），溶融メタル又は溶融飛灰中には多く含まれていることが分かる。処理物中に微量で入っているこれらの金属類が溶融によってメタル又は溶融飛灰に濃縮されるためだと思われる。
④ 鉱石（粗鉱）中の含有量と比較すると，溶融飛灰中のAg, In, Pd, Pb, Zn, 溶融メタル中のAg, Au, Cu, Ni, Pdは同程度かそれ以上に高く含まれていることが分かった。

(3) 溶融飛灰・スラグ・溶融メタルへの金属の移行率（分配率）
図4に示す。

(4) まとめ
金属分配率は大別して次の4グループに分けられる。
　① 溶融飛灰に移行：Pb, Zn, Bi, In, Te, Tl

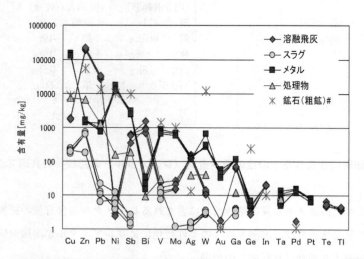

図3　処理物（焼却灰）及び生成物（溶融飛灰，スラグ，溶融メタル）中の金属含有量
＃：日本金属学会誌　第65巻　第7号（2001）564-570

第11章　廃棄物処理と有効利用技術

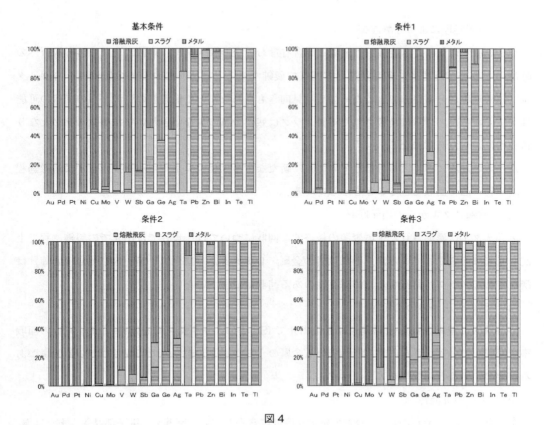

図4

注）〔基本条件〕通常の操業条件
　〔条件1〕溶融スラグ温度を上げた（1,461℃→1,519℃）
　〔条件2〕塩化物を添加した
　〔条件3〕炉内滞留時間を長くした（4→6時間）

②　溶融メタルに移行：Cu, Ni, Au, Pd, Pt, Mo, V, W, Sb
③　運転条件により溶融飛灰又はメタルへの移行率が変化：Ag, Ga, Ge
④　スラグに移行：Ta

1.6　まとめ

(1)　資源回収実績

ごみ焼却灰を電気抵抗炉で還元溶融することにより，前処理工程で除去される磁選鉄はじめ，溶融メタルとして回収される5元素（銅，金，銀，白金，パラジウム）さらに溶融ダストとして回収される2元素（亜鉛，鉛）の金属資源は1.4で示すようにすでに商業ベースで山元にて回収されている。

(2) 中間処理による分離濃縮

1.5で示すようにごみ焼却灰の金属資源含有量および溶融メタル，溶融スラグ，溶融飛灰への分配率を調査した結果，高温強還元雰囲気で製錬することによりこれらの金属資源を溶融メタル，溶融飛灰に分離濃縮できるため従来は見向きもされなかった低濃度の資源からの回収の可能性が広くなった。さらに精製された溶融スラグは残留金属の少ないきれいな結晶化スラグとなり再利用に適した石材になる。

たとえ焼却灰に薄く広く分散していても，新たな生産工程・エネルギーを投入せずに溶融過程で副産物として回収できることを示している。

(3) 溶融メタルからの山元回収

溶融メタルに濃縮された金属資源の最終的な回収については，現在では山元での製錬過程で上記5元素は回収できているが，それ以外の金属・レアメタル（Mo, V, W, Sb, Ga, Ge等）は酸化されてスラグへ移行するため採算性のある回収はできていない。

(4) 溶融飛灰からの山元回収

溶融飛灰に濃縮された金属資源は亜鉛山元でISP法により亜鉛，鉛を同時に95～96%の回収率で回収している。さらに含有されている金属のうち上記2元素以外で回収されている金属がある。その5元素と回収率を表2に示す[2]。

(5) 今後の可能性

金，銀，白金，パラジウム等の貴金属を高濃度に含有している廃基盤，電子部品等，または銅，亜鉛，鉛等のベースメタルを含んだ廃棄物からの資源回収は一部ではあるもののすでに商業ベースで実施されている。

しかしこれら廃棄物からの収集・運搬，分解および選別にはかなり手間とコストが掛かることと，今後さらに予想される貴金属含有量の少ない部品，製品設計により資源回収の採算を合わせることがますます難しくなると予想される。

このような背景の中で，特に中・低濃度の資源含有廃棄物からの回収には本方式のように低コストな濃縮工程が生かされると考えられる。

しかしこれら貴金属およびベースメタル以外のレアメタルを商業ベースで回収するにはまだま

表2

	回収率
銅	78%
金	95%
銀	96%
アンチモン	79%
ビスマス	94%

第 11 章　廃棄物処理と有効利用技術

だ問題・課題が残されている。

文　　献

1) 平成 19 年度現場ニーズに対する支援事業，㈱JOGMEC，中部リサイクル㈱，「都市ごみ等の溶融処理により得られる溶融メタル・溶融ダストの有価金属の挙動解析に関する共同スタデイ」
2) 八戸精錬所における亜鉛・鉛製錬，吾妻伸一，八戸製錬㈱八戸製錬所長

2　焼却灰のセメント化による廃棄物の再資源化技術

玉重宇幹*

2.1　都市ごみ処理の現状[1]

　我が国の都市ごみの発生量の推移は図1のとおりで，2000年度以降は減少傾向が続いている（図1）。2007年度は，発生量5,082万tのうち4,772万tに対して焼却などの中間処理を行い，その残さとして517万tが最終処分場に埋め立てられた。焼却によるごみの減量は，最終処分場延命の有力な手段であるが，我が国の国土は狭く，最終処分場逼迫問題の真の解決とはなっていない。

　一般廃棄物（主に都市ごみ）の最終処分場残余年数は，図2に示すとおり，若干の伸びを示しているが，その残余容量は，1998年度をピークに減少の一途をたどっており，住民，行政の必

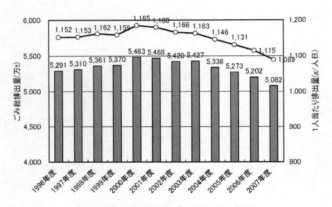

図1　我が国の都市ごみ発生量の推移

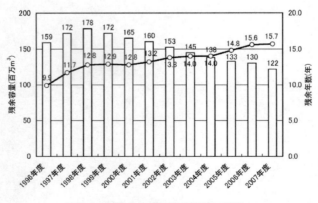

図2　最終処分場の残余容量の推移

---

　　*　Takamiki Tamashige　太平洋セメント㈱　藤原工場　工場長

第11章 廃棄物処理と有効利用技術

死のごみ減量努力によって，最終処分場の延命が図られている実態を見ることができる。これらの努力もいずれ限界に至ることを考えると，一般廃棄物最終処分量の大半を占め焼却残さの再利用・資源活用の重要性は極めて高い。

2.2 都市ごみ焼却残さのセメント資源化への取り組み

セメント産業は，早くから廃タイヤ，石炭灰，高炉スラグ等の産業廃棄物・副産物をセメント製造の原燃料として利用し，その処理費収入を損益改善に大きく役立ててきた。同時に，二酸化炭素排出量削減や最終処分場延命を果たし，地球環境負荷の低減に貢献した。1990年代中頃からは，最終処分場逼迫の問題が深刻化する中で，都市ごみ焼却残さのセメント原料化への要請が高まった。これを受けて開発されたのが，エコセメント，灰水洗という2つの都市ごみ焼却残さのセメント資源化技術である。

2.2.1 都市ごみ焼却残さのセメント資源化の問題点

我が国で生産されるセメントは，建築土木用途に広く用いられるポルトランドセメントと混合セメント（ポルトランドセメントと高炉水砕スラグや石炭焚き火力発電所の集塵灰（フライアッシュ）などとを混合したもの）である。ポルトランドセメントは，カルシウム，アルミニウム，ケイ素，鉄などを構成元素とし，これらを豊富に含む石灰石，粘土，珪石などの原料鉱石を乾燥，粉砕して所定の割合に調合し，1,450℃以上の高温で焼成して得られるクリンカ（焼塊）に所定量の石膏を加えて粉砕したものである。

セメント焼成キルン中の1,450℃以上の高温により，各元素は化学的に再構成される。このため，キルン投入時の状態（分子構造，結晶構造など）に関係なく，ごみ焼却残さを含む多種多様な廃棄物・副産物が石灰石や粘土等の天然原料の代替として利用できる。

ポルトランドセメントとその原料となる天然原料，および都市ごみ焼却残さの化学組成例を表1に示す。焼却残さは，ポルトランドセメントの主要成分をすべて含むことが明らかであり，これを石灰石や粘土の代わりとして利用できることを示している。なお，焼却灰とは，ごみ焼却炉

表1 セメント原料の化学組成例[2]

資源		セメント主要成分（％）				Cl（ppm）
		CaO	SiO_2	Al_2O_3	Fe_2O_3	
ポルトランドセメント		60〜66	21〜25	5〜8	3〜5	50〜100
石灰石		47〜55				
粘土			45〜78	10〜26	3〜9	
ケイ石			77〜96			
酸化鉄原料					40〜90	
ごみ焼却残さ	焼却灰	23	27	14	6	10,000
	ばいじん	36	11	6	1	150,000

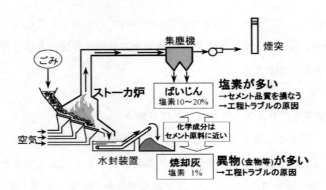

図3 ストーカー式ごみ焼却炉[2]

の主流をなすストーカー（火格子）型焼却炉（図3）の炉下で回収される残さ，また，ばいじんとは，ストーカー炉の燃焼ガス処理系統の終端にある集塵機で捕集された粉状の残さである。ばいじんのカルシウム含有量が多いのは，都市ごみ焼却炉の燃焼ガス処理工程では，HCl，SO_xなどの酸性ガスの中和剤として，消石灰などのカルシウム系の中和剤が吹き込まれ，これらが，ばいじんの一部として回収されるからである。

2007年度の我が国の都市ごみ焼却残さ発生量は，517万 t[1]であった。同年度のセメント生産量は7,060万 t[3]（混合セメント中の混合材を含む）で，その約1.5倍の天然原料が消費されたが，その大部分を占める石灰石と粘土の合計は8,864万 t[3]であった。都市ごみ焼却残さの発生量は，石灰石，粘土の消費量の1/17に過ぎず，ポルトランドセメントがその原料としてごみ焼却残さを利用する余地が極めて大きいことを示している。加えて，セメント焼成キルン内では，1,450℃を超える高温により，焼却残さに含まれるダイオキシン類を，ほぼ完全に破壊できることも，大きな利点である。

しかしながら，都市ごみ焼却残さのポルトランドセメント原料としての利用は進展しなかった。その最大の理由は，含有される塩素である。都市ごみ焼却残さには，食塩やラッピング材の塩化ビニル系プラスチックなどを起源とする塩素が数パーセントないし十数パーセント含まれている。一方，我が国のポルトランドセメントには，世界的にも最も厳しいレベルの塩素含有量規制が行われており，都市ごみ焼却残さをそのままセメント原料の代替として用いた場合には，その添加率が1％に満たなくても，この規制値を超過してしまう。即ち，塩素の事前除去が必要となる。

2.2.2 灰水洗システム（都市ごみ焼却残さのポルトランドセメント原料としての利用）

ストーカー式焼却炉の高温により，厨芥中の調味料や食物に含まれるNaCl，KClは揮発した後，燃焼排ガスの冷却によって凝縮する。また，ラッピング材などの塩化ビニル系プラスチックは燃焼してHClを生じ，排ガス処理系で吹き込まれた消石灰などと反応して固体の$CaCl_2$とな

第11章 廃棄物処理と有効利用技術

る。こうして，都市ごみ中の塩素のほとんどが，焼却炉の燃焼排ガスに同伴され，集塵機でばいじんと共に分離回収されることになり，焼却灰（炉下残さ）に移行する割合はわずかである。従って，ばいじんの含有塩化物を除去すれば，都市ごみ焼却残さ中の塩素のほとんどが除去できる。ところで，ばいじん中の塩化物は，いずれも水溶性を有するので，これを水洗，固液分離すれば，除去が可能であり，この考え方に基づいて開発されたのが灰水洗システムである。埼玉県，山口県，三重県などのセメント工場がこのシステムを稼働させている。

図4にその一例を示す。溶解槽に水とともに投入されたばいじんは，一定時間撹拌され，水溶性塩化物が水に溶け出す。ベルトフィルターでこのスラリーを固液分離し，フィルターベルト上のばいじんケーキを水で洗浄した後，セメント焼成キルンへ送る。ケーキの塩素含有量は5,000ppm程度で，脱塩率としては97％以上が確保される。ベルトフィルターのろ液は，NaCl，KClなどと共に微量の重金属塩化物（塩化鉛など）をも含む。このろ液にセメント焼成キルンの排ガス（CO_2含有量20％程度の酸性ガス）を吹き込んでpHを下げ，重金属塩化物を炭酸塩に変えて沈殿させた後，フィルタープレスで固液分離する。分離された沈殿物ケーキは，焼成キルンへ，ろ液は，さらにキレート処理，砂濾過，水銀吸着などの水処理を行い，下水道へ放流する。塩素含有量の少ない焼却灰は，異物除去とサイズ調整などの前処理を行った上で，焼成キルンへ送る。

焼却残さ中の重金属がセメントに移行すると，コンクリートやモルタルから溶出し，安全，環境上の問題を起こす可能性がある。これを防ぐため，事前に分析を行い，ばいじん，焼却灰に含まれる重金属類がすべてセメントに移行したとしても，これがセメントの安全性を損なわないよう

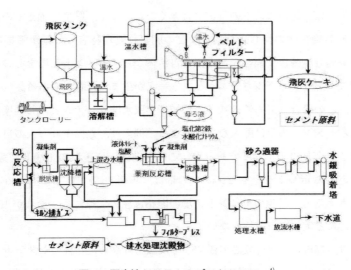

図4　灰水洗システムのプロセスフロー[4]

に，その使用量をコントロールする。例えば，埼玉県で灰水洗システムの受け入れ能力は，ばいじん年間約 15,000t と焼却灰約 48,000t であるが，そのセメント生産能力は，年間 180 万 t を超える。即ち，受け入れる都市ごみ焼却残さの量は，生産されるセメント量に対しては，3.5％に過ぎず，安全上の問題は全くない。

2009 年 4 月 1 日時点で，我が国で稼働するセメント工場の生産能力の合計は，年間 6,344 万 t[3] となる。仮に，これらのセメント工場の全てが上述の埼玉県の工場と同じ割合で，都市ごみ焼却残さを受け入れれば，その量は年間 222 万 t となり，2007 年度の一般廃棄物中間処理残さの最終処分量（517 万 t）の 40％以上に相当する。このように我が国のセメント産業は，大量の都市ごみ焼却残さを大量，安全に資源化する可能性を持っている。灰水洗システムは，この可能性を現実のものとするためのキーテクノロジーであり，都市ごみ処理及び最終処分場逼迫問題解決の有力な解決手段といえよう。

2.2.3 エコセメントシステム（ごみ焼却残さの高度利用）

エコセメントは，エコロジーとセメントとの合成語であり，日本工業規格により，「都市部などで発生する廃棄物のうち主たる廃棄物である都市ごみを焼却した際に発生する灰を主とし，必要に応じて下水汚泥などの廃棄物を従としてエコセメントクリンカーの主原料に用い，製品 1 トンにつきこれらの廃棄物を乾燥ベースで 500 キログラム以上使用してつくられるセメント」[5] と定義される。

灰水洗システムは，既存ポルトランドセメント工場の巨大な生産量を活かし，都市ごみ焼却残さを低い添加率ながら大量に資源化するものである。しかしながら，我が国のセメント工場は，都市ごみが大量に発生する大都市圏からは離れて立地する場合が多く，大量の都市ごみ焼却残さを処理しようとすれば，輸送コストの負担が大きくなる。また，県境を越えての収集には，自区内処理の原則や県外廃棄物の持ち込み禁止などの廃棄物処理特有の政策が障害になる場合が多い。これが，最終処分場確保に悩む大都市圏の自治体から，セメント工場をその域内に建設して自らのごみ焼却残さをリサイクルさせようと言う考えが生まれた背景である。

しかしながら，この場合，ごみ焼却残さの添加率を灰水洗システムと同じ程度に抑えようとすると，生産されるセメントの量は膨大なものになる。例えば，人口 100 万人の自治体のごみ焼却残さ発生量はおよそ年間 3 万 t 程度であるが，これを前述の埼玉県の工場と同等の添加率 3.5％で添加して生産されるポルトランドセメントの量は，年間 86 万 t ほどにもなる。低迷する国内セメント需要を考えると，新規のセメント市場の開拓は極めて難しく，それが 100 万 t に近い規模となれば，ほとんど実現の可能性がない。

エコセメントは，都市ごみ焼却残さの添加率を飛躍的に高めた新種のセメントであり，その規格（JIS R 5214[5]）に従えば，生産量が，使用した都市ごみ焼却残さの二倍を超えることはない。

第11章　廃棄物処理と有効利用技術

しかしながら、都市ごみ焼却残さの添加率を大幅に高めれば、灰水洗システムでは問題とならなかった焼却灰（炉下灰）中の低濃度塩素の影響が無視出来なくなる。焼却灰の水洗脱塩も考えられるが、塊状で異物が多いため、大きな困難が伴う。また、添加率が高まった焼却灰やばいじんからセメントに移行する重金属の量が増え、管理値を大幅に超えてしまう。

エコセメントの製造プロセスでは、水洗以外の方法で脱塩を行い、重金属は除去、回収してセメントに移行させない。すなわち、回収しようとする塩素と重金属とを融点の低い重金属塩化物として焼成キルンで揮発させた後に冷却分離する塩化揮発法を用いる。都市ごみ焼却残さ、特にばいじんには前述の通り、塩化カルシウム（$CaCl_2$）が豊富に含まれ、これが塩素源となる。鉛、カドミウム、銅などの殆どすべて、および亜鉛の相当部分が塩化物を作り、揮発する。残った$CaCl_2$中の塩素は、Caより塩素と結合し易いNaやKなどのアルカリ金属を添加することにより、塩化ナトリウム、塩化カリウムなどとして揮発させる。アルカリ金属源としては、ソーダ灰などが用いられる。なお、焼却残さ中の食塩（NaCl）など、アルカリ塩化物は、焼成キルン内でそのまま揮発する。

エコセメントの製造プロセスフローを図5に示す。焼成はポルトランドセメント製造用と同じロータリーキルンで行われ、焼却残さに含まれるダイオキシン類はキルン内の高温で破壊される。特徴的なのは、焼成キルン後端に直結された排ガス冷却塔で、ここでキルン排ガスを急冷することにより、排ガス中の大量の塩素などからダイオキシンが再合成されることを防止している。この冷却により、揮発した重金属塩化物とアルカリ金属塩化物は、凝縮固化し、バグフィルタでダストとして捕集される。

図5の「山元還元工程」は、このダストから重金属を高濃度で回収するための工程で、前述の

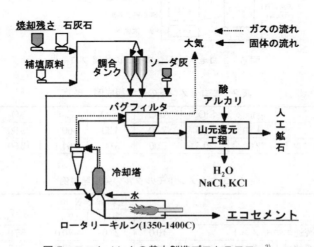

図5　エコセメントの基本製造プロセスフロー[2]

塩化揮発プロセスと並んでエコセメント製造プロセスを特徴付ける工程である。ダストはここで水溶液状態とし，硫酸，水酸化ナトリウム，水硫化ソーダなどを加え，含有重金属を硫酸化合物，水酸化物等として沈殿させ分離する。この結果，液側には無害なアルカリ塩化物のみ（NaCl，KClなど）が残り，下水，河川，海洋などに放流することが可能となる。回収した沈殿物は，そのまま非鉄精錬産業で利用可能な組成となっており，鉛，銅，亜鉛など有用金属の濃度も十分に高められている。

図6は，以上述べた重金属の回収，リサイクルまでを含めたエコセメントシステムの物質フローである。

表2は代業的な普通エコセメントの化学組成例で，比較のため，普通ポルトランドセメントの例を併記している。普通エコセメントは，ポルトランドセメントと比較して，アルミニウムの組成比が高く，凝結を早めるアルミネート相が多く生成される。このため，凝結調整材としての石膏添加量を多くする必要があり，結果としてSO_3の含有量が多くなっている。アルミニウムの組成比が高いのは，Al/Si比がかなり高い焼却残さ（焼却灰，ばいじんのいずれも）を高率で使用するためである（表1参照）。

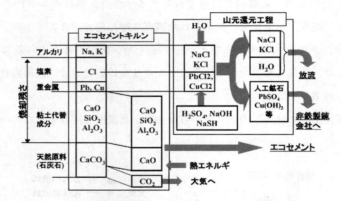

図6　エコセメントシステムの物質フロー[2]

表2　エコセメントの化学組成例（%）[2]

	ig.loss	SiO_2	Al_2O_3	Fe_2O_3	CaO	SO_3	R_2O	Cl
普通エコセメント	1.30	17.6	7.00	4.20	60.7	3.90	0.42	0.05
普通ポルトランドセメント	2.00	20.5	5.00	3.00	64.4	2.00	0.60	0.01

表3　エコセメントモルタルの強度発現例[2]

	圧縮強さ N/mm^2			
	1日	3日	7日	28日
普通エコセメント	10.0	27.0	40.0	55.0
普通ポルトランドセメント	14.5	27.5	43.0	59.0

第 11 章　廃棄物処理と有効利用技術

　表 3 に示す通り，エコセメントのモルタル強度（JIS R 5201 による）は，普通ポルトランドセメントより僅かに低いが，これは，コンクリート作製時に水セメント比を普通ポルトランドセメント使用時より 3〜5％小さく調整することにより補償される。また，重金属は，塩化揮発法および山元還元工程で，除去，回収するため，ポルトランドセメントと同等以下の含有量となり，安全上の問題は全くない。普通エコセメントの塩素含有量規格値（JIS R 5214）は，1,000ppm と普通ポルトランドセメント（350ppm）より高いが，欧州諸国などの普通ポルトランドセメントの規格値と比較すれば特に高いものではなく，鉄筋コンクリートに使用しても発錆の心配はない。

　エコセメントの商業生産は，千葉県市原市の工場が最初であり，2001 年に操業を開始した。この工場は，千葉県内発生量の約 1/4 に当たる年間 62,000t のごみ焼却残さと産業廃棄物年間 28,000t から普通エコセメント 110,000t を生産する能力を有し，開業 10 年目を迎えて，順調に運転を続けている。また，2006 年には，東京三多摩地域（人口約 380 万人）の市町村から集めたごみ焼却残さ年間約 94,000t[6]を原料とする第二のエコセメント工場が東京都日の出町で稼働を始めている。

2.3　AK システム（都市ごみそのもののセメント資源化）

　以上述べた都市ごみ焼却残さのセメント原料化とは若干異なる手法として AK システムがある。AK システムは，焼却残さではなく，都市ごみそのものをセメント焼成キルンに投入し，その焼却残さをセメント原料として利用すると共に，都市ごみの可燃成分（厨芥，プラスチックなど）の燃焼で得られた熱エネルギーもセメント焼成に利用する。

　このシステムを導入すると，都市ごみ焼却施設が不要となり，焼却時のダイオキシン生成もなくなる。都市ごみに含まれる金属製の食器など，セメント原燃料としての不適物は事前の除去が

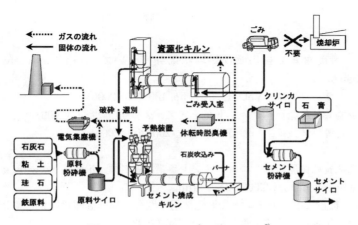

図 7　AK システム　プロセスフロー[2]

必要であるが，悪臭や衛生上の問題，ハンドリングの悪さなどがあって容易ではない。AKシステム（図7）では，収集し都市ごみを，低速で回転する資源化キルンに投入し，約3日間かけてここを通過させる。資源化キルンには，セメントの減産に伴い遊休状態になっているロータリーキルンを転用することが可能であり，これがAK（Applied Kiln）の命名の由来である。この3日の間に，生ごみなどの有機物は好気性の微生物によって分解が進み，乾燥土壌に近い性状となる。なお，ごみ収集袋もこの間に自然に破れるので，投入前に解袋する必要はない。好気発酵で発生する熱で，雑菌は死滅し，悪臭もなくなる。このようにハンドリングと衛生状態を改善することにより，通常のふるいや破砕機による異物除去とサイズ調整が可能となる。

埼玉県日高市のセメント工場では，2002年にこのシステムの稼働を開始し，人口約57,000人の同市の発生ごみの全量，年間約15,000tを受け入れ，セメント製造の原燃料として活用している。この結果，日高市はごみ焼却工場を完全に閉鎖することができ，焼却残さの最終処分も不要となった。また，都市ごみ中の可燃物をセメント焼成に利用することにより，焼成キルン用の石炭が節約された。この結果，それまでのごみ焼却と石炭によるセメント焼成の両方を行う場合と比較して，年間約8,000tのCO_2排出削減が行えた[7]。

2.4 環境を守るセメント産業

以上，都市ごみ焼却残さのセメント資源化手法について述べた。本稿により，廃棄物のセメント資源化の実際と，人の住む環境を守る（最終処分場延命，CO_2削減）セメントの役割についての理解を深めて頂ければ幸いである。

文　　献

1) 環境省，一般廃棄物の排出及び処理状況等について，http://www.env.go.jp/recycle/waste/ippan.html
2) 玉重宇幹，セラミックス，Vol. 41, No. 2, pp. 100-105 (2006)
3) ㈳セメント協会編集発行，セメントハンドブック2009年度版 (2009)
4) 玉重宇幹，資源処理技術，Vol. 47, No. 4, pp.200-206 (2000)
5) JIS R 5214
6) 東京たま広域資源循環組合，エコセメント事業実施計画，http://www.tama-junkankumiai.com/eco_cement/history/20020718_2.html
7) 佐野奨ほか，都市ごみのセメント資源化技術の開発と地球温暖化防止，第24回全国都市清掃研究・事例発表会講演論文集，pp. 128-130 (2003)

3 工業無機廃液処理とリサイクル技術

横山昌夫*

3.1 中間処理業者としての廃液処理

　有害重金属を含む廃液の無害化処理は、廃液・排水を地球環境に対し安全で綺麗な水にする技術であるが、実際には水を綺麗にするだけでなく、脱水性の良い汚泥を形成する（固液分離を容易にする）技術も必要で、汚泥発生量の削減も重要課題の一つである。余分な水分量は汚泥量増加になり、当然ながら処理コストが上昇し、さらに無駄な運搬コストを生み出すことにもなる。一般的に、無機系廃水処理は、フィルタープレスにより脱水処理されるが、一部の事業所ではスクリュープレスやベルトプレスにより、高分子凝集材を大量に使用して無理やりフロックを大きくしているケースも見受けられる。本来、適切なpHを選べば凝集剤の使用量は僅かで済み、結果的に汚泥状態も良好で、減量化も可能となり、地球環境への負荷低減に繋がるはずである。

　ところで、実際の廃液処理においては、Cr（Ⅵ）のように、前処理として酸化還元処理が必要な重金属もあるが、一般的には、pHを調整することで金属水酸化物を形成させ、その溶解度の低さを活用して、溶解している有害重金属を固体として除外する方法が採用されている[1]。

$$M^{n+} + nOH^- = M(OH)_n$$

この場合、形成された汚泥中の金属含有量（品位）は、

$$M/M(OH)_n \cdot mH_2O$$

となり、計算上でも20％程度が上限となる。この沈殿反応は、金属によって適切なpHが異なることから、鉄やアルミニウムの水酸化物形成に伴う共沈作用を利用することが多い。さらに、実廃液には各種塩類が相当量存在するため、汚泥中の金属含有率を測定すると、たとえ他の金属成分がないものでも、10％程度が限界となる。また、含水率も60～70％と高く、これら廃液中の金属を山元還元する上では経済的に非常に厳しい処理技術であると言わざるを得ない[2]。

　昨今のリサイクルニーズ、そしてレアメタルの高騰を背景に、めっきの老化液、プリント基板の各種エッチング液等の中には、有用金属成分が大量に含まれていることが多く、放流基準値をクリアすると同時に、これら金属の濃縮・山元還元を、経済的に成立させる技術が必要とされており、様々な取組みがなされている。

＊　Masao Yokoyama　㈲ESアドバイザー　代表取締役；関東学院大学　非常勤講師

3.2 リサイクルに視点を置いた廃水処理技術

廃水処理で最も重要な放流基準については，重金属だけではなく，BOD，COD，全窒素，ホウ素，フッ素などの管理基準項目が追加・強化されており，上述した中和反応だけでは，基準値をクリアできる処理水は得られない。また，平成19年6月には，亜鉛が基準値強化されており，上述の水酸化物法では放流水質管理が不十分になる可能性が高い。

"レアメタルのリサイクル"という社会ニーズを背景に，㈱みすず工業（長野市）では，平成14年から㈱アクアテック（大阪市）が開発したSSプロセス技術（新硫化物法）の導入を検討し，平成16年10月より稼働させている。金属硫化物法は，溶解度が極めて低いことから，廃水処理として従来から良く知られている技術ではあるものの，悪臭物質の硫化水素発生，多硫化物形成による脱水不良，設備の腐蝕等の問題を抱えているために，その普及は限定されていた。このSSプロセスは，これらの課題を一挙に解決した画期的な技術である。その技術概要は以下の通りである[3,4]。

a) 硫化物イオンは，水素イオンと金属イオンが共存する場合，金属イオンとの反応を優先するため，たとえ酸性域でも，反応対象金属イオンが存在する限り硫化水素は発生しない（図1）。

b) 従って，硫化水素が発生する瞬間をガスセンサーで検出することで，反応の終点管理が可能となり，過剰な硫化剤の投入が抑えられ，かつ有害で悪臭な硫化水素を発生させない処理システムが完成する。

c) 結果的に，多硫化物を形成しないため，脱水性も良好で，高品位の金属汚泥が形成され，山元還元されやすくなる。

d) 金属硫化物は金属水酸化物よりも溶解度積が小さいため，より良好な水質が得られる。また，キレート剤の影響も少ないため，より安全に廃水処理が実行できる。

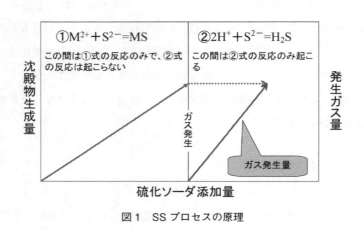

図1　SSプロセスの原理

第 11 章　廃棄物処理と有効利用技術

3.3　SS プロセス技術導入による金属回収

㈱みすず工業では，平成 16 年 10 月より，月間 200m^3 の廃液処理用プラント（2 m^3 円筒型反応容器×2 槽：写真 1）を実証プラントとして導入し，さらに平成 18 年 5 月には月間 600m^3 の処理能力プラント（4 m^3 角型反応容器×3 槽：写真 2）を導入した。同社の廃液処理フローを図 2 に示す。硫化剤には，当初固体の硫化ソーダを購入し，水に溶解して使用していたが，現在では水硫化ソーダ水溶液を用いている。

3.3.1　ニッケル回収プロセスについて

当初，本プロセスで対象としている廃液は，無電解ニッケルめっき老化廃液である。成分データを表 1 に示す。

無電解ニッケルめっき老化廃液は，次亜リン酸の還元力で，液中のニッケルイオンを金属に還元するもので，次亜リン酸が亜リン酸に変化していくため，定期的な液更新が必要となる。この廃液には，アンモニア，クエン酸などのキレート成分が大量に含まれているために（表 1），上述した中和処理（水酸化物法）では，充分にニッケルが除去できないことも多い。このニッケルは高価な金属であるものの，品位や不純物の問題があり，これまでほとんど山元還元されないままであった。

筆者の試算では，国内で廃棄されている無電解ニッケルめっき廃液の排出量は 12～3 万 t/年と推定しており，2,000～5,000mg/L の濃度でニッケルが含まれているとすれば，300～500t のニッケルが埋立処分されていることになる。

㈱みすず工業では，2004 年に設備導入して以降，回収している無電解ニッケル老化廃液は，全て SS プロセスで処理することで，硫化ニッケルスラッジとして，資源回収を行っているだけでなく，キレートが大量に含まれるこの廃液処理が容易に出来るようになったことも重要なポイントである。現在は，受け入れている廃液中のニッケル成分はほぼ 100％を回収している。なお，

写真 1　SS プロセス 1 号機（株式会社みすず工業）

写真 2　SS プロセス 2 号機（株式会社みすず工業）

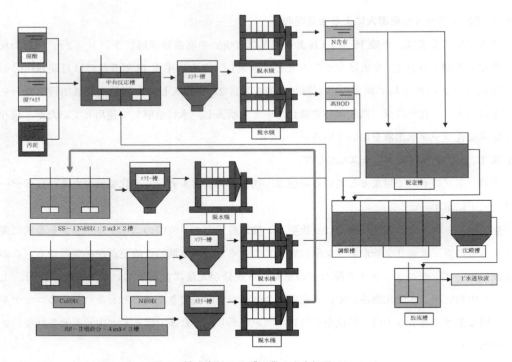

図2　株式会社みすず工業の廃水処理フロー

表1　無電解ニッケル老化廃液の成分例（単位：mg/l）

Ni	T-P	SO_4	Na
4,500	25,000	32,000	20,000

　無電解ニッケル老化廃液について，硫化水素ガスが生成する反応終点付近では，非常に微妙な管理が必要となる。これは，キレート剤が混入しているためと思われる。

　SSプロセスでは，僅かに発生する硫化水素を検知して反応終点を確認するため，実質的に硫化水素はリークすることなく，作業環境上も非常に安全な操業が可能である。得られるスラリーは黒色で，フィルタープレスで容易に脱水される。その含水率は50％程度であり，従来法により得られる金属水酸化物汚泥よりもかなり低い。硫化ニッケルスラッジは，脱水してフレキシブルコンテナに落とし込んでいる時点から発熱し始め（湯気が出てくる），無電解ニッケル廃液中に含まれるアンモニアも除去され，結果的には乾燥状態の無臭スラッジ（ニッケル濃縮物）になる。発熱によりスラッジ表面は若干硫酸ニッケルに酸化されていると推測され，一部は緑色になってくる（写真3）。

　SSプロセスで回収された硫化ニッケルのX線回折パターンでは，複数の塩類が存在するため

第11章　廃棄物処理と有効利用技術

写真3　回収した硫化ニッケルスラッジ

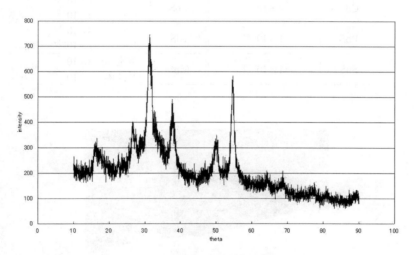

図3　硫化ニッケルスラッジの粉末X線回折パターン

同定が難しいが，予想されるNiSは見られず，Ni_3S_2と見られるピークが観察されている（図3）。投与した硫化剤とニッケル量のモル比は1：1であることから，不思議な現象である。

　薬剤だけで反応させれば，他の不純物が混入せず，廃液中に含まれる塩分だけが金属含有率に影響することになる。無電解ニッケル老化廃液中には，次亜リン酸イオン，亜リン酸イオン，硫酸イオン，硝酸剥離廃液では，硝酸イオンが多量に含まれており，さらに各々水酸化ナトリウムでpH調整するために多量の塩分が汚泥中に残存することになる。実際の金属品位は30～40％程度であり，これらの品位から逆算すると，回収スラッジ中に含まれる塩分量は金属硫化物量の80～90％と見積もっている。

3.3.2　銅回収プロセスについて

　銅とニッケルの双方を含む硝酸剥離液，あるいはプリント基板のエッチング廃液からも，これら金属の選択的な回収を実行している（硝酸剥離液の成分データを表2に示す）。濃厚液のまま

表2 硝酸剥離液の代表成分例（単位：mg/l）

Cu	Ni	NO$_3$-N
80,000	45,000	120,000

表3 金属硫化物の溶解度積[1]

硫化物	K_{sp}	硫化物		K_{sp}
HgS	4×10^{-53}	ZnS	$\alpha-$	2×10^{-24}
			$\beta-$	3×10^{-22}
CuS	6×10^{-36}	FeS		6×10^{-18}
CdS	2×10^{-28}	CoS	$\alpha-$	4×10^{-21}
			$\beta-$	2×10^{-25}
PbS	1×10^{-25}	NiS	$\alpha-$	3×10^{-19}
			$\beta-$	1×10^{-24}
SnS	1×10^{-26}	MnS	（無定形）	3×10^{-10}
			（結晶体）	3×10^{-13}

写真4 回収した硫化銅スラッジ

処理すると，スラリー濃度が高くなり過ぎて脱水不能なる。一方で，薄すぎるとバッチ処理では手間が掛かり，効率的な作業が出来ない。そのため，みすず工業で概ね5,000～10,000mg/Lの金属濃度になるように適宜濃度調整を行った上で，SSプロセスでの処理を行っている。金属硫化物の溶解度積（表3）は，水酸化物に比べると極めて小さく，銅とニッケルでは，その差異が10桁程度あるため，反応pHを変化させることで容易に分離が可能となる（低pHで銅を選択的に沈降させる）。実際には，ニッケルイオンの存在により，硫化水素ガスの生成が阻害されてしまうため，低pHで銅回収を行った上で，改めてpHを上昇させてニッケル回収を行っている。なお，pHを上げすぎると，硫化銅が一部水酸化物に変化していくと思われ，脱水不良等のトラブルが生じる可能性がある。

SSプロセスで回収される硫化銅も黒色汚泥で（写真4），そのX線回折パターンからは，結晶

性の良い CuS であることを確認している。

3.4 プリント基板エッチング廃液から金属銅の回収

2008年秋の経済状況の急激な変動に伴い，金属価格も大幅に下落したが，中期的には中国の経済発展に起因して，貴金属，非鉄金属ともに，その相場は上昇している。一方で，上述した硫化物法での回収は，水処理と一体化するためには不可避な技術であるものの，回収した金属の付加価値の視点からは，決して高いとは言えない。そこで，筆者等が眼をつけたのは，電解採取技術である。

ペルメレック電極㈱の協力を得て，通常の平板電極構造よりも，電解効率が極めて高い技術的特徴をもつオーストラリア EMT（Electrometals Technologies Limted）社製円筒型電解装置（EMEW セル）を用いて，廃液からの金属銅回収にチャレンジした（図4）。

対象となる廃液は，プリント基板業者にて発生するソフトエッチング廃液等の硫酸銅廃液である。通常，上記エッチング廃液には，過酸化水素が混在しており，電解処理を行うことで，陽極では過酸化水素が分解し，これが電解効率の低下を招く。従って，過酸化水素が極端に高い廃液には不向きである。そもそも高濃度過酸化水素は非常に危険な水溶液であり，運送・移動が不可となるため，廃液処理業として実施する上では，過酸化水素を高濃度に含む廃液は，実質的に検討対象外となる。

陽極には，棒状 DSE（Dimensionally Stable Electorode 寸法安定性）電極を採用している（写真5）。また，セルに丸めて挿入した SUS 板を陰極としており，その面積は $0.54m^2$ である。下部から対象廃液を投入し，通電しながら循環通液を行う。電解時における廃液成分の変化の一例を，

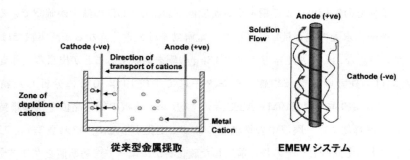

図4　EMEW システムの特徴

写真5 2007年6月に導入したEMEWシステム（みすず工業）

写真6 EMEWセル回収した金属銅（品位99.95％）

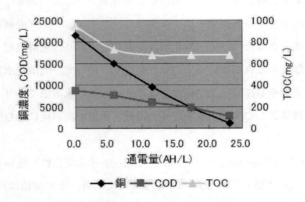
図5 EMEWセルでの電解時の濃度変化

図5に示す。陰極での銅析出による銅イオン濃度低下およびCODの減少が確認できる。廃液の種類（特に，過酸化水素の残存量）によって，電解効率は大きく異なるが，実機では概ね85％程度となっている。なお，セル1本で1日約4.5kgの銅を回収することが出来る（写真6）。

回収した銅は，長野県工業技術総合センターにて平成19年10月に分析した結果，品位99.95％であり（成績書番号第H19M－A223号），プリント基板の銅箔品位をほぼ維持していることが判った。電解効率は，廃液中の銅濃度によって変化するため，概ね数千mg/Lまでは，この電解採取によって回収し，その後に前述した硫化物法によって，基準値をクリアする廃水処理と金属の資源化を両立させることが経済的に，最も適した方法と考えている。

3.5 金属水酸化物汚泥の活用

上述の3.2および3.3項で，金属硫化物法の利点を述べたが，一方で金属水酸化物法は，非常

第11章 廃棄物処理と有効利用技術

に優れた廃水処理技術であることには変わりは無い。筆者等は，廃水処理で発生する金属水酸化物汚泥の有効利用法についても探求している。

近年バイオマスの有効活用が盛んに議論されており，畜糞等の嫌気発酵によりメタンを回収する技術が注目されている。このプロセスでは，嫌気発酵に伴い硫化水素が発生し，現在ではその除去に，酸化鉄系脱硫剤を用いている。吸着能力が破過した際の脱硫剤交換作業は，脱硫塔から取り出した脱硫剤と空気中の酸素との反応により，強烈な発熱反応が生じるため，危険な作業である。筆者等は，銅水酸化物汚泥（銅含有廃液から作製した汚泥）を脱硫剤に用いることで，酸化時の反応熱を抑えられることを把握しており，ユニークな用途の一つと考えている[5]。一方で，金属硫化物の酸化反応熱を活用することも興味ある技術である。

3.6 電子部品からの貴金属・レアメタルの回収

昨今の話題の一つは，「都市鉱山」に集約される電子機器廃材（廃棄物）からの希少金属の回収である。上述してきた湿式技術は，貴金属回収手法としても大いに有効である。乾式技術と比較すると，廃水処理が必要になるものの，初期の設備投資額が少なく，小型な設備で十分対応出来る点が魅力的でもある。当社では，ハードディスク廃材（写真7）から，湿式法による貴金属回収技術も構築している。

写真7 ハードディスク廃材

3.7 今後の課題

実際の水処理の現場では，ハード（装置，プラント）を業者に設計・施工してもらって，業者の指示に従い，オペレーションを行っているところが非常に多い。水処理は，一つの要素技術だけで完結することは実際には有り得ず，我々のような廃水処理業者にとって，個々の状況に応じた対応が要求され，それを前提としたシステム設計を行う能力が必須である。最近の設備，およ

び運転方法を見ていると，自らの廃液の特質を把握した上で，世の中にある最適な要素技術を組み合わせる"ノウハウ"に欠けているところが多々あり，非常に気になっている。

廃水処理は，完成した技術分野と捉えている人もいるようだが，実際には放流基準が順次強化され，原材料の変更による負荷増大（あるいは質の変化）により，適切な処理が出来ていない現場が非常に多い。また，公害防止対策として実施してきた中心メンバーの方々が，一斉に定年退職を迎えられていることも拍車を掛けている。

一方では，資源循環の必要性が迫られており，新旧に関わらず，適切な技術の構築が不可避である。今後，より有効にリサイクルを進めていくためには，廃液同士の反応をより有効に活用していくことも重要である。また，汚泥として回収資源化するためには，汚泥の洗浄技術の導入を図り，塩分除去を含めた品位向上の技術開発も必要である。いずれにしても，日本は資源の少ない国家であり，貴重な資源を，ビジネスの上で「資源」と呼べる付加価値を生み出すため，湿式技術のレベル向上は不可避であると考えている。ニッケル，銅だけでなく，他のレアメタルへの適用を促進すると同時に，国内で発生した有用資源の国内リサイクル社会システム構築が急がれる。

謝意

本報告のX線回折測定，および脱硫剤の開発におきましては，東京工業大学国際環境工学専攻日野出洋文教授，金明徳氏にご協力，ご指導を賜りました。ここに厚く御礼申し上げます。

文　献

1) 公害防止の技術と法規 水質編
2) 横山昌夫「化学と教育」52巻9号，610（2004年）
3) 藤原宣昭，松浪豊和，横山昌夫，大日方正憲 「環境管理」 Vol.41, No.6, 637（2005）
4) A. Onishi and T. Matsunami, Proceeding of the 8th International Symposium on East Asian Resources Recycling Technology, 275 (2005)
5) M. Jin, H. Hinode, T. Hattori, E. Kakinoki, M. Obinata and M. Yokoyama, Proceeding of China-Japan Joint Symposium on Environmental Chemistry, 58 (2004)

工業排水・廃材からの資源回収技術 《普及版》(B1180)

2010年 8月12日　初　版　第1刷発行
2016年10月11日　普及版　第1刷発行

監　修	伊藤秀章	Printed in Japan
発行者	辻　賢司	
発行所	株式会社シーエムシー出版	

東京都千代田区神田錦町 1-17-1
電話 03(3293)7066
大阪市中央区内平野町 1-3-12
電話 06(4794)8234
http://www.cmcbooks.co.jp/

〔印刷　あさひ高速印刷株式会社〕　　　　　　　　　　　© H.Itoh, 2016

落丁・乱丁本はお取替えいたします。

本書の内容の一部あるいは全部を無断で複写（コピー）することは，法律で認められた場合を除き，著作権および出版社の権利の侵害になります。

ISBN978-4-7813-1122-7　C3058　¥4200E